从舌尖到大脑（第一版）

饮食中的心理学

[英]尼尔·E. 罗兰(Neil E. Rowland)

[美]埃米莉·C. 斯普莱恩(Emily C. Splane)—— 著

吴梦阳 —— 译

前　言

人类痴迷食物。如果你像我们遥远的祖先一样，经常没有足够的食物，你就会想方设法获取食物。就算在今天，大部分人随时可以获得许多即时入口的食物，人们仍然将大量时间花在美食及美食占重要地位的仪式上。很多大型营利性产业就建立在人们对食物的迷恋上，围绕种类不断增加的美食，以及衍生出来的控制体重或减肥，直至治疗与肥胖相关的疾病，形成一系列不同的产业链，其范围从广告、生产一直延伸到零售业，规模庞大。

你是否疑惑过，为什么人类如此迷恋食物？只有人类才如此吗？这本书尝试探索这些问题，寻求答案。我们坚信，心理学是唯一一门能够囊括并整合所有与此主题相关的大量子领域的学科。在本书中，我们将关注"正常"的进食行为：它是怎样演变、发展并在现代社会显现的？它实现了什么功能？我们也会关注当下与吃相关的实际问题，用一章来讨论与食物有关的疾病——进食障碍，包括厌食和暴食。纯粹从数据和不利的经济影响来说，过度进食和肥胖至今仍然是最让人头疼的问题，所以本书大部分内容关注对肥胖症的流行的不同解释，阐述了可能存在的解决方法。

本书源于我们十几年前开设的首门本科生专题课程"饮食心理学"，我们希望为那些想对自身饮食行为有更多了解的学生，也包括上面提到的在相关营利性产业工作的学生，或在相关政府机构、非营利性机构工作的学生，开设一门综合性课程。有超过50%的成人和至少25%的儿童超重或肥胖，可以预见，这个领域未来将新增多少就业机会！本书也可以作为研究生教学用书或背景资料，大部分章节包含大量对主要资料或额外资料的引用。

人类的行为不管好与不好，大多会受生理和社会文化因素的影响。吃就是一个很好的例子，尽管人们在吃东西时是把食物当作一种商品来消耗，但食物本身具有特定的物理和化学性质。如果不了解营养、能量、基因、化学物质的感受性和大脑结构，就很难理解进食行为。本书包含上述所有内容。仅仅根据这些内容来写一本书并不难，但我们尝试以一种相对简单的形式，在科学尤其是心理学的背景下来阐述这些话题。换言之，阅读或理解这本书并不要求你拥有以上所有领域或其中一个领域的专业知识。我们也相信，即便你的主要兴趣是社会文化因素对吃的影响，花一些时间去阅读进食行为的生物学基础也会丰富你的理解。反过来说，我们并不认为仅有基本的科学视角就可以帮助你理解那些复杂的人类思想和行为如何决定了大多数人吃什么、在哪里吃和吃多少。

本书的内容没有按照严格的线性模式或渐进模式来构建，书中的每一章节都各自独立，你可以按任何次序阅读！当然，我们觉得这本书现有的次序也是可取的。本书最后一章（可能应该留到最后再读）讨论了该如何扭转世界范围内人类不断变肥胖的趋势——从经济学角度来说，这不是一种可持续发展的趋势。把矛头直指食品产业当然很简单，已经有林林总总的法令提高了食品产业的税率（引发各种争议），或增加了其他限制，但我们认为，真正的问题源于人们对食物的迷恋，营销只是它的一种表现形式。采取什么策略才能让我们给这种热恋降降温，让我们和食物构建一种可持续发展的终身关系？

肥胖问题和其他当代问题（如气候变化）没有本质上的差别。科技的发展给人类带来一些非可持续发展的行为，从而导致这类问题发生，而我们要做的是，找到技术方法和心理学方法来改变这些行为。

感谢培生公司的编辑与工作人员对我们的鼓励和帮助，也要感谢对前几版初稿提出反馈意见的评论者，他们从多方面帮助我们提高了本书的质量。他们是：

夏洛特·马基(Charlotte Markey)，拉特格斯大学；

珍妮弗·哈里格(Jennifer Harriger)，佩珀代因大学；

德布·布里赫(Deb Briihl)，瓦尔多斯塔州立大学；

萨拉·萨沃伊(Sarah Savoy)和艾利森·文图拉(Alison Ventura)，德雷克赛尔大学；

多丽丝·戴维斯(Doris Davis)和托马斯·阿利(Thomas Alley)，克莱姆森大学；

史蒂文·圣约翰(Steven St. John)，罗林斯学院；

洛里·福尔扎诺(Lori Forzano)，纽约州立大学布洛克波特学院；

布赖恩·劳登布什(Bryan Raudenbush)，威灵耶稣大学；

凯文·迈尔斯(Kevin Myers)，巴克内尔大学；

卡拉·布鲁姆(Carla Bluhm)，佐治亚海岸学院。

特别感谢所有上过我们课的学生，他们是我们创作灵感的源泉。

目　录

第一章
饮食心理学：营养、大脑和行为的联系/1
饮食是一个科学话题/1
我们为什么吃？/4
什么是肥胖？/8
肥胖的流行：生化医学因素与环境因素/12

第二章
宏量营养素与我们所吃的食物/15
供能高手：食物中的宏量营养素/15
必不可少：食物中的微量营养素/24
能量平衡/27
膳食性生热/32

第三章
味觉与嗅觉：食欲的促燃剂/34
嗅觉：我们如何产生对气味的感觉？/35
味觉：我们如何产生对味道的感觉？/44
以味觉或味道为导向的饮食行为/51
化学感觉和肠道神经系统/54
影响进食的肠道荷尔蒙/57

第四章
人如其食：进化、能量与觅食/60

我们的祖先与进化历程/60
能量:给我们的细胞“充电”/64
最优觅食理论/65
食品经济学/69
不断增加的食物分量/74
结束语/79

第五章
饮食中的学习：味觉、味道与食量/81

经典条件反射与食物的营销/82
味觉的喜恶:我们的口味是习得的/84
味道的体验:爱屋及乌和食物的激励作用/86
学习吃多少:满足感是一种条件反射/95
学习什么时候吃:饥饿感也是一种条件反射/96

第六章
影响我们一生的早期进食/104

人类进食的本体论:出生前的体验/105
早期的进食:从吮吸到吃固体食物/110
婴幼儿可以调节自身对食物的需求？/116
外在干扰:影响儿童自身能量调节功能的因素/122
如何培养孩子的健康饮食习惯？/129

第七章
饮食中的文化传承和他人的影响/132

菜系:人类为了生存形成的一种社会适应机制/133
潜移默化:身边人对饮食行为的影响/139
饮食情深:我们与食物提供者之间的情感联结/144
结束语/145

第八章
安抚人心：情绪和食物的关系/147
食物的慰藉/148
食物成瘾：难以摆脱的渴求/152
食物成瘾与神经生物学/160
结束语/167

第九章
饥饿感、满足感与我们的大脑/169
饥饿感和满足感来自哪里？/169
保持恒定：稳态应变机能/172
影响食欲的生理机制：下丘脑与神经递质/175
奖赏和决策：哪个系统在起作用？/186

第十章
危险的精神疾病：进食障碍及其治疗/193
致命的纤瘦：神经性厌食症/194
无法控制的恶性循环：神经性贪食症/199
协同增效：进食障碍的生理、心理和社会文化解释/203
进食障碍患者的治疗/209
神经性厌食症和神经性贪食症的动物模型/211
结束语/215

第十一章
“我的基因让我变胖”：基因、表观遗传学与肥胖/216
冰山一角：单基因肥胖/218
叠加效应：多基因肥胖/222
永久影响：表观遗传学与发展性编码/228
自由进食环境中的饮食性肥胖/230

第十二章
漫漫长路：肥胖的治疗/235
减肥药：绝非灵丹妙药/236
人工甜味剂和油脂替代品能帮助减肥吗？/240
减肥手术：少数人的慎重选择/242

节食、锻炼和行为治疗/248
结束语/250

第十三章
接下来我们应该怎么做?/252

肥胖与病理性肥胖/252
锻炼就是良药?/255
义不容辞:政府和食品企业应承担的责任/259
在家吃、在外吃与随时随地吃/263
致未来/266

附录 1 神经元与大脑结构概述/267
附录 2 基因学/274
表观遗传学/278
性状的可遗传性/279
索引/281
参考文献/289

第一章 饮食心理学：营养、大脑和行为的联系

阅读完本章，你将：

- 理解许多科学研究领域与饮食心理学的联系。
- 了解人们饮食的动机、饥饿和满足的定义。
- 弄明白什么是体重指数及其与健康、肥胖的关系。
- 意识到因肥胖人群不断增加形成的社会经济负担。

饮食是一个科学话题

“人如其食”是一句人们常常听到的谚语，很巧，这也是2006年作家吉利恩·麦基思(Gillian McKeith)所著畅销书的书名。尽管这句口号本身有一定道理，但它忽视了一个核心问题——人为什么要吃？还有随之而来的问题：一个人要吃什么？在哪里吃？什么时候吃？吃多少？这本书希望依据进食行为背后的科学知识来回答这些问题。

如果将饮食看作一个科学话题，很明显，它与很多学科相关，如心理学、生理学、营养学和神经科学。我们相信一项研究饮食的可靠方法必须涉及上述各个领域，进一步讲，心理学在这里很适合作为一个综合性平台，将那些与饮食问题相关的学科领域统合起来。尽管我们不认为读这本书需要对这些领域有深入的了解，但对于那些觉得自己

可能没有做好准备的读者，可以考虑先阅读本书最后篇幅较短的两个附录——主要解释了一些神经科学和基因学的基本原则，能帮助读者更好地理解这本书的内容。

很多书或专著都将“饮食心理学”作为书名或副书名，包括卡帕尔迪(Capaldi, 1996)、洛格(Logue, 2004)和奥格登(Ogden, 2010)写的书，当然还有很多这个领域内的非学术性专著也使用了这个书名。本书的内容就建立在这些书的基础上，但我们增加了对肥胖这一话题的大量讨论。一些书主要聚焦进食障碍，如神经性厌食症(anorexia nervosa)和神经性贪食症(bulimia nervosa)，这些都是18—22岁的读者特别感兴趣，也与他们切实相关的话题。有1%—3%的人患有严重的进食障碍(Hudson, Hiripi, Pope, & Kessler, 2007)，但成年人中超重(33%)和肥胖(36%)的情况其实更严重(Flegal, Carrol, Kit, & Ogden, 2012)。肥胖也与人们的情绪问题和预期寿命的降低相关(Luppino et al., 2010)，超重和肥胖已经对经济产生直接(如增加健康保险与支出)或间接(如损失的工作日)的破坏性影响。在美国，人们仅在2008年就因超重或肥胖遭受了约147亿美元的损失(Finkelstein, Trogdon, Cohen, & Dietz, 2009)，换种方式说，就是每个男人、女人或孩子每年都会因此遭受约500美元的损失。实际上，这种经济损失正在与日俱增——在我们写这本书时，500美元这个数字已经差不多上升到1 000美元左右。难道就没有更好的方法来花这1 000美元吗？

尽管如此，大多数人依然觉得，“这种事情肯定不会发生在我身上”(Weinstein, 1984)。在教室里，我们询问了学生(他们大多数为20岁左右，也不超重)，他们中间有多少人认为他们的父母超重或肥胖，一半的人回答了“是”。然后我们再一次向学生提问：当他们到了父母的年龄，他们中间有多少人认为自己将会超重？几乎没有人觉得他们会超重。你会怎么回答这个问题？事实上，根据美国人口统计，中年人群体中有至少65%的人超重或肥胖，所以是什么让人们如此确信，自己会是那剩下的35%的人？

在现代社会，肥胖被普遍认为是一种不良现象，但就像许多其他不良现象（如贫困、药物上瘾和致命疾病等）一样，几乎没有人想变胖，或认为这事儿会发生在自己身上。从一开始，我们就试着想让你接受一些你可能觉得和自己关系不大的事情。我们希望说服你：肥胖是一个问题，它将会影响你——如果不从个人层面直接影响你，就一定会间接影响你，如你需要付更高的健康保险费。每年你口袋里的1 000美元就是这么消失的，这就像我们所有人都交了一笔税。我们希望号召你，号召我们的学生，选择合适的职业或生活方式，以避免或纠正这个问题。让我们面对现实——作为作者，我们这一代人在这方面所做的努力已经彻底失败了！

这本书按照我们认为与主题相关的不同领域分成几个部分。尽管其结构有一定的逻辑关系，但读者并不需要严格依照次序来阅读这些章节。在第一部分，我们将食物分别作为一种能量来源（营养）、感官的刺激（化学感受）和日用品来分析，从而理解食物是如何塑造我们过去的生理机能和行为（进化）的。在第二部分，我们主要关注能够影响个人进食行为的因素，如学习、发展、社会文化环境和情绪。在第三部分，我们关注正常和异常进食行为的生理学基础，包括基因学、进食障碍和肥胖的治疗等。最后，我们将试着整合以上所有内容，激发读者思考，在未来我们如何应对不合理的进食行为和肥胖，也包括企业和政府该如何作为，等等。

在开始我们的旅程之前，应该先提出两个问题。第一个问题：饮食的目的是什么？我们将会花几章的内容来讨论这个话题，在此之前我们想先介绍一些最新的理论和概念的背景信息，以帮助大家更好地理解问题。第二个问题：什么是肥胖？可能你们在阅读前面的内容时就已经问过自己这个问题了，而如果你们问了，你们就已经像科学家一样在思考了！科学要求精准下定义，同时也要求精确测量肥胖，所以，阅读本书时，我们希望能够促使你们经常问自己："这样说到底是什么意思？""有什么证据能证明这一点？"

我们为什么吃？

心理学家经常会谈到"目标导向的行为"（goal-directed behaviors）。如果你仔细思考就会明白，大多数行为，如等一辆公交车去某个地方或为潜在客户撰写一些商业材料等，都有一个目标。不过，这两个例子中的行为只是达到目标之前的过程而已：你在终点会做什么？你为什么需要一个新客户？为了更容易地区分过程和目标的不同，科学家用术语"长期目标"（或"终极目标"）和"近期目标"来描述行为的原因，又或像我们一样，在本书中使用"欲求行为"（appetitive behaviors）和"达成行为"（consummatory behaviors）来区分从没东西吃的环境转移到马上有东西吃的环境中的行为，与将食物放到口中、吃到肚子里的行为的不同。

欲求行为与达成行为

///讨论话题///

"欲求行为"和"达成行为"这两个词可以在很多地方使用。请你想象自己正在一个商场购物：你的哪些行为是欲求行为，哪些行为是达成行为？比较一下你列出的单子和其他人列出的单子，是否有任何行为既被列为欲求行为，又被列为达成行为？你是否发现了某些很难分类的行为？

这些术语大部分用来描述人与环境中物体的关系，但是它们没有特别解释那些激励和维持行为的内在动力或机制。作为最先开始研究这个话题的心理学家之一，赫尔(Hull, 1943)在一本颇具影响力的专著中对行为的内在机制进行了理论探索，使用术语“驱动力”(drive)来描述为行为提供能量和指导的动力。其他心理学家，如博尔斯(Bolles, 1967)，则使用了术语“动机”(motivation)，因为“动机”的含义既包括想法，也包括行为。然而，这些术语现在已经较少被心理学家用来解释行为的结构了，部分原因是，很明显，不同行为有不同的内在推动机制。例如，你可能有动机去寻找食物而不是水，“找食物”和“找水”这两种行为背后的潜在驱动状态被分别称为“饥”与“渴”，而在本书中我们将会聚焦在“饥饿”(hunger)这一状态上。如果你看到有人在吃东西，问他为什么要吃东西，很可能他会回答“因为我饿了”。此类回答在程度上(很饿或有点饿)会有所不同，吃的东西也会不一样(如曲奇或芹菜)，但这类行为发生的原因主要还是饥饿。

到底什么是饥饿？最容易让人理解的例子就是很长时间内什么都没有吃或只吃很少东西之后的状态。你可能经历过一段时间的禁食或节食，在这种情况下，大多数人的思维和行为都会逐渐被对食物的渴望侵蚀。如果你现在很饿，你很可能会开始在笔记本上画出各类食物，或利用电子设备寻找餐馆！你还很可能试图寻找食物——去找自动贩售机、去咖啡厅或打外卖电话。你可能不再挑剔吃什么——如果没有甜品，土豆就不错！不用考虑很多，所有这些思维和行为都会引导我们寻找食物。

“饥饿”这一概念似乎很简单地解决了“进食”这种行为的内在机制，人们之所以吃东西，不就是因为饿了吗？其实不然。如果这个问题这么容易就被解决了，这本书就应该薄得不得了，几页就结束了！“饥饿”的概念实际上只是将问题转化为另外一个问题：“是什么让我们饥饿?”进而引申出一个新问题:“如果食物每时每刻都有,那么我们会只在饿了的时候吃,还是会在不饿的时候也吃?”这是一个很重要的问题,因为如果我们在不饿的时候也吃,甚至在不同的场合、不同的饥饿程度下吃东西,饥饿和进食行为就不可能是一种一对一或可量化的对应关系。回忆一下上一次你很久没有吃东西的时候,你的饥饿感会随时间愈发强烈,还是它像海浪一样一阵阵地袭来又退去?通常来说,人们对饥饿感强度的评估会随时间增加,在吃东西后减轻(Barkeling, King, Naslund, & Blundell, 2007)。很多有关进食的理论更多讨论的是满足感(satiety)或饱腹感(fullness),而非饥饿感。满足感通常会被定义为饥饿感的消失。

除了调节饥饿感或满足感,吃还有其他目的吗?为了回答这个问题,我们可能需要暂时脱离自身的视角,意识到其实所有动物都需要吃东西。我们并不能确定所有动物都会以一种与我们相同的方式感受到饥饿或满足,或者说我们无法确定自己的主观体验和父母、同学或其他任何人是一样的。我们知道,动物吃东西的行为在很多方面都与我们相似,但动物为什么吃东西呢?可能你会回答,“为了生存”,毕竟,这就是我们从纪实频道的节目《动物世界》里看到的答案。

这个问题引申出很关键的一点:因为所有动物都要吃东西,所以研究动物的进食行为可以帮助我们更好地理解人类的进食行为。更进一步,我们有足够的理由相信,那些有着和我们类似进食习惯的动物(如杂食性哺乳动物),其进食行为背后的生理机制与大脑神经机制与人类有相似之处。尽管关于进食和大脑神经机制的很多问题都能够以人类为对象直接进行研究,我们也会引用很多相关的人类脑神经研究,但仍然有很多科学程序与测量手段无法在人类身上实施,必须使用合适的动物模型来解决这些问题。大多数无法将人类作为实验对象的研究会使用大鼠或小鼠,将其作为动物模型,我们也会在本书中引用这类研究。当然，所有动物研究都会就是否符合人道待遇并具有科研的必要性，接受国家相关机构和独立机构的严格监管和审核。

在进化心理学中有一个较新的分支研究领域，它主要研究在现代人类出现期间，进化的力量如何影响人类的心理特点（包括思想和行为）。化石证据表明，最早的原始人类大约出现在450万年以前，他们是狩猎—采集者（hunter-gatherer）——获取食物是他们能够存活的关键原因。在接下来的约430万年的原始人类生命史中，不同种群的南方古猿（Australopithecus）和智人（Homo sapiens）不断地经历进化与灭绝，一直到距今约20万年，现代人类的出现为这段历史画上了句号。在人类进化过程中存在一个常见的主题，即体型或形态的进化，它包括直立姿态和大脑容量的变化，其中大脑进化的重要功能之一必然是优化人类获取和管理食物的能力。由此可以认为，人类大部分的心理功能都跟食物有或多或少的关联。

进食环境的变化

///讨论话题///

在过去的时间里（如过去10年或100年），从人类健康的角度来看，我们的进食环境发生了哪些改变？请列出过去出现的好的变化和不好的变化。比较你列出的变化与其他人列出的变化，有没有一些改变是你们都列出的？对物种存活或地球的发展来说，那些不良的进食环境变化是否具有可持续性？如果不具有可持续性，你们将如何处理这些变化？

在过去的20万年里，智人形成了复杂的社会体系（White, 1959）。

文化与技术的发展让我们与我们的祖先及其他动物有了不同之处。考古数据显示，人类从一开始就对生命起源和道德概念产生疑问，但直到近代以前，都仅在信仰和文化的框架下思考这些问题。最近几百年来，人类逐渐发展出一套科学方法，它以普遍观察为基础，并在此框架下探索知识，人类开始获得一些惊人的成果。科学研究的成果之一就是我们改造环境的能力不断变强，速度越来越快，其中也包括与食物相关的环境的改变，如大型农业生产与运输能力的改变。从某种角度来说，人类拥有石器时代的身体（和大脑），现在却生活在一个不可预测的世界之中——这个世界里常常充斥着虚拟的现实。

什么是肥胖？

1943 年，都市生活保险公司（Metropolitan Life Insurance Company）发布了保险精算标准的体重—身高表格，给出了不同身高、三种体型（小、中和大，皆由肘宽测量结果的骨骼大小决定。然而，大部分人的体型都是自己认定的！）和两种性别的人的理想体重（最健康的体重）。图 1.1 的上半部分是这个表格的选择标准。最近几年里，人们逐渐使用身体质量指数（body mass index，BMI）来衡量体重。BMI = 体重（千克）/身高的平方（米），你可以使用在线 BMI 计算器轻松得到自己的 BMI 值。

如果体型固定，男性的 BMI 值通常明显大于同等身高的女性，高个的人的 BMI 值明显小于矮个的人。在图 1.1 中，我们将都市生活保险公司选取的理想体重转换成 BMI 值，所有理想体重的 BMI 值都在 19.6—26 之间，而它们大多处于现今被认为正常或健康的 BMI 值的范围内，或与之相当接近：

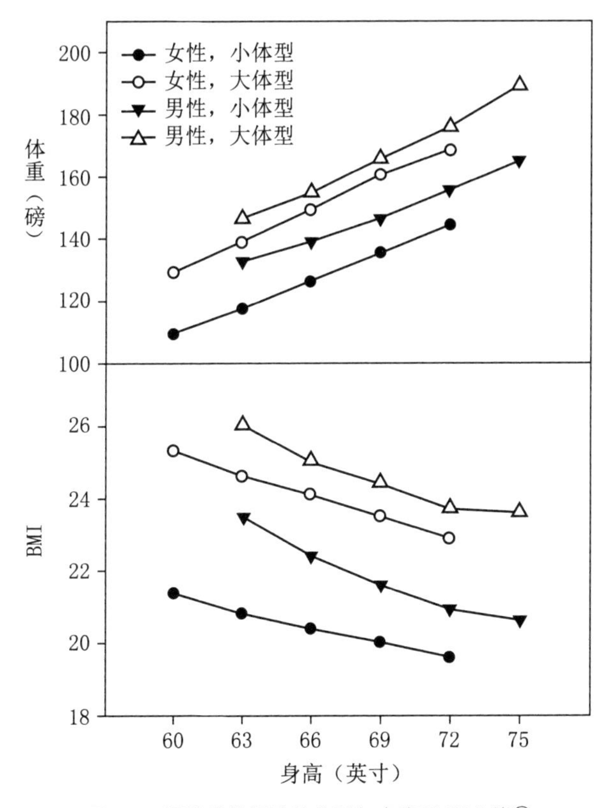

图 1.1　保险精算标准的体重与身高及 BMI 值①

- BMI 小于 18.5 = 过瘦
- BMI 为 18.5—24.9 = 正常或健康
- BMI 为 25—29.9 = 超重（也经常被认为是前肥胖）

---

① 图的上半部分显示了不同身高、不同体型（中等体型因图表清晰性被隐去）的男性与女性的平均理想体重值。数据取自都市生活保险公司（1943），对象为 25—59 岁穿着 1 英寸跟鞋子和室内服装的成人。图的下半部分则显示了这些平均理想体重值对应的 BMI 值。体重以千克为单位，约等于 0.45 × 体重（磅）；身高以米为单位，约等于 0.025 × 身高（英寸）。

- BMI 为 30 或更高 = 肥胖(Ⅰ型 = 30—34.9,Ⅱ型 = 35—39.9,等等)

对于图 1.1 中的数据我们还可以这么解释:理想身体指数实际上提供了一个建议,较高者的 BMI 值最好比较低者的 BMI 值低一些,女性的 BMI 值最好比男性的 BMI 值低一些。因为种种原因,体重与身高的标准被 BMI 值逐渐取代,但 BMI 值真的是一个完美的标准吗?

BMI 值评估标准的背后存在一个前提,即所有成人体重的改变都反映了体内脂肪的改变,且太多的脂肪对健康不利。这个前提在大多数情况下是正确的,但生活中的确有例外存在。强壮的运动员有大量强壮的肌肉群,所以他们的 BMI 值会很高,但这并不代表他们的体内有很多脂肪。同样,从健康的角度来说,并不是所有的脂肪都意义相同。腹部出现的过量脂肪(常见于男性)意味着罹患心血管疾病的风险增加,臀部出现的过量脂肪(常见于女性)则不存在同样的风险(Arsenault, Beaumont, Despres, & Larose, 2012)。腰围和腰臀围比成为测量腹部脂肪厚度的衡量标准。

请注意,当大部分健康专业人士运用术语"肥胖"时,他们在心里已经有了一个明确的 BMI 值的标准。BMI 值可以作为人口趋势指数(我们将在后面详细讨论),也可以作为个体长期变化的概况指数。当一个成人的身高没有明显变化时,其体重的变化就会显示在 BMI 值的变化中。

请想象以下情况:

> 一位身高 5 尺 2 英寸的女性在刚读大学时体重为 120 磅。在未来的一年里,她经历了"大一新生胖 15 磅"的阶段。请用在线计算器计算年初和年末时她的 BMI 值。

第二年，她又经历了“大二学生胖15磅”的阶段。现在她的BMI值是多少？她在推荐的BMI图中处在哪个位置？

她的朋友是一个身高6英尺2英寸的男性，在新生入学时重160磅，他同样也每年增重15磅。他的BMI值是多少，又属于哪一种类型呢？（答案在本章节的最后）

美国疾病控制与预防中心（Centers for Disease Control，CDC）发布的年度数据显示了每年度具有不同BMI值的成人人口在50个州中所占的百分比（也包括其他相关数据，如糖尿病和中风的发生数据）。这些彩色编码的地图在网络上很容易找到，表1.1就是一个总结。

表1.1　美国50个州的肥胖趋势

成人中BMI>30的百分比	1994[a]	2005[b]	2011
小于20%	50	3	0
20%—30%	0	44	38
大于30%	0	3	12

注：1994[a]代表第一年采集到所有50州的数据；2005[b]代表第一年所有州有超过30%的肥胖率。

1994年，在所有汇报数据的州中，只有不超过20%的成人人口的BMI值处于肥胖的范围内（≥30），而全国成人肥胖率均值为14%。11年之后的2005年，大部分州的肥胖率上升到20%—30%，史无前例的是，一些州的肥胖率竟然超过了30%，而全国成人肥胖率均值为20%。2011年的数据显示了肥胖率的递增趋势，成人肥胖率已经超过30%的州不断增多，全国肥胖率均值达到了27%。这些数据都证明了肥胖流行症（obesity epidemic）的出现，每年有约1%的人口涌入肥胖群体中（详细数据见Flegal et al.，2012）。

“肥胖”一词经常有负面的含义，大多数人也不喜欢这个词被用在自己身上。然而，美国疾病控制与预防中心的数据显示，在20年内，美国人口中的肥胖人数(BMI>30)将会超过体重正常的人数。如果肥胖人数已经超过美国总人口的一半，我们还能将肥胖定义为“异常”吗？当所有人都越来越胖的时候，我们可以将肥胖的标准提高吗？肥胖对健康不利吗？如果肥胖是因为吃得太多了，我们是怎么知道多少量才算太多？我们的身体为什么没有阻止我们？这些问题没有一个简单或清楚的答案，它们就是我们想在这本书中讨论，同时也希望读者在阅读时思考的内容。

事实上，肥胖的确给很多人带来痛苦，损害人体的健康。从统计学的角度，肥胖和患上所谓的无传染性疾病，如高血压、中风、糖尿病、代谢综合征和癌症等病症的风险增加有关(Wagner & Brath, 2012)。无论是公共医保还是个人医保，这些疾病的治疗费用都占据了医疗保障总预算的很大一部分。医保支出不可能这样无休止地增加下去，为了预防疾病，我们都应该关注如何减少如肥胖等风险因素的发生。

肥胖的流行：生化医学因素与环境因素

暴饮暴食和肥胖在21世纪已经成为个体和社会的重大问题，其他进食障碍如厌食症和贪食症，情况也与之类似，我们该如何解决这些因个体与其饮食环境之间交互影响而产生的问题？

生化医学领域的观点是，这些问题的最佳处理方式是直接操控或治疗个体，问题的源头要么是个体身体受损或出现问题，要么是认为治疗可以改变个体与食物互相影响的方式。一个典型的例子是食欲抑制剂(appetite suppressant drugs)的流行。这种药物的作用模式是改变一个人的生理状态或大脑信号，让食物变得更像填充物，不再那么诱人，其设定就是为了改变人体内部与食物相关的信号。想要评估这种解决方法是否有效就需要对生理学和大脑中的进食调控机制有一定的了解。当我们评测这些药物时就会发现，很多关于节食药物的说法都是未经证实且毫无事实根据的，所以我们要意识到批判性地评估这些说法的重要性。

另一个完全不同的观点是，大多数肥胖者的身体并没有什么内在问题，从宽泛意义上，实际上是环境导致了问题的发生。食物数量充足和内含能量的增加，还有身体活动的减少，的确助推了肥胖的流行——这些构建了一个肥胖化或致胖性环境（obesogenic environment）。但就算我们可以找到一个完全安全并有效的生化医学干预方式来反制这个致胖的环境，就称得上是符合伦理或经济上可行吗？你认为食品业会希望降低美食的吸引力（如采用更少的分量，减少脂肪和糖分的含量等），来提高他们客户的健康水平吗？如果食品业不肯这么做，政府是否应该担当这个责任？

已有很多研究证实喝含糖饮料与肥胖相关身体疾病的联系（Borwnell et al.，2009；Vartanian，Schwartz，& Brownell，2007），因而纽约市长麦克尔·布隆伯格（Michael Bloomberg）在这个问题上作出了尝试，他通过促进立法禁止餐馆售卖大分量（>16 盎司）的含糖饮料。一些纽约人和其他美国人都支持布隆伯格的行为，其他人则认为，人们应该有选择食物和饮料的自由（就算他们的选择是不明智的）。一些健康饮食倡议者支持对含糖饮料和不健康零食（如糖果）额外征税。

你怎么看待这些问题？如果你相信个体自由不应该被限制，你是否会支持政府限制儿童接触含糖饮料和垃圾食品，例如，在学校里限制这类食品的出现？或限制对儿童兜售这类食物？如何让我们的环境变得不那么致胖，降低出现不良进食行为的风险？我们希望阅读这本书时读者可以思考这些问题，同时了解更多关于饮食的生理、心理和社会文化方面的知识。在最后一章，我们会回过头来再次探讨这些问题。

算一算的答案

A. 120 磅的女性，BMI 值为 22（正常）。一年和两年后，她的 BMI 值分别为 25 和 28，属于超重的范围。

B. 170 磅的男性，BMI 值为 21（正常）。一年和两年后，他的 BMI 值分别为 22.5 和 24，仍然处于正常范围内。

我们可以发现，尽管两者有相似的 BMI 初始值，也都重了 30 磅，但有更低初始体重的个体（这个例子中的女性）最后反而处于超重状态。

第二章　宏量营养素与我们所吃的食物

阅读完本章，你将：

- 理解有关人体代谢、能量摄入和消耗的基本概念。
- 了解三种基本宏量营养素——碳水化合物、蛋白质和脂肪。
- 明白矿物质和维生素的作用，以及嗜盐癖等特例。

供能高手：食物中的宏量营养素

现在，想要找到一家餐馆或商店，里面没有标注过“有利心脏健康”或“低卡路里”的食物或菜品，已经是一件难事了。

在这个现象背后存在一个理念，即人们可以通过选择吃什么东西，让自己变得更健康并减轻体重。然而，肥胖率仍在持续升高，节食口号在人口层面对饮食的影响几乎不存在。很多人在节食减重成功之后又胖回来，甚至可能变得更胖。你是否尝试过节食减肥，或认识一些曾节食减肥的人？很可能你的回答是肯定的。我们将在后面几章讨论节食的有效性。节食减肥实际上是以营养、能量和能量平衡的基本科学原则为基础的，这些基本科学原则也是本章将讨论的内容。

天然的食物中存在三种含量不同且能够产生能量的宏量营养

素——碳水化合物、脂肪和蛋白质。不同类型的宏量营养素有不同的化学性质，每一种宏量营养素都可以再细分为不同的子类型，如碳水化合物可以被分为单一碳水化合物和复合碳水化合物，脂肪可以被分为饱和脂肪和不饱和脂肪。这些宏量营养素含有的化学能量会在人体内经过一系列基本生物反应之后被细胞吸收，这一过程就是众所周知的代谢反应，其总体速率称为代谢率（metabolic rate）。

我们通常用能量单位来表达代谢产生的能量。一种常见的能量单位是千卡（kcal）：1 千卡 = 1 000 卡路里。1 卡路里（小写的“c”）指将 1 克水加热 1 ℃所需要的能量。食物所含的能量可以用焦耳或千焦（kJ）来计量。你可以将卡路里乘以 4.2（1 kJ = 0.239 kcal），将其转换成焦耳。例如，如果你想将一杯水（约 250 克）从室温加热到沸腾状态（大约需要将水温升高 80 ℃），你将需要 80×250 卡路里 = 20 000 卡路里 = 20 千卡或 84 千焦。这些大约就是一茶匙糖（5 克）包含的能量。生物代谢循环的效率并不完美，所以从食物中获取的能量有时又被称为可代谢能量（metabolizable energy）。

几乎所有动物的能量都是从一种被叫作“有氧代谢”（aerobic metabolism）的过程中获得的，“有氧”二字的意思是指这种代谢过程需要空气，尤其是氧气的参与。我们身体中的所有细胞都需要消耗能量，一些细胞如位于脑部或心脏的细胞有比别的细胞更高的能量消耗率。这些能量怎么形成和被使用呢？你可能需要花一学期的课来学习这些内容！当然，我们会将这些内容简化为几句话（如果你十分感兴趣，可以去寻找一些生物化学领域的书来深入地探索这些话题）。在细胞内工作的通用化学“货币”叫作“三磷酸腺苷”（adenosine triphosphate，ATP），这是一种处于高能量状态并被作为能量供体的分子。顾名思义，ATP 的分子拥有三个磷酸（$-PO_3$）基团（图 2.1）。

这些磷酸基团可以在一个个被释放的过程中为细胞活动提供能

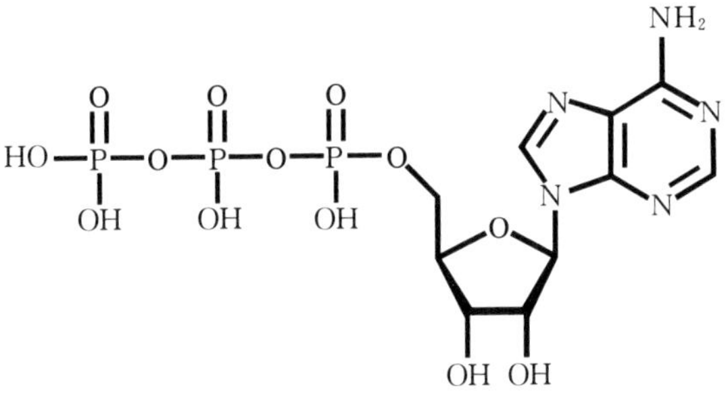

图 2.1　ATP 的结构

量，最终成为一种低能量的形态，进而在 ATP 合成酶的影响下再生。ATP 合成酶由质子梯度或质子泵（又称“化学渗透电位”）驱动，质子梯度或质子泵则是柠檬酸循环反应的产物。柠檬酸循环是一种被基本营养能量（碳水化合物、蛋白质和脂肪酸）与氧气反应燃烧成二氧化碳这一过程推动的化学转化循环过程（图 2.2）。“燃烧”一词仅仅是我们用来比喻这一转化过程的，因为尽管这个循环消耗了氧气（从我们的肺部流入血管中），但在转化的过程中并没有任何实际的火焰产生。线粒体（mitochondria）是细胞内一种特殊的细胞器，柠檬酸循环反应就在线粒体中发生。那些代谢活动活跃的细胞通常比不活跃的细胞拥有更多的线粒体。

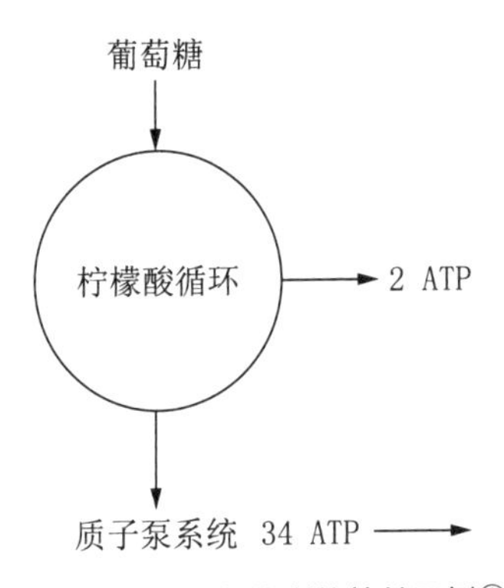

图 2.2　有氧代谢的简单示例①

食物中存在一种特别的造能分子，

① 这是一个有氧代谢的简单例子，一种常见的能量（葡萄糖）进入柠檬酸循环（本图省略了若干化学过程）中，然后产生了 ATP。理论上，一个葡萄糖的最高产能为 36 个 ATP 分子，然而系统不能完全无损耗地转化这些能量，所以通常来说，一个葡萄糖的实际产能约为 30 个 ATP 分子。

它们能够推动柠檬酸循环反应和 ATP 的生成，这些造能分子被称为“宏量营养素”。我们之前曾经提过，宏量营养素有三种：

- 碳水化合物（净产能：每克 4 千卡或 17 千焦）；
- 蛋白质（净产能：每克 4 千卡或 17 千焦）；
- 脂肪（净产能：每克 9 千卡或 38 千焦）。

只含有一种宏量营养素的食物是十分罕见的，大多数天然食物都由这三种宏量营养素混合构成。此外，大部分食物还含有其他无能量产出的物质，包括水、无法消化的纤维、维生素和矿物质等。大部分经过加工的食物在包装上都会印有营养成分表，用来标识每份食物内各种宏量营养素的含量及其他信息。因此，食物的能量密度（或卡路里密度，即每单位重量食物的产能）是由三种宏量营养素和无产能分子的相对数量比决定的。按照惯例，拥有最高能量密度的食物所含的脂肪量会很高，相反，有最低能量密度的食物（如蔬菜）通常含有很多水分，水对人来说并不含有可用能量。

碳水化合物

从化学结构来说，最简单的天然碳水化合物就是单糖（monosaccharide），如葡萄糖（也叫右旋糖）、果糖（存在于水果中）和半乳糖（存在于牛奶中）。

这些单糖带有甜味，如果我们吃了含有单糖的食物，单糖分子就会被消化系统的上部快速吸收，导致血液中糖分的含量快速上升（一种“糖兴奋”）。之后，这些糖分会用于我们之前提及的代谢过程。在吃下特定食物之后导致血糖剧增的幅度叫作“血糖指数”（glycemic index)。纯果糖的血糖指数为100,高碳水化合物食物如米饭或土豆的血糖指数超过了70,而大多数豆类和水果的血糖指数通常为55或更低(Foster-Powel, Holt, & Brand-Miller, 2002)。(注意,这些数据都指的是在食用同样重量或数量的食物的情况下。)血糖指数高的食物会引起代谢类糖尿病症患者的病情恶化,所以医生通常会建议这类患者多吃那些血糖指数较低的食物。

糖分的另一种类型是二糖(disaccharide),它包含蔗糖、麦芽糖和乳糖等。蔗糖就是你可以在超市买到的最常见的糖,它们大多数是从甘蔗和甜菜中提取而来,乳糖则是牛奶中最主要的碳水化合物。二糖通常由两个单糖分子结合而成:

- 蔗糖 = 葡萄糖 + 果糖;
- 麦芽糖 = 葡萄糖 + 葡萄糖;
- 乳糖 = 葡萄糖 + 半乳糖。

当这些二糖被摄入体内,它们必须先被人体肠道里的酶分解成单糖,然后才能被吸收并进入血管。你可能听过"乳糖不耐症"这一术语,这种情况出现在很多儿童或成人身上——他们的身体已经不再分泌可以用来分解乳糖的酶了。

很多碳水化合物被叫作"淀粉"(starch)或"复合碳水化合物"。葡萄糖通常以很多分子组合而成的聚合物(分子链)为主要形式,储存在动物或植物的体内。在植物中,碳水化合物通常以直链淀粉(一种头接尾或链条型的聚合物)或支链淀粉(有分支的链条)的形式存在,在动物中则主要以糖原的形式被储存起来。复合碳水化合物被摄入人体后,首先被分解为单个的葡萄糖分子结构,然后被人体吸收。比起直接摄入纯葡萄糖,这个过程的速度要慢一些。所以,淀粉的血糖指数通常比一些简单的糖类要低一些，那些具有分支结构糖类的血糖指数则更低一些。

纤维素是很多植物的结构性组成部分，它是一种和直链淀粉一样的葡萄糖聚合物，只是纤维素分子内葡萄糖结构的化学链接点与直链淀粉内的有所不同。因此，大多数动物，包括人类，很难将吃下的纤维素分解成葡萄糖。被吃下的纤维素通常起到膳食纤维的作用，不能为人体提供任何能量，但会吸取水分，并在胃肠道中膨胀，因此会让我们感到很饱并让排便变得很顺利！一些动物能够消化纤维素是因为其肠道内有具有共生关系的微生物，能够将纤维素分解成葡萄糖。这些动物（食草类动物）一般以植物为主食。白蚁也能够消化纤维素，木头是它们最喜欢吃的食物之一，所以在温暖气候地区生活的人需要定期治理白蚁，防止它们毁坏房屋。

蛋白质

蛋白质是由一个个氨基酸（amino acid）首尾相连形成的一条长链分子，由氨基酸（通常要少于 100 个）构成的短链分子则被叫作“肽”。

天然存在的 L-氨基酸有 20 种，每一种都有不同的形状、大小和化学性质。氨基酸名称中的“L-”指这些分子由两个相同却以镜像形式存在（就像左手和右手）的氨基酸链构成。只有 L-形态的氨基酸参与了蛋白质的制造过程，这个过程就像这些氨基酸互相握手，链接在一起。（葡萄糖有 d-和 l-形态，但只有 d-形态的葡萄糖可以被人体吸收。）每种氨基酸都是不同的，特定蛋白质的功能和作用完全由氨基酸的排列顺序决定。

蛋白质进入人体内后，必须先在消化道中被分解成氨基酸，才能被身体吸收，用来制造蛋白质（结构蛋白），也用来制造酶、受体和信号分子，还可以提供能量。一些氨基酸也可以在人体内合成，人体无法合成的氨基酸叫必需氨基酸（亮氨酸、异亮氨酸、缬氨酸、苯丙氨酸、色氨酸、苏氨酸、蛋氨酸、精氨酸、赖氨酸、组氨酸），这不是因为其他氨基酸不重要，而是因为我们必须吃下足够的含有这类特定氨基酸的食物，才能满足身体的需求。蛋白质失衡就是相对而言缺少可分解为一种或多种必需氨基酸的蛋白质。大多数动物来源的蛋白质是平衡的，植物蛋白却不一定如此，素食者就必须混合搭配食物，使蛋白质来源总体平衡。

脂肪

脂肪属于酯类，它是一种结合了一个甘油基和三个脂肪酸分子的化学物质。从化学角度来说，脂肪酸就是相对来说较长的碳基链。

在脂肪分子中，连接邻近碳原子的可能是单化学键（饱和的）或双化学键（不饱和的）。饱和脂肪酸中的脂肪链都是单化学键的，它的分子形状通常是“长条”形，在室温下为固态（如猪油）。不饱和脂肪酸有所有的三个脂肪酸链，分子内部有一些化学双键，使其分子形状更偏向“圆”形，在室温下为液态（如橄榄油）。

根据双键的数量，不饱和脂肪酸有不同的分级：单不饱和脂肪酸（monounsaturated fats，MUFA）的一条链含有一个双键，而多不饱和脂肪酸有两个甚至更多双键。有个说法是，摄入饱和脂肪（通常为动物制品，如猪油）可能对心血管健康不利，不饱和脂肪更有利于心脏健康。摄入饱和脂肪与不饱和脂肪的健康数据结果总体来说差异不大，且引发不少争议（Siri-Tarino，Sun，Hu，& Krauss，2010）。可能更好的建议是，什么类型的脂肪都要少吃！在食物的再加工中通常会利用部分氢化过程，将植物油中的不饱和化学键转化成饱和化学键，如把油转化成植物黄油。

一些脂肪酸可以通过化学作用在我们的身体中再合成或重组。不能在身体中制造出来的脂肪酸叫必需脂肪酸，它们必须从食物中获取。必需脂肪酸包括多不饱和脂肪酸（polyunsaturated fatty acid，PUFA），又被称为 n-3 或 omega-3、n-6 或 omega-6。油性鱼类，如三文鱼、鲱鱼或沙丁鱼，n-3 脂肪酸的含量都特别高。

甘油三酯必须先被消化道中的酶（脂肪酶）分解成脂肪酸和甘油，才能被人体吸收。脂肪酸可以直接用来产生能量，但我们吃下或制造出的很多脂肪都被储存在脂肪组织中。脂肪组织包含人体内甘油总重量的约 87%。脂肪分子有疏水性，因而脂肪组织所含的水分极少，这可能就是为什么净产能约 9 千卡/克的脂肪组织是密度最高的能量存储形式。

///讨论话题///

列出你日常一天食物的脂肪来源，包括油炸食品、肉类、烘焙类食品等。利用食品标签或网络资源，尽自己所能将这些脂肪细分到不饱和脂肪和饱和脂肪等不同种类中。将其与其他人列出的类别对比，如果你吃下了较多的饱和脂肪，可以做些什么来减少进食量？

营养成分表和食品标签

在现代社会，大部分食物都被妥善包装后才拿出来售卖，其包装上通常会标明营养成分，包括食品的数量或每份大小（即食品的重量），主要营养成分——碳水化合物和脂肪一般会被细分为不同的子类别(如糖与淀粉、饱和脂肪与不饱和脂肪),微量营养素包括盐分,以及每份食品所含的热量,有时一些特定的食物会被标为“健康食品”。人们对这类信息就可以一目了然。在最后一章,我们会进一步探讨人们是否较好地利用了这些信息。

///讨论话题///

请在自家的厨房找一些食品营养成分表,然后和同学一起讨论成分表包含的信息。你曾经仔细看过成分表吗?你认为它们有用吗?你找到任何让你惊讶的宏量营养素成分或能量密度值了吗?哪些食物中含有超过50%的脂肪?哪些食物标明了是低脂食物?它们的脂肪含量有多低?

我们想提醒读者更多地留意食品标签上的营养成分信息,无论你是否会改变选择,多看看总是没有坏处的。

算一算热量与脂肪

假如你的身体每日消耗2 700千卡——比正常人平均消耗的稍微多一点。如果这些能量完全由身体内储存的脂肪来供给,需要多少克脂肪(假定脂肪供能为9千卡/克)才能支持每日身体的消耗?

如果一个人的体重为200磅且体脂率为30%(根据身高的不同,这个人有可能已超重,但还没有达到肥胖的程度),其体内有多少克或千克的脂肪(可使用近似值,2磅=1千克)?

如果这个人完全不吃东西,而能量消耗保持不变,其体内的脂肪多久会消耗殆尽?

如果这个人没有完全节食，而是仅吃下原来一半热量的食物（1 350 千卡/日），其体内的脂肪可以维持多久？

如果这个人设定一个较合理的目标，如减掉体内储存的大约一半脂肪（约 15%），坚持同样的进食方式的话，需要多久才能达到这个目标？（答案在本章的最后）

必不可少：食物中的微量营养素

除了能为人体提供能量的宏量营养素，我们的身体还需要相对较多的其他膳食成分。它们不能供给能量，却是身体建构和运作的必需成分，其中最常见也是我们将要讨论的营养成分是盐和维生素。在这里，我们还想顺便提提水的重要性。水是一种不含任何热量的人体必需品，我们的身体中存在一整套用来调节体内水的含量的独立系统，缺水时产生口渴的感觉就是这个系统的功能之一。除了上述提到的营养成分，我们身体还需要之前提及的膳食纤维。

盐

从化学角度来说，盐由含有正电荷的阳离子，通常是金属离子（如钠离子），和含有负电荷的阴离子（如氯离子）组合而成。盐有时又被叫作“矿物质”。

///讨论话题///

你可能听人说过，高盐分饮食对健康不利，对那些有心血管疾病如高血压的人来说尤其如此。一个健康的人每天对盐的建议摄入量是2克。请检查你日常生活中经常吃的食品的标签,看看其盐分含量。你每天吃了多少盐分?(不要忘了那些预加工过的食品,如比萨,它们的盐分含量极高!)

大多数食物都含有极小量或微量的特定的盐。如果膳食比较均衡,我们就已经摄入所有具有恰当量的必需元素。有一点需要提醒大家,那些没有摄入适当量营养的人(如厌食症患者或没法正常吸收食物的人,特别是刚做了肠道手术的人),特别容易出现矿物质不足。

我们身体中含量最高的矿物质是钙(约1 000克),然后是磷酸盐(约750克)。人体骨骼的大部分组成物质就是磷酸钙,除此之外,钙还是一种对很多细胞活动过程至关重要的矿物质,其中包括神经递质的释放过程。缺钙可能会导致骨质疏松症。奶制品中拥有丰富的钙质,这就是医生推荐人们多吃奶制品的原因。同样,在我们体内大量存在的离子还包括钠离子、钾离子和氯离子。我们全身的大部分细胞内和细胞间都存在液体,这些液体的主要成分就是这些离子。人类还能从膳食中获取其他矿物质成分,包括铬、钴、铜、氟、碘、镁、钼、硒、硫和锌等,但含量相对很低。

如果你的膳食中未包含足够的微量营养素,或你对微量营养素有异乎寻常的需求,最可能出现的症状就是疲劳——一种感觉不太对劲的总体感受。(有些人把疲劳叫作“缺乏能量”,但这里我们把“能量”一词当作特定的科学术语,所以我们必须使用“疲劳”这个词,因为在这种状态下,三磷酸腺苷内的能量通常没有遭到破坏!)常见的矿物质缺乏就是缺铁,铁是血红蛋白(血液中承载氧气的蛋白质)的关键组成部分,在经期流失大量血液的女性会失去大量的铁,很容易贫血并因此感到疲劳。

钠和嗜钠

我们体内存在大量钠离子，在所有细胞（包括血管中的细胞）四周都围绕着一种细胞外液，钠离子就是这种细胞外液中的主要阳离子。细胞外钠离子和带着负电荷的主要阴离子——氯离子的浓度大约是150毫摩尔（毫摩尔是一个常见的浓度生理单位，这种浓度又被叫作“等渗压”）。

氯化钠——常用盐或食用盐——在许多天然食物中都存在，它还被当作防腐剂和调味品，用在很多食品的保存和烹饪中。我们不断地以流汗或排尿的方式失去一些钠、氯和水分，这类损失导致了两种脱水：细胞内脱水（主要成分为水）与细胞外脱水（主要成分为等渗压液体）。两者都导致了人体功能的受损——不像能量，人体无法储存体液，然后等待需要时再使用，我们必须通过喝水或喝盐水获取水分。人体内有渗透压受体，它们可以侦测到细胞内的脱水情况（正常来说，会升高约150毫摩尔），而压力受体也会检测到细胞外的脱水情况（通过感受到血量的下降来间接监控）。偏离正常值约2%就足以使一个人感到口渴并开始喝水。有很多证据可以证明，对钠盐的特别嗜好和血量丧失有关（Denton，1982）。

尽管曾出现过一个病例，病人嗜好的矿物质是钙盐，但钠仍然是对咸味液体或食物的特别嗜好的唯一特征性矿物质（Tordoff et al.，2008）。嗜钠将在本书的其他部分被提及，但我们必须强调钠在所有矿物质中的独特性。草与其他植物内所含的钠盐成分（取决于土壤的钠含量）可能较低，因此以植物为主食的食草动物有较高的缺钠风险。在冬天，野生食草动物如野鹿可能会因为寻找在路上散落的盐分而遇到危险。

维生素

维生素是一种化学物质，很多天然食物中都含有微量维生素，它对于我们身体内的很多代谢反应至关重要。就像矿物质一样，正常的平衡膳食中应该包含身体必需的所有维生素，而特定的维生素缺乏可能与很多全身弥漫性症状包括疲劳（很显然！）有关。维生素有两种类型——因不能在体内储存所以需要持续性补给的水溶性维生素，以及必须与膳食性脂肪一起摄入才能被人体吸收的脂溶性维生素（表 2.2）。

表 2.2　维生素的分类①

脂溶性维生素	A（视黄醇），D（胆骨化醇），E（α-生育酚），K（叶绿醌）
水溶性维生素	B_1（硫胺素），B_2（核黄素），B_3（烟酸），B_5（泛酸），B_6（吡哆醇），B_9（叶酸），B_{12}（钴维生素），C（抗坏血酸），H（生物素）

在早期的长期海上旅程中，水手们没有新鲜的农产品可以食用，往往因维生素 C（新鲜水果中含量丰富）缺乏症而患上坏血病。在表 2.2 的所有维生素中，除了烟酸（～20 mg）和维生素 C（～40 mg）以外，其他大部分维生素人体只需要每日摄入几毫克（mg）即可。许多人会食用维生素补给品，如复合维生素丸，它含有各种日需维生素，含量超过建议日摄入量好几倍，但人体储存额外维生素的能力有限。你觉得是什么原因让维生素药剂产业变得如此暴利？

能量平衡

能量平衡是在一定时间范围内（例如 24 小时）能量输入和能量输

① 表中为维生素族类，每类中仅有一种被列入。

出之间的差异。我们该如何测量能量的吸收和消耗呢?

能量输入

测量能量输入其实就是了解所吃的每一种食物经代谢后产生的能量和它们的精确重量。很多公开的食物热量表总结了常见食物类型的平均产能,食物标签上通常也会有这些信息。即便如此,我们实际上很难回过头来查看吃下的食物有多少——你还能说出,甚至只是大概地说出,昨天中午每种食物都吃了多少吗?一些研究者使用电子食物日记来帮助做记录,以防忘记记录一些东西。最准确的人类进食数据发生在实验室里,而非现实中,这也是为什么很多进食研究大多使用了实验动物,因为我们可以更精确地记录它们在什么时候吃了什么。

能量输出

对能量输出或消耗的测量方式与能量输入的测量方式不一样,部分在于测量目标不同:能量输入(进食)是不同的时间段里吃下一定数量的食物(正餐或零食),能量输出是随我们的活动水平持续且不断变化的过程。

能量消耗有三个主要类别:休息或基础代谢率(basal metabolic rate, BMR)、活动或锻炼代谢消耗、食物的生热效应。一个人正常水平的每日活动中,基础代谢消耗大约占据60%—70%的总体日能耗,活动或锻炼的代谢消耗约占20%—30%,而食物的生热效应只占总体日能耗的几个百分点。任何活动,包括从室内行走到体育竞技项目,相对来说都有比较明确的活动时长。一段时间内的总体代谢率必须包括基础代谢率和活动代谢率之和，这些通常很难同时测量。能量消耗可以由检测一段时间内的全身热量释放（使用一种叫量热计的仪器）或测量氧气消耗和/或呼吸商（respiratory quotient，呼出二氧化碳除以消耗的氧气比）来确定。

全身热量测定仪（calorimetry）是一种测量一段时间内，在特定空间里——通常是一个带着床和桌的小房间——个体所产生的热能的方法，这段时间通常持续几个小时甚至几天。尽管这种十分专业的仪器能很准确地测量热量，却没有被广泛采用，测量要求的狭小空间通常也严格限制了可以进行的活动。最近出现一个新的发明，叫作“身体豆荚”（Bod Pod），这是一个十分小的空间，人们只需要静坐几分钟，就会被超级敏感的侦测器测量到呼吸交换。同样，身体豆荚只能测量人体的基础代谢率，因为没有足够的空间让人们做躯体活动。活动中的代谢可以通过氧气消耗量与二氧化碳产生量来测量，这就需要使用一种简单但很难移动的仪器，通常还需要结合定点活动如跑步机或健身单车。为此，实验对象必须戴上一种紧贴皮肤的面罩，然而人们仅愿意忍耐较短的时间，所以一日或多日的测量不太可行。总的来说，以上测量基础代谢率和活动代谢率的方法并不能让人满意。

使用双重标记水（doubly labeled water）可以测量几天内实验对象正常生活中自由活动时的基础代谢率和活动代谢率的总和。这种方法的问题在于它代价高昂，还需要给实验对象注射具有放射性的同位素，尽管这种注射剂在现代核医学中很常见，但并不是每个人都可以接受。在实验过程中，将以少量同位素^{2}H 和^{18}O（相对于正常、无放射性的同位素^{1}H 和^{16}O 的量来说，甚至可以忽略不计）标记的水通过静脉注射进血液中。在较短的时间内，两种同位素双重标记过的水与身体中正常的水就会达到平衡状态，实验人员会取样（血液或唾液），然后使用适当敏感性放射计数器测量每一种放射性同位素的数量。间隔一段时间后(如 7 天),会再次以同等剂量进行取样并测定数量。在两次取样计量之间的时间内,水中的氢,包含同位素^{2}H会因为人体分泌汗液或排出尿液等而流失,两次测量中^{2}H数量的降低就是人体在此期间的体液流失率。相反,水中的氧,包括^{18}O不仅因为体液分泌和排泄而流失,也随着二氧化碳的呼出而丧失,所以^{18}O数量的降低速率快于^{2}H的降低。个体的代谢率越高,呼出的二氧化碳就越多,^{18}O数量就降低得越快。这种方法的独特之处在于,可以算出研究期间基础代谢率和活动代谢率的总和。现在我们已经讨论过测量的问题,接下来就来看看是什么决定了基础代谢率。

基础代谢率

基础代谢率是在一定时间内身体处于休憩(包括睡觉)时的能量消耗量。有几个因素会影响基础代谢率:

- 体重:一个人越重,身体中需要供给的细胞就越多,基础代谢率就越高。
- 年龄:年轻人的基础代谢率高于年纪大的人,部分原因是身体构成发生变化。
- 身高:个子高和较瘦的人的基础代谢率高于同等体重的矮个的人。
- 成长:儿童和孕妇需要更多能量来支持新组织的生长,所以有更高的基础代谢率。
- 身体构成:个子高但体重较轻的人有较高的基础代谢率,较高的体脂含量则意味着较低的基础代谢率。
- 压力:压力荷尔蒙会提高基础代谢率。

- 禁食/饥饿:禁食期释放的荷尔蒙会降低基础代谢率。

要测量大规模人群的基础代谢率,必须使用以人口为基础的测量方式或使用平均数学表达式,让个体可以用简单的测试来估测自己的基础代谢率。

快捷的算法:基础代谢率(千卡/日)=你的体重(磅)×10。公制单位的算法为基础代谢率(千焦/日)=体重(千克)×92。这是一个适合所有人的通用算法,当然,这种算法忽略了之前我们列出的所有影响基础代谢率的因素!

哈里斯-贝内迪克特方程式:这是一个根据性别、体重和身高计算基础代谢率的算法,可以给出更精确的结果。大多数在线计算器(用浏览器搜索哈里斯-贝内迪克特)会根据自评活动水平调整基础代谢率,有一些甚至还会将压力水平的影响涵盖在内。

///讨论话题///

使用快速、凑合的算法和哈里斯-贝内迪克特方程式计算器,分别计算你的基础代谢率。两个数值有多接近?如果两者不太相同,你认为是什么让两个数据产生差异?将你得到的数据结果和同学或朋友的作对比。

活动:锻炼的代谢消耗

与基础代谢率一样,锻炼的能耗与体重相关。一些在线资源可以用来估算一个正常人的能耗,其范围从约 200 千卡/小时的室内活动(或走路)到近 1 000 千卡/小时的快速骑行。那些久坐不动的人可能只消耗了15%的活动能量预算，高水平耐力运动员则可能消耗了总体能量的80%。对大多数人来说，极限水平的活动，如以40公里/小时的速度骑行很长时间，是大大超出其能力范围的事情，但增加活动时间是每个人都可以作出的生活方式的简单改变。我们可以走楼梯而不是坐电梯，工作时经常起来走动一下或买一个站着工作的书桌，或扔掉那些遥控设备，等等。

膳食性生热

膳食性生热(diet-induced thermogenesis, DIT)或食物的生热效应即由于进食所含能量的作用而导致能耗升高，超过了(禁食)基础代谢率。膳食性生热通常占总体能耗的5%—15%，高蛋白的饮食可能和高水平的膳食性生热相关，高脂肪的饮食则可能与较低水平的膳食性生热相关。比起身材较瘦的人，肥胖者也可能有较低的膳食性生热效应。

算一算的答案

每天摄入300克脂肪就可以产能300×9=2 700千卡。

一个人体内有200×0.30=60磅=30千克脂肪。

如果每日消耗300克脂肪，人体所含的脂肪可以维持100天。

在节食50%(仅摄入150克脂肪)的情况下，可以维持两倍的时间(200天)。

想要减掉体内一半的超重脂肪(15%的脂肪)，则只需要一半的时间(100 天)。

请大家注意，就算在严格禁食下想要减掉很多重量也需要花上几个月的时间。那些宣传自家的专利食品可以让人们大量减重或减脂的广告，从科学角度来说是完全不现实的。

第三章 味觉与嗅觉：食欲的促燃剂

阅读完本章，你将：

- 能够描述嗅觉和味觉形成的基本机制。
- 理解嗅觉与味觉如何被整合起来，形成对味道的感受。
- 领会消化道作为主要化学感应和内分泌系统的作用。
- 了解脑干和其他大脑结构与感官之间的联系。
- 能够描绘由这些感官引导的特定进食行为。

“L’appétit vient en mangeant ”(吃饭能开胃)是一句法语古谚，在1534年之前，弗朗索瓦·拉伯雷(François Rabelais)在其著作《巨人》(*Gargantua*)中首次引用该谚语。一些研究利用吃的速度来评估动物和人的食欲，而其结果支持了这个谚语的说法，这让人不得不思考，在人们刚开始暴食的时候也许出现了什么特别的感觉，才导致人们的食量不断增加(Sclafani & Ackroff, 2012)。

这些可以意识到的特别感觉就是我们的嗅觉和味觉。想象自己走在小镇的街道上，闻到食物的香气，如刚出炉的烤面包的味道。它会让你想吃面包吗？你是否开始流口水了？你是否会去找这家面包店，然后买一些面包？这些气味在过去的经验中是和美味的食物联结在一起的，所以会让我们产生一些生理(流口水)和行为上的变化，想要接触食物。(当然，还存在让人恶心的气味；有什么气味可以让人不想再好好享受美味的面包呢?)

在这一章,我们首先会回顾两种传统的化学感觉——嗅觉和味觉,然后讨论它们如何在大脑中整合起来,形成人体对味道的感受。我们将详细解释消化道的不同部分(胃与肠)是如何“品尝”食物的,从本质上来说,其实它们用来感觉食物的方式与嘴一样。尽管消化道发出的信号不能进入我们的意识,参与体验食物,但它们的确影响我们的行为。最后,我们将仔细分析大脑中味觉和消化道感受的输入区域,这也将为我们在后面几章中能够进一步探索大脑与进食行为做好准备。

嗅觉:我们如何产生对气味的感觉?

嗅觉到底有什么作用?大多数动物,可能还包括人类的祖先,都有十分敏锐的嗅觉,可以闻到很远处食物的气味,甚至食物气息出现在几公里之外也不例外。这样敏锐的嗅觉要求个体拥有高敏感度的受体和趋化能力——向气味的源头移动(或远离那些代表危险的气味)。一个人离气味源越近,气味分子的浓度就越高,所以趋化能力需要个体能够觉察气味强度随时间的变化。现代人类已经不需要使用这种为了生存而发展出的能力了,但你还是可以闻到街角那家面包店散发的诱人香味!嗅觉的另一个功能就是对味道的感受,而对味道的感受会让食物变得更加诱人,如厨房里做晚餐的香味可能让你感觉饥饿。

气味与受体

气味是从一个源头释放出的分子,这种分子在携带媒介中弥散开来，然后被感觉器官中的受体捕捉到。对于陆栖动物，空气就是携带媒介，鼻子就是感觉器官。尽管正常呼吸足以让气味到达鼻内的感觉表层，但我们通常还会深吸气，让更多外界的空气接触感觉表层。

气味是物质分子挥发（空气传播）造成的，它们有特定的化学形态和大小。图 3.1 中是一些物质的化学结构和它们闻起来的味道。这些化学物质可以在实验室中以纯气味的形式展现出来，它们闻起来差不多，却与天然物体（如香蕉）不完全相同，因为天然物体大都会释放好几种不同的气味。要识别某物为“香蕉”意味着需要分析混合气味的不同组成成分，还有它们各自的浓度。我们的嗅觉系统如何准确地作出这样精细的化学分析呢？

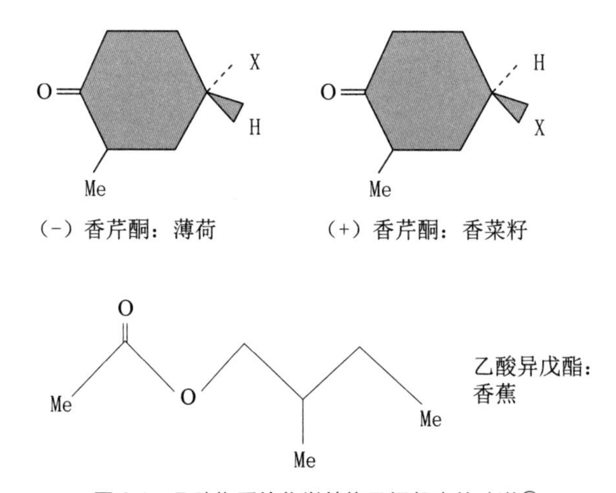

图 3.1　几种物质的化学结构及闻起来的味道①

在我们体内，作出化学分析的是一种被叫作“嗅觉受体”（receptors）

① （+）和（−）香芹酮（镜像化合物，就像左手与右手）的化学结构虽然相似，却有着截然不同的气味。酯通常会散发出水果的味道，如乙酸异戊酯就会散发出十分像香蕉的味道！

的化学信号侦测器，它们在嗅觉受体神经元的树突上聚集丛生，处于鼻腔顶部的上皮细胞之中（图 3.2）。

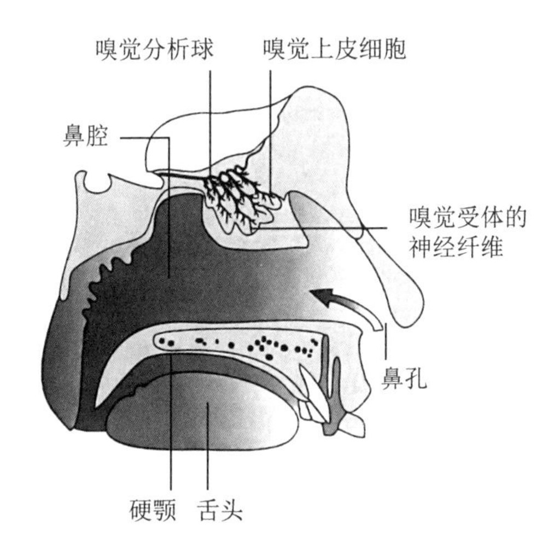

图 3.2　在哺乳动物的嗅觉系统中，受体位于鼻腔的上皮细胞中，聚集在特定种类受体的连接处

这些受体都属于一个叫 G 蛋白偶联受体（G-Protein coupled receptors，GPCR）的超级家族，它们存在于身体的大多数组织之中。GPCR 通常是一条含有至少超过 300 个氨基酸的蛋白质长链，该受体中还存在七个跨细胞膜结构。这种跨细胞膜结构使 GPCR 在细胞外构成三个区域或环结构，从而形成一种特定形态或者说凹袋，让它们可以与一种叫“配体”（ligand）的化学物质结合（见附录 1）。不同的 GPCR 的环有不同的氨基酸序列，它们形成的凹袋也会有所不同，吸引不同形态的配体与之结合（Mombaerts，1999）。

人类的基因中大约包含了 1 000 个 GPCR 基因信息，但其中超过一半被叫作“伪基因”，因为它们不具有任何功能（Rougquier & Giorgi，

2007)。超过一半的GPCR基因信息仅在我们身体很小的一部分——鼻腔上皮组织(nasal epithelium)中进行基因表达。人类的特定嗅觉GPCR大约有300—400个,它们中的每一个都跨越了鼻腔上皮细胞中嗅觉感受神经元树突的细胞膜,而每一个嗅觉神经元都只代表一种受体。就像所有的GPCR一样,特定嗅觉GPCR在细胞外形成特殊的结构区域,这种区域具有特别的形状和化学特性,让该特定受体仅能与特定种类的气味分子结合和产生交互反应。因为每一种气味都有特定的形态和大小,一种特定的气味只能很好地与一种或很少量的气味受体进行交互反应与结合,能够勉强与另一些气味受体进行交互反应与结合,而与其他气味受体完全无法进行此过程。另一种化学性质不同的气味则只能和其他不同的受体结合。也就是说,每种纯粹的气味都会引起整个嗅觉受体群产生一种特别模式的激活。

让我们用一个大家也会想到的场景来解释这个原理。假设有500个人全都待在喧闹的等候区里,每个人的名字都不一样。我们可以把每个人当作一个只有听到自己的名字才会站起来的独特受体。每当有一个名字在扩音器中响起,如布伦达(Brenda),叫布伦达的人很可能会站出来,但因为背景中有噪声,以及扩音器的质量低下,有可能布兰登(Brandon)、万达(Wanda)等有相似发音特点的名字的人也会站出来,但韦罗妮卡、艾伯特或大多数其他在场的人不会误会。如果另一个名字响起,如亨利,另一群不同的人将会站出来。每一种刺激(名字)都会引起特定的人群反应,这其实就与气味如何激活受体是一个道理。

尽管只有500种受体类型的基因在鼻部表达了出来,但实际上仅鼻部就存在远远超过500个的嗅觉受体细胞(更准确地说,有大约4 000万个嗅觉受体细胞),在成千上万个嗅觉受体神经元中分布着所有类型的GPCR。这些相同类型的GPCR细胞遍布嗅觉上皮细胞表面,但值得一提的是，在人体中，所有同一种类型的 GPCR 都连接着人体内的大约 1 000 个嗅小球(glomeruli)。嗅觉受体神经元首先将信号传递至轴突(这类轴突又被叫作"嗅觉神经")，然后穿过嗅上皮上方的一个布满小孔的骨头(筛状板)，最终抵达位于嗅球(olfactory bulb)的嗅小球。对 300—400 个不同的嗅觉受体来说，平均每个受体都仅连接了几个嗅小球。嗅小球只是一个中继站：它们收集了成千上万个嗅觉神经发送来的信号，传递给位于嗅球主体的僧帽细胞的树突。然后，僧帽细胞的轴突会通过嗅径给大脑发送被称为动作电位(action potential)的电位脉冲。

///讨论话题///

你可以说出多少种不同的气味？如果你在未来闻到这些气味，你可以在不依靠其他信息的情况下说出它们的来源吗？写出 5 种让你愉悦的味道，再写出 5 种让你不舒服的味道，将你写的和朋友写的作对比：有多少项是很特别的(如"我室友的古龙水的气味")？还有多少种是常见的(如"新车的味道")？你认为平常人和以分辨味道为职业的"专家"(如调香师或美食家)相比，嗅觉会存在什么差异？

到现在为止，我们已经讨论了如何将气味从外界捕捉到人体内，产生嗅觉，有时也叫"鼻腔嗅觉"或"鼻前嗅觉"，因为这里所说的气味是从前方或者说以"正常"方式进入鼻腔的。但还存在另一种气味的来源，即气味以鼻后嗅觉(retronasal olfaction)的方式进入鼻腔，产生嗅觉(图 3.3)。当我们啃咬并咀嚼食物时，食物内的小分子就可能进入口腔中。这些气味通常和那些鼻前嗅觉接收到的刺激有所不同，有时甚至含有更多信息，它们会从口腔顶部的鼻后通道进入鼻腔，然后由嗅觉感受神经元侦测出到底是什么气味（Gautam & Verhagen，2012）。

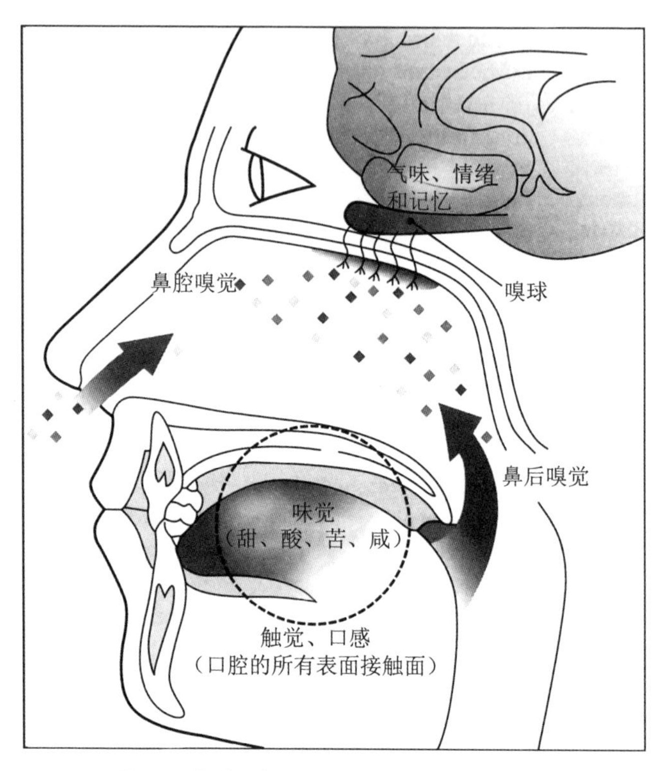

图 3.3　鼻腔和鼻后嗅觉以及它们与味觉的关系

大脑接收的投射

大脑的脑区接收了这些从成千上万个僧帽细胞的轴突传来的电信号，然后开始对这些信号进行编译和分析。如果一个僧帽细胞的轴突只被一个嗅小球所影响，大脑就可以按照规则，使用交叉神经纤维编码进行解译，即轴突 A 意味着气味 a，轴突 B 意味着气味 b，等等。

但在现实生活中，实际情况比这个复杂多了，不同的僧帽细胞之间会出现“干扰”，因此，大脑会使用另一种模式编码进行解译——每一种特别的气味都会按照其引发特定的信号模式进行编码，而每一种气味的编码都不一样。气味的强度被编码为动作电位的频率（例如一段时间内动作电位的数量），在所有感觉系统中都如此：很多动作电位意味着气味浓烈，反之亦然。这个系统的一个核心特点是，如果你遇到了一个全新的气味，你的大脑就会把它当作一个新气味，因为它接收到的信号模式是全新的。

僧帽细胞的轴突形成了嗅径，嗅径则通向后方进入大脑的前部（包括部分端脑，如大脑皮层和杏仁核）。杏仁核（amygdala）参与了情绪过程，因此嗅觉能够直接影响人的心情或情感。实际上，的确有一些气味可以引发极端的喜悦或极端的厌恶情绪。额叶皮层（frontal cortex）的不同区域包括岛叶皮层（insular cortex）、眶额皮层（orbito-frontal cortex）和前梨状区，是气味记忆、复杂气味识别和味道等信息在大脑中被分析的地方。不同的气味激发不同组神经元在这些区域的活动（Gottfried，2007；Howard，Plailly，Grueschow，Haynes，& Gottfried，2009）。眶额皮层神经元对环境和学习信息的反应十分敏感，举个例子：当猕猴处于饥饿状态，气味会激发它们大脑眶额皮层某些神经元的回应，使其对环境和学习信息的反应比被喂食过或饱腹时剧烈得多（Pritchard et al.，2008）。人们的气味记忆通常都很好——你可能好几年都没有闻到某个气味了，但当你再次接触这个气味，你会回忆起相关物体或前一次闻到这个味道的场景。你还能记得小时候闻过的味道，如你奶奶家厨房的味道吗？当然，有一点需要注意，那些嗅觉经验有限和额叶皮层未发育完全的新生儿很难识别复杂的气味，如他们就很难将自己的母亲和别的女性区分开（Cernoch & Porter，1985）。

///趣味信息盒///

你闻到的就是我闻到的吗?
或者说，我们闻到的味道和狗闻到的味道一样吗?

科学家通常将嗅觉敏感物种(如狗)与嗅觉不敏感物种(如人)区别对待,因为对狗来说,良好的嗅觉是它们生存的关键,而对人类来说,对比视觉等其他感觉,嗅觉不太重要。人类通常利用狗"嗅出"浓度很低的气味,例如猎犬可以发现猎物的气味或埋藏在地底的物体如松露的味道,警犬和搜救犬可以找到隐藏起来的人、药物,甚至炸弹。

到底是什么导致了嗅觉灵敏度或敏锐度的区别?可能涉及好几种因素:首先,尽管人类与犬类在嗅球大小和嗅觉受体神经元的数量上并没有太大差异,但其与大脑所有神经元的相对数量比却有很大的差别;比起人类,一只狗的嗅球占据其总体脑容量中很大一部分(Quignon, Rimbault, Robin, & Galibert, 2012)。其次,比起那些嗅觉不灵敏的动物,虽然嗅觉灵敏的动物在基因图谱中通常只是多了一些被编码的 GPCR 基因,但其中具有功能性受体的基因占更大比例(例如犬类有 80%的功能性受体基因,而人类仅有 30%),剩下的则是非功能性 GPCR 基因或伪基因(Rouquier & Giorgi, 2007)。最后,犬类与人类的嗅闻模式、鼻腔结构和鼻腔内空气流动模式都十分不同(Craven, Paterson, & Settles, 2009)。除此之外,嗅觉灵敏物种有十分发达的犁鼻器,它的功能很像物种体内平行运作的第二套嗅觉系统,只是它的识别对象更指向被叫作"外激素"的特定物种识别分子(就像狗可以嗅出其他狗的气味一样)。

失嗅症

失嗅症指嗅觉的完全丧失;嗅觉减退指嗅觉或识别不同气味能力的部分丧失。我们的感觉系统大部分会随着年龄而衰退,嗅觉也不例外。到了 80 岁,大部分人都会出现嗅觉的部分丧失或完全丧失,这种衰退还可能因阿尔兹海默症而加剧(Mesholam, Moberg, Mahr, & Doty, 1998)。因为前脑创伤而产生的脑震荡(大部分在运动时发生)可能导致暂时性或永久性的嗅觉丧失(Van Toller, 1999; Varney, Pinkston, & Wu, 2001),还会带来很多其他相关症状。在嗅觉永久性丧失的案例中,也出现过因为大脑受创时大脑和颅骨之间发生相对移动,导致嗅觉感受神经元的轴突在它们穿过筛状板的位置时被切断。失嗅的人们经常表示食物寡淡无味,还表现出一系列持久性心理症状,包括自我隔离和情绪迟钝等(Van Toller, 1999)。

///讨论话题///

你是否经历过嗅觉的丧失,或认识的人中曾有人患失嗅症?除了失嗅症症状本身,他们是否还有本书列出的其他症状?你能否确定的确是嗅觉的丧失导致了这些症状,还是说失嗅只是创伤导致的很多独立后继症状中的一种?感冒之后你的嗅觉有什么改变吗?失嗅症患者在日常生活中可能遇到哪些困难?

味觉：我们如何产生对味道的感觉？

味觉和嗅觉是密切相关的两种感觉（图 3.3）；当我们谈论不同的味道（柠檬味、草莓味等）时，我们通常是指气味或特定的鼻后气味与味觉的结合，这两种感觉的结合被叫作“味道”，我们将在下面进行详细的讨论。

味觉（去掉气味）对于许多没有气味或气味较少的食品成分（如盐）的侦测和识别十分重要，也能帮助人们更好地感受食物的味道。不像嗅觉有上百个受体来帮助识别气味，味觉的受体要少得多，还被分为不同的类型。在味觉受体中，只有一些属于 GPCR 超级家庭；其他的都是离子通道受体（也叫作“离子型受体”）。五种主要味觉类型是甜、咸、酸、苦和鲜（Chaudhari & Ropler，2010）。鲜味指“美味可口的味道”，是最近才加入主要味觉类型中的一种味道。当味觉受体接触到氨基酸 L-谷氨酸盐时，鲜味就会出现；谷氨酸单钠（monosodium glutamate，MSG）——一种常见的食品添加剂——就是一个很好的例子。

类似洋葱状结构的味蕾由一组 50 个左右的细胞组成，味觉受体就位于其中。味蕾形成像乳头一样的突起结构，被称为乳状突起（papillae），它们就是位于舌头以及口腔的其他部分，包括上颚（口腔的顶部）和喉咙等器官表面上的凸起。位于舌头表面的味觉乳状凸起存在几种主要类型，其中包括菌状乳头（前部）、叶状乳头（两侧）及轮廓乳头（后部）。

和嗅觉一样，不同的促味剂通过激活特定受体，向大脑传递不同的味觉感受。在大部分情况下，促味剂必须溶解于水或唾液后才能渗透乳状凸起和味蕾，与味觉受体结合。每一个味蕾都包含了数个味觉受体细胞；虽然每一个味觉细胞仅表达了有限的受体基因，但味蕾中的不同细胞可能表达了不同类型的受体基因。这么说吧，灵长目动物体内的菌状乳头凸起与轮廓乳头凸起中所含的基因，虽然同属味觉相关基因，却有相对不同的基因表达（Hevezi et al., 2009）。换言之，这些部位的味蕾或多或少都通过“调频”来更好地识别特定的味道。作为一种长盛不衰的流言，“味觉地图”——不同的味道只能被舌头的特定部位尝出来——是毫无科学依据的：尽管不同部位对不同味道的敏感性不一样，但舌头的所有部位都能较敏感地侦测到所有味道（Collings, 1994）。不同味蕾群连接着不同的感觉神经，如舌头的前端连接着面部神经（也被叫作“第七脑部神经”或简称 CN7），而舌头的后端连接着舌咽神经（CN9）。同样，迷走神经（CN10）的分支穿越并掌控了喉部区域。其他口部的感觉包括质感、温度等信息，是通过另外的三叉神经（CN5）传递的。完全不像嗅束从前方进入大脑，这些传递味觉信息的神经延伸通过了脑干（大脑后部），利用自身的突触将信息传递至孤束核（nucleus of the solitary tract, NST）（图 3.4）。

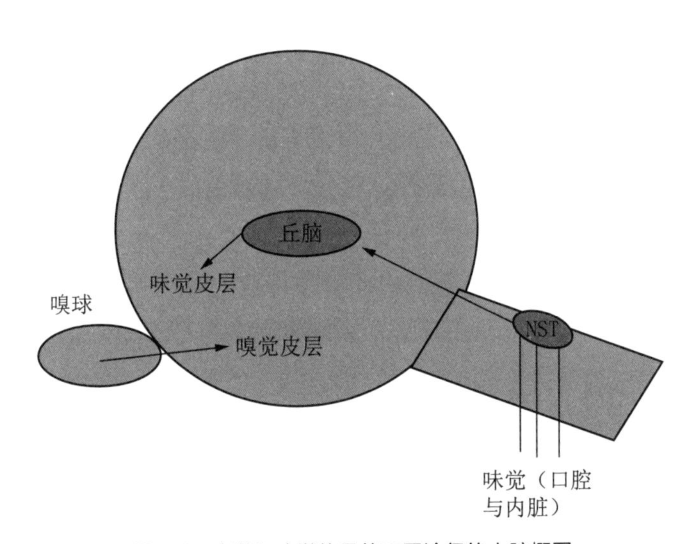

图 3.4　嗅觉和味觉信号的不同途径的人脑概图

GPCR 中的味觉受体：甜、鲜和苦

参与甜味和鲜味识别的 GPCR 是 TAS1R 家族的一部分，而 TAS1R 家族有三个成员——TAS1R1，TAS1R2，TAS1R3。这些受体蛋白质中的每一种都在细胞外有较长的化学识别域，其基因编码分别为 *Tas1R1*，*Tas1R2*，*Tas1R3* 基因①。不同的人之间，甚至不同的动物种类之间，都存在味觉识别基因的微调或差异，从而导致味觉感知上的细微差异。不同的 GPCR 两两结合，形成一种非全同配对（即异质二聚体）的复合型受体，每一种复合型受体都可以识别出特定类型的促味剂，如 TAS1R1 + TAS1R3 结合则成鲜味，TAS1R2 + TAS1R3 结合则得甜味（Sbarbati & Osculati，2005；Treesukosol，Smith，& Spector，2011）。

苦味由 T2R 家族编码，T2R 家族受体蛋白质在细胞外的化学识别域较短，拥有超过 30 个成员。这些受体的不同变异体对不同的苦味分子敏感，每个苦味受体细胞都包含（如果算不上全部）至少几种 T2R 受体蛋白质基因。这就是说，每一个苦味受体细胞都会被大多数甚至所有的苦味物质激活，大脑就很难辨别到底是哪一种苦味促味剂引起味觉神经内动作电位的发生，所以人类对不同苦味的区分能力十分有限。

离子型味觉受体：咸与酸

典型的咸味就是食用盐或海盐、氯化钠（NaCl）的味道。盐类的化

① 基因由斜体标注，这些基因的蛋白质产物则由大写的字体标注；更多有关基因和相应蛋白质的信息详见附录 2。

学定义就是带正电荷的阳离子[在这里即钠(Na^+)]与带负电荷的阴离子[在这里即氯(Cl^-)]结合而成的化合物。其中,阳离子对味觉来说更重要:钠盐(包括氯化钠、硫化钠等)或多或少都有类似的味道。对比其他阳离子(如钾盐、钙盐),钠盐更为人熟知。钠离子在一些味蕾内存在皮下氨氯吡咪敏感的钠通道(epithelial amiloride-sensitive sodium channels, ENaCs),钠离子在这种通道内的传递引发了大多数情况下对咸味的感觉。氨氯吡咪是一种可以屏蔽或阻碍钠离子在这类通道进出的化学物质;在舌头接触盐类之前使用氨氯吡咪进行预处理,很大程度上可以减少我们对咸味的感觉。

酸味和酸性相关,尤其是氢离子(H^+)。在味蕾中存在几种可能影响酸味的通道,但目前我们对这些通道的功能性分析远远落后于对其他味觉形式的分析,所以我们不在这里进一步讨论它们。

///趣味信息盒///

味蕾的更替

一些受体细胞,如眼睛内的光感受体、耳朵内的听毛细胞,都会伴随我们一辈子。这句话的意思是,如果这些受体受损,它们很少或者说几乎没有自我重生的能力。然而,味觉细胞几乎属于另一个极端情况——它们通常只有几周的寿命,然后就会被新的细胞取代。一个味蕾的底部富含与细胞周期和干细胞相关的基因(Hevezi et al., 2009),这意味着新生味觉细胞就在此诞生,然后向味蕾顶端迁移,最终死亡。味觉神经元联结味蕾的那一部分(神经树突)却不能重生,所以,味觉神经会不断地与新细胞配对,但我们的味觉感受并不会突然改变。

其他味道

除了这五种主要的味道，还有至少两种味道值得提一提。首先，纯水通常被人们说有一种味道，这主要是因为存在一种叫“水孔蛋白”(aquaporin)的水通道蛋白，其基因有时会在味觉受体细胞中进行表达。对水的味觉感受十分依赖舌头的近期味觉体验史，其中包括对唾液刺激的自然适应。其次，有新出现的证据表明，除了油腻的质感之外，脂肪可能还拥有味道(Running, Mattes, & Tucker, 2013)，这很可能是因为甘油三酯在口腔中被脂肪酶分解，味蕾与被释放的脂肪酸接触造成的。在味觉受体细胞中出现基因表达的脂肪酸转运蛋白可能就是一种可以与脂肪酸结合的感受器。

大脑高级功能区的味觉编码

我们之前提到过，味觉和其他口腔相关信息是通过四条神经抵达脑干内的孤束核的。大多数味觉输入神经纤维，也包括孤束核内的细胞，都只是“广义调频”，即它们会被超过一种原型促味剂激活。同时，很多孤束核内的细胞会对温度或触感有反应，并不仅限于味觉。至少对大鼠来说，它们体内的孤束核发送信号的时机是受持续不断的舔舐行为影响的(Roussin, D'Agostino, Fooden, Victor, & DiLorenzo, 2012)。因此，对于特定味道的识别似乎涉及对大量孤束核细胞回应模式的识别。

就像很多感受系统，包括嗅觉系统一样，味觉输入的一个特点是对持续刺激的快速适应。如果一个促味剂持续地刺激舌头(如促味剂持续地流入，使舌头浸泡其中)，被刺激的味蕾和传入神经就会首先显示出一次或一段很强的初始动作电位，在渐渐适应后，又会显示为较低水平动作电位的持续回应。因此，在孤束核和更高级的脑区，神经系统对刺激（促味剂）改变的反应最敏感。

味觉信息之后会通过丘脑传入额叶皮层的两个区域——前岛叶皮层和额叶岛盖。这些神经的解剖学特征显示了味觉系统有阶层性组织结构，但对所有感觉系统来说，大脑并不仅仅是简单地把同样的信息从 A 传到 B，再传到 C。大脑会积极地分析、优化排序，同时提取相关信息。这里存在一个很重要的问题：味觉反应细胞在大脑皮层和孤束核中的作用有何不同？这方面的相关数据很少，因为目前研究人类大脑的方法，如功能性核磁共振成像（functional magnetic resonance imaging，fMRI），不能针对单个神经元进行分析；味觉研究中最常使用的实验动物（大鼠或小鼠）也没有像人类一样有发达的味觉皮层。针对非人类灵长目动物味觉皮层内个体细胞的研究数量相对较少，这些研究发现，对比其他大脑层区，味觉皮层的某些味觉受体细胞有更多特定的味觉特性（Thorpe，Rolls，& Maddison，1983）。

味道

就像我们之前提到的，对于味觉细胞的刺激几乎都伴随着嗅觉（鼻前或鼻后）和口腔三叉神经的刺激。诚然，这对大部分我们吃下的需要口腔有效处理如咀嚼的食物来说都是正确的。食物或饮料试品员很久以前就知道，让食物或饮料在口中停留一段时间就可以增强它的味道，同时也可以让他们更好地品味其复杂的细微差别。令人惊讶的是，几乎没有人知道这些感觉信息流是如何被整合，然后形成味道的概念的。

///讨论话题///

你已经了解形成味觉的受体实际上来自很多不同的基因和基因家族。这就是说，人类最开始对甜味与苦味的区分实际上基于它们之间不同的分子机制。从进化角度来说，你认为人体经历了什么进化过程，从而让这些不同的识别机制在舌头内部结合，最终形成实际被我们叫作“味道”的感觉集合体？

在人类实验中，神经成像研究已经被运用到与味道相关的领域中。斯摩尔等人（Small et al., 2004）使用了功能性磁共振成像技术来检验由单一味觉、嗅觉还有混合刺激引发的大脑兴奋区域，该研究最终发现，单一的味觉或嗅觉刺激会激活额叶岛盖、腹侧岛叶和扣带回皮层。混合型刺激引发的超加反应则超过了这两种刺激的总和。尽管不是所有功能性磁共振成像研究都发现了这种超加性，但所有研究都显示，这些区域在刺激下产生了反应。

在一个进行了强度评分的行为研究中，弗兰克和拜拉姆（Frank & Byram, 1988）发现了一些特定的味道与气味之间的交互影响。举例说明，草莓的气味可以增强蔗糖溶液的甜味评分，花生酱的气味却不行；对盐溶液的咸味感受度并不会因为草莓的气息而增强。这种情况的发生很可能是因为过去的经验在这种特殊的配对中产生了影响：人们通常会将草莓与糖同食，并不会将其与花生酱或盐同食，而成人在接受这个测试以前已经有很多丰富的进食经历。

你也许会想把这些放在心上，因为在后面的章节中我们还会讨论联结式学习。学习一个新的味觉—嗅觉联结是否会导致大脑突触的重组，从而引发之前讨论过的一个或多个大脑皮层区域的超加反应呢？突触组织结构和强度的变化是不同类型的学习与记忆功能的基石，所以我们有理由相信，味觉的学习同样如此。研究发现，当大鼠的岛叶皮层受到损伤，它们的味觉—嗅觉的联结式学习过程就受到了阻碍（Sakai & Imada，2003）。

///趣味信息盒///

你真的能尝味道吗?

这里有一个很有趣的实验，它可以证明我们尝到的"味道"大多数有嗅觉的作用。首先，请选出一名同学或朋友作为实验的助手，然后需要准备足够多的糖豆或不同口味（如蓝莓味、棉花糖味、爆米花味、梨子味等）的糖果。现在，闭上你的眼睛，用手指紧紧地捏住鼻子，然后吃糖果并尝试说出其口味。让助手重复多次喂给你不同颜色（味道）的糖果，然后和他交换角色。这种情况下，大多数人都无法正确地区分不同的口味，因为区分不同口味依赖颜色和鼻后嗅觉（当你捏紧鼻子时，鼻后嗅觉就无法工作）。也可以用生土豆片和苹果片进行类似实验，这两样东西拥有相似的口感。

这个实验解释了为什么我们感冒时，食物的味道变得很平淡——因为感冒鼻塞时，气味无法在鼻上皮组织中与受体较好地结合。

以味觉或味道为导向的饮食行为

我们现在要讨论的是那些和化学感觉联结在一起的行为（或行为的改变）。在实验室内研究这些行为时，我们需要注意以下几点。

刺激

因为感觉的适应性，研究采用简单或间隔性的测试最为合适。例如，一些实验方法可以只花几秒的时间让啮齿类动物舔舐促味剂，就可以测出它们对某种促味剂的厌恶或喜好（Treesukosul, Smith, & Spector, 2011）。类似的人类模拟实验是“吸吐”测试。对于有消化后益处的溶液（如糖），只测试单纯的味觉性质不应超过一定时间，否则人类的内脏感觉就会影响测试结果（详见后文）。在涉及长期接触的食物（如日常食物选择）时，实验中观察到的偏好或厌恶可能不仅反映了味觉或味道的特质，而且包含了对食物的消化后反应。

先天或后天

早在发现味觉受体之前，人们就发现新生儿喜欢吮吸贴着甜味膜的人造奶嘴，会吐出贴着苦味膜的人造奶嘴，所以说人类对甜与苦的基本接受/拒绝功能是天生的（innate）。“天生”这个词隐含着从未经历过的意思，但在人类味觉偏好的例子中，怎样的天生才算天生呢？在后面的章节中，我们会告诉大家，特定促味剂被一个孕妇吃下后可能会被传递至羊膜液中，从而影响婴儿在出生后的饮食偏好，这很可能是因为婴儿在胚胎时期就接触到这些化学物质。人们已经发现，早产儿会吞咽大量的羊膜液，假设味觉（或内脏感觉）受体在孕期的特定时期就已经开始运作，很可能婴儿在胚胎期就已经有了味觉。你们也许还记得在前几章中我们曾经提过的特定皮下氨氯吡咪敏感的钠通道以及人类的嗜钠特性，因此我们对钠（盐）的味觉可能也是天生的。

可口度

可口度(palatability)指对某样食物的味道的接受程度,它决定了一样食物是否将从舌尖到达上颚,再被吞咽下去。婴儿对甜与苦这两种味道截然不同的反应就很好地说明了可口度到底是什么意思。然而,很多研究论文中使用的“可口度”一词有时和“消耗量”混淆在一起(比起那些不太可口的食物,人们通常会吃更多可口的食物)。这并不是一件小事。举个例子,当你感觉很饿的时候,你会开始吃东西。根据可口度定义中“接受”的含义,这个食物是具有可口度的。但当你吃了一会儿之后,你不吃了。根据定义,这个食物已经不再具有可口度了。食物没有变化,可口度却降低了,这是为什么?

术语“内感喜恶转换”(alliesthesia)是指食物被吃下后发生的接受度的下降。当人们被要求在一顿饭的不同时间点对某种促味剂(或一系列促味剂)作出评分时,愉悦度随着进食时间的延长而下降。从总体感受来说,对促味剂的接受性取决于个体内在的状态。术语“特定感觉满足”(sensory specific satiety)指的就是一个与此类似的现象,即对一种特定食物的满足并不意味着对所有食物都满足。总的来说,食物的多样性可以激发人的食欲和进食行为(Rolls, 1985)。

最后,我们还想提示一个问题——可口度并不仅仅由促味剂本身决定,还取决于促味剂的浓度。例如,你可能习惯在自己的咖啡或茶里放一勺糖。如果加少了,你会觉得不好喝(这也是减少糖用量如此困难的原因)。如果加多了,你还会觉得它“甜得发腻”。因此,大多数纯促味剂的表现符合有关喜恶程度的函数(图 3.5),适中的浓度是

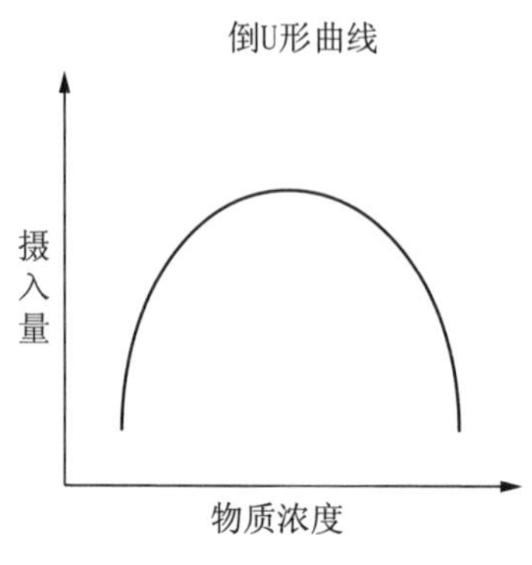

图 3.5　促味剂的理想化喜恶函数图①

最受欢迎的。当我们谈及可口度时，我们实际上也考虑了对促味剂浓度的感受。让我们回到嗜钠性这一概念，当体内缺盐时，动物通常会表现出对含低浓度或高浓度氯化钠食物的接受性或主观可口度的上升，即喜恶函数范围的拓宽。

///讨论话题///

你认为内感喜恶转换、特定感觉满足和受体适应性之间存在什么样的关联？按照传统，每一餐都由从开胃菜到最终的甜点等一系列不同的菜品组成。你认为存在这样的传统仅仅是巧合，还是有生理学上的原因？

化学感觉和肠道神经系统

一旦你吞咽了什么，它是否会成为你身体的一部分？你的皮肤是不是人体中表面积最大的感觉器官？你可能会很惊讶地发现，对这些问题的回答都是“不”。只有当食物被肠道壁吸收，然后进入血液中时，它们才成为身体不可分离的一部分。因此，我们将胃肠道（gastro-

① 促味剂的摄入量（或者说可口度）随着浓度的增加以一个倒U形曲线的方式发生变化，最高的偏好值出现在曲线中间区域。

intestinal, GI)看作一个以口腔为顶端的消化道(图 3.6)。

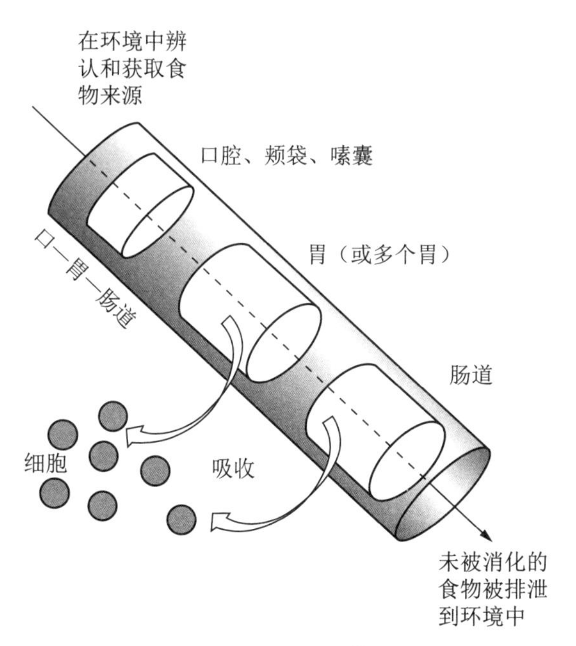

图 3.6 消化道①

消化道的作用就是将我们吃下的食物处理为可以产生能量的分子,使其被消化道壁吸收,同时消化道会推进食物的运动(或通过呕吐排出食物),最终帮助身体排出不想要的物质(如粪便)。一个成人的消化道在体内折叠堆垒,看起来并不起眼,实际上平摊开长约 6 米。此外,消化道壁紧密地盘绕在一起(有很多起伏不平的褶皱),其总体表面积是人体皮肤表面积的 100 倍!大约有超过 2 亿个神经元和消化道存在联结,形成肠道神经系统(enteric nervous system)。比较确切地说,口腔和味觉受体仅仅是消化道的顶端。就像我们需要了解那些

① 食物从口腔到达胃部,再抵达肠道。食物首先在胃部被消化并分解为主要营养成分,然后被肠壁吸收;未被消化的食物和不能被消化的物质则被排泄出去。

不断冲击我们的外界刺激(包括气味和味道)一样,了解消化道内的一切十分重要。消化道内的感觉机制大多数都与味觉的运作方式有异曲同工之处,只是在大部分情况下我们没有意识到自身的肠道感觉而已(Mayer, 2011)。

消化道壁由很多种细胞组成,因为本书主题为饮食心理学,我们将仅关注一种散布在整个消化道内的消化细胞,它们被叫作"肠道内分泌细胞"(enteroendocrine cells)(Sternini, Anselmi, & Rozengurt, 2008)。这些细胞的基因表达包含化学感觉受体,这些受体会将接收到的感觉信息传递至内部的肠道神经系统,以及内脏和大脑。传递至大脑的信息通常有两种:迷走神经内部感觉传入神经的动作电位,和当特定肠道内分泌细胞受刺激而分泌出并进入血管的特定荷尔蒙(然后这些荷尔蒙会从血管进入大脑)。不同种类的肠道内分泌细胞(通常用字母来识别种类,如G-细胞)会分泌不同的荷尔蒙。为了让大家更全面地了解消化道的内部情况,我们还想指出,在消化道内还有很多接受其他刺激的感觉受体,如毒性刺激感觉受体和身体舒展性刺激的感觉受体,这些受体通过脊柱神经的传入神经元将信息传递至大脑。

迷走神经的初级传入神经元始于大脑脑干的孤束核,它们和味觉传入神经位于同一个区域,但味觉信息主要被传递至孤束核的前腹侧或前部,而内脏(迷走神经)信息会被传递至孤束核的末端或后部。这样的线性结构进一步说明内脏的感觉表面的确最合适被看作口腔的延续。

大部分荷尔蒙由血液携带着并被传输到两个有血脑障壁的小型脑区(见附录1)——极后区(area postrema)和弓状核(arcuate nucleus)。极后区位于孤束核的左右两侧,它与运动信号输出区域联结在一起,组成背侧迷走神经复合体。肠道内分泌细胞和受体种类繁多,所以背侧迷走神经复合体会接收到很多有关我们所吃食物的各类信息,并控制一部分输出到内脏的信息(Young, 2012)。接下来,我们将会讨论几种肠道内分泌系统内的关键化学信号，它们都属于多肽类荷尔蒙，都被叫作“肠道荷尔蒙”。它们对本书内容来说至关重要，因为它们都对进食行为有直接影响。

///讨论话题///

肠道神经系统十分庞大，它有时也被认为是人体内的肠道大脑或第二大脑。我们通常意识不到它的作用——你舌头上的甜味受体会引发你意识上的觉察，而你的肠道受体做不到这一点。肠道的哪些感受是我们可以感受到的？你认为术语“gut feeling”（俗语，意译为直觉，字面意思为肠道感觉）的由来是什么？

影响进食的肠道荷尔蒙

胆囊收缩素（cholecystonkinin，CCK）是肠道荷尔蒙中被最深入研究的一种。它由一种特殊细胞（I-细胞）分泌，可以在小肠的起始段（十二指肠）中发现。一旦我们开始进食，胆囊收缩素的分泌就会立即启动，除了促进消化，它还刺激了邻近的迷走神经传入纤维将信息传输至孤束核，由血液携带进入大脑的极后区。此外，胆囊收缩素被发现有抑制食欲的功能（Moran，2000；Wren & Bloom，2007）。

遍布整个肠道（特别是分布在肠道下端）的 L 型细胞会分泌几种被定义为饱腹荷尔蒙的物质，其中包括类胰高血糖素肽-1（glucagon-like peptide-1，GLP-1）和酪酪肽（peptide YY，PYY）。通常食物需要一定时间才能通过肠道，因此这些饱腹荷尔蒙在一餐中的分泌时间会比胆囊收缩素的分泌晚得多。

饥饿素(ghrelin)是我们目前为止发现的唯一一种能促进进食的胃肠肽,它是一种由胃部细胞释放的化学物质,但这并不是受食物刺激而产生的反应,反而是一种因胃部缺乏食物,也就是受饥饿状态刺激而产生的反应。大鼠和人体被注射饥饿素的结果也证明了这一点,饥饿素的注射减少了进食前的潜伏期,促进了进食(Wren & Bloom, 2007)。

///趣味信息盒///

有什么证据可以证明胆囊收缩素是厌食剂?

首先,注射实验室制的胆囊收缩剂会让大鼠(和人类)比平时更早停止进食。其次,这种饱腹效应甚至在经历假饲实验的大鼠身上也会出现。假饲实验就是一种让大鼠摄入的营养液不经过小肠,而是通过一个手术植入的装置直接排出胃部的实验。再次,阻止内源性胆囊收缩素受体活动的拮抗剂药物可以让人增加食量。最后,在注射入高剂量的辣椒素(辣椒中的活性成分)后,啮齿类动物迷走神经的感觉传入纤维被损坏,由胆囊收缩素或其他营养素导致的满足感被削弱。

你喜欢吃辣?没有关系——人体对辣椒素的吸收很慢,它在进入人体循环之前已经被部分分解了,想要吃到辣椒素中毒可太困难啦!在吃辣椒的时候可能会体验到出汗,是因为辣椒素会对口腔(唾液腺)产生良性的刺激,引发面部出汗。那么,大鼠们吃得少了是因为胆囊收缩素让它们感觉不舒服吗?大鼠在自然进食和摄入胆囊收缩素之后的饱腹行为序列(简单来说就是喂食后休息)证明,情况并非如此:它们的行为序列同身体不适的行为序列不吻合。人类是否有类似的饱腹行为序列呢?

胰岛素

胰腺是位于胃部和肠道上部附近的一个器官，很久以前它就已经被视为一个内分泌器官，对能量协调起重要作用。胰腺分泌两种主要荷尔蒙，一种是由 β 细胞分泌的合成代谢肽（组织建构）胰岛素（insulin），另一种是由 α 细胞分泌的分解代谢肽（分解组织）胰高血糖素。一些肠内分泌细胞也会分泌这些荷尔蒙。从生理学角度来说，这两种荷尔蒙或多或少起着相反作用，我们将主要关注胰岛素的作用，因为它在人体与大脑进行代谢相关的信息传递过程中起到十分重要的作用。

///趣味信息盒///

糖尿病

未被治疗过的糖尿病的症状之一就是高血糖（hyperglycemia）。如果不接受治疗，长期的高血糖状态会导致一系列严重的后果，如神经病变（神经细胞的损伤）和血管衰竭，进而导致很多系统的衰退，包括视网膜的衰退，在严重的情况下可能会导致失明。很显然，这不是一种可以被随便忽视的疾病！

糖尿病有两种：Ⅰ型糖尿病会在早年出现，通常是胰腺的胰岛素合成功能出现了问题；Ⅱ型糖尿病比Ⅰ型常见得多，和Ⅰ型糖尿病截然相反，它的病因是病人体内的胰岛素太多了！在这类糖尿病中，胰岛素受体变得十分不敏感（对胰岛素产生阻抗），所以摄入胰岛素并不是一种常见的治疗方式。Ⅱ型糖尿病通常是由肥胖导致的，减重是最好的治疗方式。

第四章　人如其食：进化、能量与觅食

阅读完本章，你将：

- 了解在进食行为中，自然选择过程起了什么作用。
- 理解能量的概念，弄清楚它在生物体内如何传递。
- 能够利用最优觅食的概念达成最经济的能量获取。
- 能够解释现代社会中的分量与诸多概念之间的关系。

想了解进食行为和肥胖，我们就需要先弄明白这两者背后的两个基础科学原理——进化和能量的物理及化学概念，我们已经在前面几章中介绍了这些概念的某些方面。尽管我们并不想要读者成为这方面的专家，但我们还是希望读者至少可以了解这些概念背后的理念。

我们的祖先与进化历程

关于进化的第一个整合型理论是由查尔斯·达尔文(Charles Darwin)在18世纪中叶提出的，他认为物种以一种缓慢的过程进化着，这种进化过程被他称为“自然选择”。简单来说，自然选择是指物种在很长的时间跨度里发生变化，如果这种变化让物种中的个体比它们的祖先或其他竞争者能更好地利用或获取资源，它们最终就可能成为新的物种。我们就可以说,这些物种具有更高的生物“适应性”,因为它们的存活让它们拥有更多后代,并将其适应性特征以基因或可遗传的形式传递给下一代。

大多数科学家,包括心理学家,都被这些庞大的证据,被这些证明人类和所有生物都是自然选择的结果的证据震撼了。适应性变化的可遗传性背后的基本工作机制存在于细胞层面的基因之中。在行为层面,任何选择和决定对于特定环境中的生存和适应都十分重要。缓慢的环境变化,如冰河纪,就是一个和基因适应性变化相符的时间段。相反,快速的环境变化会让缓慢的基因适应性变化无用武之地,无法快速地改变行为可能会导致物种的灭亡。人类作为一个物种,从繁殖和生存的适应标准来说表现不错:全球人口最近刚超过70亿,已经是40年前的两倍了(United Nation, 2010)。实际上,造成这种人口爆炸的不是任何自然选择的生物过程,而是科技的创新(卫生、医药、农业等)。

为了理解20世纪末至21世纪初快速发展环境中人类的变化,认识我们自身进化带来的遗传特性变得尤为重要。在不断变化的生物网中,人类所属的智人是人科物种家族中进化程度最高的成员。从化石证据来看,最早的原始人类出现在450万年以前,他们是狩猎—采集者,获取食物是他们生存的核心元素(图4.1)。

在接下来的430万年的原始人类生命史里,不同种群的南方古猿和智人不断经历进化与灭绝,一直到20万年以前,现代人类(智人)的出现才为这段历史画上了句号。在人类进化过程中存在一个常见的主题,即体型的逐渐改变——身体的形态或大小,包括直立姿态——其中还包括大脑容量的逐渐增加。史密森学会为这个主题提供了很好的信息参考源。

智人作为一个物种,已经在这个星球生活了20万年。在此期间,我们发展出复杂的社会、文化和科技。尤其是后两者,它们把智人和其祖先与其他物种区分开来。考古学数据显示,人类从初期就开始对

图 4.1　艺术家眼中人类进化过程中身材和形态的演化

生命起源和道德的概念提出了疑问，但都停留于在信仰和文化的框架下思考这些问题。最近的几百年来，人类慢慢发展出一套以普遍观察为基础的框架探索知识的科学方法，并获得惊人的成就。科学研究的成果之一是，我们改造环境的能力和速度正在不断变强、变快，其中包括农业、城市、教育、卫生科技和电子通信等领域，而这些改变发生的速度太快，人类身体和大脑完全无法在这么短的时间内发生任何有意义的结构性进化。（当然，你可以反驳说，我们可以把手提电脑和智能手机作为额外的“装载大脑”来弥补我们的身体与大脑的落后。）

///讨论话题///

你会怎么评价过去 100 年内与食物和健康相关的环境变化的速度？这是否影响了“典型”的自然选择过程？如果的确受到了影响，它是怎么影响的？这对进化历程时间表来说是不是可持续的？为什么？

细胞是所有生物的基石。大多数细胞小得无法用肉眼看见，所以一直到显微镜[①]被发明之后，人们才发现细胞的存在。你们可以想象，当第一个解剖学家发现生物实际是细胞的集合体，而不是一大团胶状物的集合体时人们的兴奋之情。最简单的生物是单细胞生物，大多数生物都是很多细胞的集合体。以人类为例，我们的身体由上亿个细胞组成，这些细胞需要能量来维持生命的火焰。

比起我们的原始人祖先，我们有更大的脑容量和更多的脑细胞。脑细胞会消耗大量的能量，容量更大的大脑也意味着我们需要付出更高昂的“代价”。表 4.1 以直观的形式呈现了大脑的能量消耗。

表 4.1　黑猩猩、人类新生儿和成人的大脑重量与能量消耗比较

	平均大脑重量（克）	大脑重量约占身体重量的百分比	大脑的代谢消耗（占所有能量的百分比）
成年黑猩猩	500	1	10
人类新生儿	500	15	85
成人	1 400	2	20

与类似体型的非人科灵长目动物相比，我们会发现，人类大脑的重量是它们的 2 倍甚至 3 倍。在出生时，人类大脑约重 500 克，或者说大概占一个典型新生儿体重的 15%，而此时大脑的能耗占据人体全部能量消耗或代谢率的 85%。2 岁以后，大脑已经长到类似成人的大小。大脑这样庞大和不成比例的发育使人类婴儿对能量摄入有特别高的要求，婴儿在子宫内时就需要母体的能量摄入，出生后需要母亲的乳汁，稍微长大一些后就会需要含营养成分或能量的食物。如果缺乏适量的营养，儿童的身体和大脑就无法正常发育。

① “显微镜”这一术语被用来命名 1625 年伽利略制作的多镜片仪器；伽利略就是那个通过使用望远镜推测出天体运动模式的天才科学家。

为了支持大脑的进化性成长，自然选择必然偏向具有某些特定行为和消化系统的个体，如那些能够最大限度获取高能量食物的婴儿，还有那些能够确保自身后代食物供给的父母或成人。高能量食物指动物源食物（animal source foods，ASF）。乳汁就是动物源食物，婴儿可以从生母那里获取。婴儿的很多进食行为有时会被认为是直觉性的，如婴儿饿了就会用哭泣或吮吸类似母亲乳头的物体来吸引注意力。对成人来说，安抚一个哭泣的婴儿是一种本能。本能行为是那些在特殊场景下不需要有任何经验就很可能产生的行为。当然，就像所有行为一样，它们也可以是因过去经验而引发的行为。艾伦（Allen，2012）由这个概念出发，提出"食物理论"，即食物与进食的决定就像语言一样，是一种受文化发展的影响而产生的神经认知性适应过程。

能量：给我们的细胞"充电"

说到底，地球的能量来源是太阳的辐射。地球直接获取太阳的能量，将其转化为以分子形式存在的化学能量，这些能量可以储存起来然后再释放出来，推动细胞发生反应和相互作用。我们会在其他章节对这些过程进行详细讨论。尽管人类和动物都会利用阳光取暖，但对于动物，包括我们人类，最主要的能量来源还是以化学能量形式存在的，最为常见的化学能量形式就是食物，即植物源或动物源的食物。这就是为什么我们给这个章节起的名字是"人如其食"：我们吃的就是化学能量，它们被人体转化并储存起来，最终我们利用这些能量给自己的细胞"充电"。

想了解进食行为，首先需要知道能量是如何在生物体内流转的。这听起来很复杂，但其实不难理解。想象有一个银行账号，还有不断涌入的存款，这就相当于我们所吃的食物。有一些存款的金额高于其他存款，但它们不经常出现；这些存款通常是一种币种（如美元）。食物也有常用的币种，就是能量。在美国，通常用千卡做能量单位，在其他地方，可能会使用千焦这个能量单位。一个银行账号当然还会有输出——就是取款，有一些可能定期出现（如电话账单），还有一些偶尔出现（如买生日礼物）。这些输出就像输入一样，使用了相同的币种。如果在一段时间内，输入超过了输出，银行账号内的钱（生物体内的能量）就会变多。如果输出超过输入，银行账号内的钱就会变少（储存的能量会被使用或流动）。当账号存款低于某个关键值，它就无法运作（生物体就会因饥饿、没有能量而死亡）。

这可以总结为一句话：为了可以生存和继续进化下去，我们需要获取足够的食物和储存、运用食物所含能量的生理功能。

///讨论话题///

没有足够的能量或不能获取足够的能量就会导致死亡。在死亡之前，会先丧失生育能力，这就意味着生物适应性的丧失。有些年轻女性（如模特、体操运动员）追求极度的纤瘦，她们可能会因过度节食而丧失生育能力；除此之外，她们还可能出现停经症状（月经周期的停止）。你认为与此相反的能量过剩是否也会对生物适应性产生一定影响？如果是，可能会是什么影响？

最优觅食理论

在前文中，我们提出了一个将胃肠道系统看作消化道的概念。但消化功能的实现需要一个前提，即我们需要先找到或识别合适的能量来源或食物，才会有食物不定时地进入消化道内。食物环境对于我们吃什么和什么时候吃有巨大的影响。我们的狩猎—采集者祖先没法长期保存食物，因为存储和隐藏食物可能有食物腐坏或被偷走的风险，早期人类通常会在获得食物之后马上吃掉。同样，动物储存食物的方法也十分有限。对于动物和我们的祖先，唯一真正保障食物存储安全的方法就是把它吃下去，被吃下去的食物大多会以脂肪或脂肪组织的形式存储在体内。

食物的可获取性对吃来说当然十分重要，可获取性受很多因素的影响，如天气、季节和潜在食物竞争者等，收集坚果、水果、草类和谷物等食物就特别容易受这些因素的影响。另外，当一种食物被采集完了，就需要再找到一个新的采集点或另一片区域，直到重新生长出来以后才能在同一地点再次采集，而这只能等到下一个生长季到来才行。采集者因而必须在一个广阔的区域里搜寻当日或当季的食物。狩猎者会在已知的动物栖息地等待猎物靠近，然后捕猎，最终可以收获富含营养的动物源食物。使用原始工具捕杀猎物，特别是捕杀大型猎物，是一件十分危险且成功率很低的事。智人成功地将这两种截然不同的觅食方式结合在一起。的确，与其他特定觅食行为相比，狩猎—采集这种觅食方式的特点就是，方式更多种多样，适应性更强（Rowley-Conwy，2001）。

所有动物都必须觅食，而每一个物种都有特定的觅食行为。最优觅食理论认为，一个特定物种的个体会采取所处环境中最有利的行为模式。最优的定义基于两个大家都已熟知的概念——进化与能量。最优也和整体适应性（inclusive fitness）的概念有关，整体适应性并不针对任何个体的生存，它关注个体后代的生存。繁殖也意味着额外的能量消耗，如我们之前讨论过新生儿大脑的高能耗，这种高能耗需要由父母来承担。尽管能量平衡是觅食理论的核心,也是我们探讨的重点,但还有一个需要关注的问题——觅食并非毫无风险,在觅食中受伤或丧命都是能量获取过程需付出的代价,而这也会影响群体或物种的整体适应性。

从能量平衡角度来说,大多数觅食行为和高强度肢体活动相关,因而会提高生物的能量代谢率。食物能量产出的一部分其实已经作为获取食物的代价被"预支"了,如下面的公式所示:

$$\text{食物的净产能} = \text{可代谢能量} - \text{觅食消耗的能量}$$

我们还没有考虑另外一个因素,即身体质量或体重。[①]基础代谢率和你使用身体时消耗的能量都与体重约成正比。一个纤瘦的人在吃下定量食物时,会比较胖的人获得更多回报。体重(严格来说是质量!)的减轻就意味着觅食期间人体消耗能量的下降,从而导致觅食能量产值(净能量获益)的增加(图 4.2)。

与大型机动车一样,庞大的身躯会需要更多的能量来移动,当食物稀少或昂贵且觅食代价很高时,庞大的身躯就是一个劣势。相反,如果觅食代价很低,最优觅食理论认为,食物的净产能会变高,过多的能量会进入体内(如拿了就吃)并以脂肪的形式储存。在如此丰富且便宜的食物存在的情况下,脂肪不断堆积以至于不断变胖是完全可以预见的事情。从这个角度来说,肥胖并非出于生理缺陷,它是人类进化还未适应现代环境导致的不可避免的结果,这样的环境有时候被称为"致胖性环境"。

最优觅食理论的缺点是,它没有考虑个体或被试的心理。它认为

---

① 严格来说,当我们将东西放上重量秤,我们就在测量重量;质量则指人体内存在的实际物质含量。两者都与重力指数 g 相关,但因为对我们来说 g 不会改变,所以重量和质量通常可以交替使用,就像 BMI 值的两种计算方式一样。

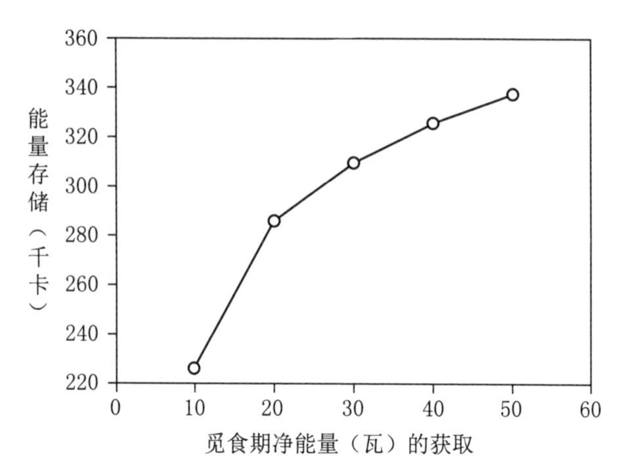

图 4.2 觅食过程中能量产值变化时发生的能量储存变化（主要为体内脂肪）①

个体处于随时准备好，一旦食物出现立即采取有利行动的状态。我们用“机会主义进食者”(opportunistic eater)来形容这类人。在食物缺乏的环境中，擅长利用所有机会进食成为生存的必备能力。当环境中充满了丰富和极易获取的食物时，成为机会主义进食者反而意味着过度进食。进一步讲，我们也许可以说，在 21 世纪的人类社会中，人们已经对机会主义痴迷。痴迷被定义为频繁发生的非理性或非功能性的想法。很多人，特别是肥胖的人，通常会展现出对食物的痴迷(Kessler，2009)。

算一算觅食与耗能

假设在觅食活动中，除了每小时 80 千卡的基础代谢率以外，人体

① 注意，越靠左就越意味着高付出和低能量产出，越靠右就越意味着低付出和高能量产出。当获取能量的代价上升时，在本图中，个体就会向左移动，就会有较低的体内脂肪存储。数据来源：Houston，A. I.，& McNamara，J. M.(1989). The value of food：Effects of open and closed economies. *Animal Behaviour*，*37*，546—562.

还以每小时120千卡的速率消耗着能量。假设食物的可代谢能量正好为每单位1 000千卡(大约是一个大份芝士汉堡和薯条的热量)。在觅食多少时间以后,食物的净产能成为负值?

下一步,你发明了交通工具,而你的觅食活动能耗降低到每小时20千卡。现在,在食物净产能变成负值前你有多少时间?如果天气变化导致食物的能量消耗上升至2 000千卡,现在你又有多少时间?(答案在本章节的最后)

///讨论话题///

可能你成长的环境使你能获得足够的营养,你从来没有遇到过饥饿随时来袭的危险。你知道食物随处可得——你家的冰箱里、附近的商店里、自动贩售机里,都塞满食物。每天你会花多少时间去想或讨论食物?你是否会在其他重要的事情上花同样多的时间——你的电脑、车,甚至你爱的人?如果你想到了食物,你有多少次将想法付诸实践?你认为是什么原因让美食节目或美食竞赛如此流行?

食品经济学

最优觅食理论让我们可以用一种可测量的方式(即单位能量)来衡量获取食物的代价。身处工业化的现代都市,获取食物几乎不需要花费体力;获取食物所需要的精力转换为代币,也就是钱,用来交换被指定了价格的商品。时间的流逝同样可算是获取食物的代价之一,因为花在食物上的时间可能阻碍了其他行为的发生,如赚取代币。

经济学的一个分支领域研究的就是当商品的花费或单位价格(unit price)变化时，对消费者商品需求的影响，这种关系叫作“需求函数”(见图 4.3)。这个函数的曲度称为“弹性”：单位价格上升时，需求函数倾斜得越陡峭，需求的弹性(或灵活性)就越大。如果无论价格如何变化，需求都不改变，这种需求就被叫作“刚性需求”。函数曲线越弯曲，函数的弹性就越大。

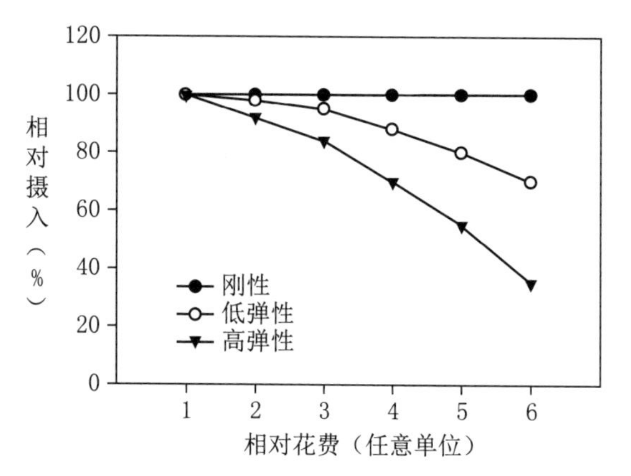

图 4.3　当单位价格改变时进食量（即需求）的理想需求函数

单位价格和接近成本

我们可以利用这一类型的分析方法对能量和进食行为进行分析。就像之前提及的，因消耗产生的能量需求是持续发生的，随着肢体运动的增加，人们对能量的需求在基础代谢消耗的基础上不断上升。一段时间内(如几天或几周)的能量消耗可持续且可预测。为了满足消耗，通常有两个能量来源：当下吃下的食物和因过去吃下过多食物而产生的脂肪组织。被储存起来的能量就像一个缓冲，允许人体可以在不同的时段进食或以不同量进食。进食的量和时间实际上在很大程度上被能量获益所约束。

觅食行为可以分成至少两个阶段。第一个是寻找阶段,处于这个阶段的动物正在寻找食物,但还没有找到或还没有得手。这种搜寻可能费时费力,在食物紧缺且必须长途跋涉才能找到时尤其如此。我们把与此相关的精力消耗叫作“接近成本”(access cost)。搜寻行动的成功率并不高,在某些日子里猎人可能空手而归。当食物被找到或安全放置后,第二个阶段就开始了。第二个阶段包括从树上采集果实、准备食物或直接食用食物的行为(如剥种子、咀嚼)等,我们将此阶段发生的能量消耗叫作“进食成本”,它和之前介绍过的单位价格一样,唯一能够减少进食成本的方式就是吃得少一点!

接近成本和进食成本的计算可能使用不同的单位(如能量或时间),两者有时很难被区分开,但在实验室的可控条件下,还是有可能将两者分开的。为了模拟接近成本,在科利尔、赫希和哈姆林(Collier, Hirsch, & Hamlin, 1972)的实验中,大鼠只有通过数次按压控制杆才能靠近一大碗食物。一旦这些动物离开了食物超过 10 分钟(通过光电管传感器感应),通往食物的大门就会关闭;如果它们想要再次吃到食物,就需要重新付出接近食物所需的代价。研究者发现,当接近成本增加,进食量总体来说没有出现太大改变,但进食的模式改变了(图 4.4)。

进食模式最显著的改变是,进食次数随着接近成本的上升而下降;为了弥补次数的减少,大鼠每餐进食的量增加了。对进食模式的改变还有另一种解释:也许是接近成本的降低让大鼠选择了少食多餐或多吃零食。我们可以发现,当接近成本为 100 次压杆时,大鼠平均每日进食 5 餐;当接近成本为最少次数时,大鼠的进食次数却是前者的 2 倍。这就意味着,大鼠每天进食的接近成本为 500 次压杆。对于

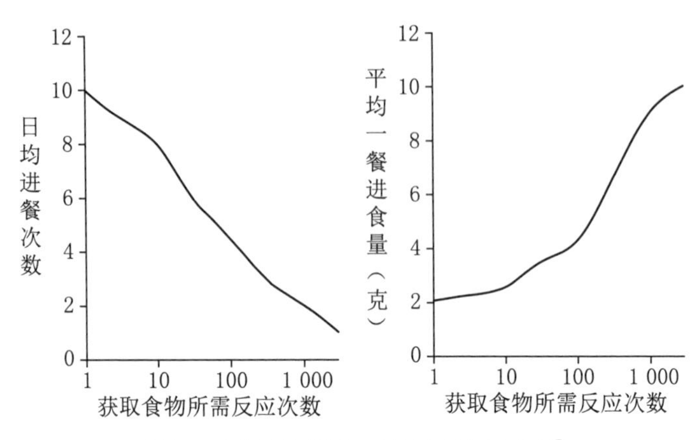

图 4.4 实验室内模拟大鼠进食的接近成本①

一只正常的大鼠，500 次压杆只需要花费 10 分钟，不到一天 24 小时的 1%——这根本算不上什么时间花费！

在一个类似的研究中，接近成本并非体力，而是时间，实验中的猕猴在获取食物前必须在按压杠杆后等待 30 分钟(Foltin, 2006)。猕猴每天进食 3—4 餐，当食物不需要付出代价，随时可得时，猕猴除了 3—4 顿正餐之外，还有很多次小量加餐或零食，当然，不同猕猴表现出较大的差异(Hansen, Jen, & Kalnasy, 1981)。

当动物们必须作出一定反应才能获取食物，即它们必须为了一餐内的每一粒食物作出特定次数的反应作为单位成本时，我们发现了三种主要的差异：首先，单位成本上升时，进食模式没有特别大的改变；其次，单位成本上升时，进食或需求降低了；最后，直到接近成本达到 10 000 次反应(约累计 3 小时的反应)，进食才显示出弹性(或者说大幅度降低)(Atalayer & Rowland, 2011; Collier et al., 1972)。

---

① 当接近食物的成本上升，每日平均进食次数下降了(左图)，而每一餐的进食量上升了(右图)。数据来源：Collier, G., Hirsch, E., & Hamlin, P.(1972). The ecological determinants of reinforcement in the rat. *Physiology and Behavior*, *8*, 705—716.

究竟什么叫“一餐”？

在之前的内容中，我们曾经讨论过一个我们将在本文中经常见到的术语“一餐”。你们可能对“一餐”的定义有自己的看法：一餐与在此期间的进食量有关，与发生的时间点有关，与进餐境有关，等等。那些没法被叫作“一餐”的进食通常称为“零食”。在进行研究，特别是在进行动物研究时，我们首先要对到底什么是“一餐”作出精确定义，其中包括确定多少量才能叫作“一餐”，需要多少时间间隔才能将两餐区分开。

目前还没有任何“正确的”或者说普遍认同的“一餐”的标准，但就像汉森等人(Hanson，1981)所做的低进食成本或无进食成本的猴类进食研究一样，人类通常每天会有2—3次被我们叫作“一餐”的大量进食，另外会间隔出现被我们归为“零食”的小量进食。很多饮料含有大量的卡路里，也应该被归入进食分类中。从上文提到过的研究中，我们发现零食的出现和接近成本相关。可是，一旦一个人已经决定要吃东西(现在我们还没有区分“一餐”和“零食”的差别)，什么决定了他会吃多少呢？

///讨论话题///

动物研究的结果表明，进食成本的提高会影响进食量，而较小的接近成本影响零食的出现频率。如果要考虑“障碍”如禁令或税率的影响，这些结果对人类膳食的调整有什么作用呢？这些动物研究仅使用了一种食物，而人类生活在一个拥有多样食物的世界中。你认为如果仅有特定的一些食物被加税，会产生什么影响？

不断增加的食物分量

迄今为止，我们已经讨论了食物的分量(portion size)保持不变时，投入的精力与成本对进食模式的影响。当食物分量改变时，进食模式会发生什么变化呢？根据最优觅食理论，如果食物的分量加倍而觅食期间消耗的能量也加倍，净产出将不会改变，所以生物应该只吃下与过去的1份食物等量的食物(即现在的半份食物)。然而，我们看到实际情况并非如此。

在开始回顾一些实验研究之前，有必要先考虑一下在典型的西方社会食物环境中讨论这个问题的重要性。表4.2是一个2010年和1990年的常见食物所含能量的对比表格。我们可以看到，在2010年，表格中的大部分食物的分量都变成1990年时的2倍；因为加入了更多含脂肪的添加剂(如奶油)，咖啡所含热量成倍增加。可以这么说，表格中所有食物的分量都有较大增加——在2010年，我们买的马芬蛋糕和1990年的马芬蛋糕配方相似，热量却是过去的2倍，这是因为前者比后者大了不止2倍。另外，餐饮业餐盘的直径大小也从过去的10英寸发展为现在的12英寸，这相当于餐盘面积增加了约44%。

表4.2　1990年和2010年零售食物平均分量的增加

1990年的千卡含量	食　　物	2010年的千卡含量
500	两片比萨	850
337	芝士汉堡	590
500	千层面和面类食品	1 025
435	炒鸡块(外卖)	865
320	火鸡三明治	820
390	凯撒色拉	790

续表

1990年的千卡含量	食　物	2010年的千卡含量
210	法式薯条	610
140	百吉饼	350
260	芝士蛋糕	640
210	马芬蛋糕	500
55	巧克力曲奇	275
270	电影院的爆米花	630
97	汽水	242
45	咖啡	330

注:数据来源于美国国家心肺血液研究中心。

///讨论话题///

在正常上学或工作的一天里,你可能会在上午或下午吃一些零食或在中间时间吃一顿午餐。现在,请尝试着将自己当作一个实验对象:想象有一个隐身的外星观察者正在记录你的行为,这个观察者怎样才能确定你的午餐和零食是两个不同时段的进食行为呢?

在几乎所有情况下,食物分量的增加都不由消费者控制——食品的分量通常由食品产业决定,食品产业当然会根据消费者实际或自己认定的需求,决定如何维持这种需求或在未来如何营销。在现在的食品行业中,零售价格里制造或生产食物的成本只占了很小部分;实际上,大部分零售价格都是固定的,与食品的实际成本并不相关(如招待顾客或向顾客推销食品的推销员的工资),所以招待大量客户比招待小量客户需要的成本更高。食品产业拥护者通常认为,大尺寸或大分量的食物给消费者提供了选择——他们可以选择只吃这一大份中的一部分。实际生活中，人们要作出这样的选择十分困难：他们通常会将面前所有的食物吃完，分量增加就导致吃得更多。

为了弄清楚分量对进食产生了多大的影响，万申克（Brian Wansink）及其同事多次进行实验，证明了人们对食量的内在控制非常差。人类的进食量主要由被分配到的食物量，或者说人类对已经进食量的概念和感觉所决定。在一个冰激凌聚会实验中（Wansink, van Ittersum, & Painter, 2006），被试被分别给予小号或大号的冰激凌碗以及小号或大号汤匙，自己决定要吃多少。那些被给了大汤匙的人比被给了小汤匙的人拿了更多的冰激凌（14.5%）；但冰激凌碗的大小具有更大的影响力——被给了大碗的人比被给了小碗的人多拿了（也吃了）31%的冰激凌。顺便提一句，参加这次冰激凌聚会实验的被试可都是营养学家！

在一个在电影院进行的实验中，研究人员将不同分量的爆米花分配给不同被试（Wansink & Kim, 2005）。不同组的被试收到中份（120克）或大份（240克）的爆米花，每一组中一半的人拿到了新鲜出炉的爆米花，另一半的人拿到了已经变味的爆米花（已经放置了14天，可以预期这些爆米花不太好吃）。吃了多少爆米花根据电影结束后容器内剩下多少爆米花来测定。就像之前的冰激凌实验，容器大小有很大的影响，拿到大份新鲜爆米花的人比拿到小份新鲜爆米花的人多吃了45.3%，即使爆米花已经变味，在量上仍然有33.6%的差别。所以，不管食物口味如何，容器大小都对进食量有很大的影响。

但并不是所有研究都发现了容器或分量产生的影响。罗尔斯等人（Rolls, Roe, Halverson, & Meengs, 2007）在实验中，在三个场景中给被试看同样的午餐菜单，每一种都有不同的餐盘大小（直径分别为17厘米、22厘米或26厘米，最大的餐盘是标准餐盘大小）。被试待在可以单独进餐的小隔间中，面前是一个装着800克奶酪通心粉（是一般人可以实际吃下的分量的2倍）的大碗。被试可以无限次从这个大碗中装食物到自己的餐盘中。在这个实验中，餐盘大小对进食量没有显著影响。

另一项研究不再考虑重新装满食物这一角度，他们直接给被试提供了700克的奶酪通心粉和直径为22厘米或26厘米的餐盘。同样，他们发现，进食量没有因餐盘直径大小出现差别。他们发现，在一个提供多种食物而不仅仅只有奶酪通心粉的自助餐场景中，餐盘大小对热量摄入的影响依然不存在，尽管那些拿着小餐盘的被试比拿着大餐盘的被试去拿了更多次食物。罗尔斯等人（Rolls et al., 2007）认为，研究中的个体进食情况可能就是其研究结果与万申克等人的研究结果产生差异的关键因素。

经济学和人类

我们曾经提到过，精力成本的增加意味着时间的增加，通常也会导致对食物的需求的降低。不过，人们发现，只要每一口都咀嚼更长时间，就足以降低进食量，这就是我们大都知道的弗莱彻进食法——19世纪，一位叫霍勒斯·弗莱彻（Horace Fletcher）的医生提出，吞咽食物之前应该咀嚼32下！在测试这一方法对年轻女性是否有效的实践研究中，安德雷德等人（Andrade, Greene, & Melanson, 2008）将午餐如何快速或慢速吃的方法教给了被试。被试在不同的情况、日期或随机的时间参与实验，午餐是一大份调过味的细管通心粉和水，被试想吃多少就吃多少。在快速进食的情况下，被试会拿一个大调羹，被告知要以最快的速度一口接一口，中间不停顿地吃。在慢速进食情况下，被试将拿到一个小调羹，被告知要一小口一小口地进食，每一口必须咀嚼 20—30 下。在快速进食情况下，被试多吃了 11%的食物，用餐时间平均为 8.6 分钟；而在慢速情况下，平均用餐时间为 29.2 分钟。

约曼斯等人(Yeomans, Gray, Mitcheel, & True, 1997)的研究使用了同样的通心粉午餐程序，却得到了相反的结果。他们发现，比起吃每口之间没有停顿，每吃 50 克食物后停顿 60 秒时间会导致吃下更多食物。这两个研究证明弗莱彻医生是正确的：单纯减缓食物到达胃部的时间并不能降低进食量，咀嚼才是关键。

在人类的进化趋势中，磨牙的尺寸不断减小，对人类学家来说，这标志着人类的膳食正从需要反复咀嚼的原始植物食材，渐渐变为不需太多咀嚼的动物源食物或经过料理的食物。

///讨论话题///

和一个人独自用餐相比，你觉得和朋友一起用餐时吃得比较少、一样多还是比较多？你认为进餐时的成员(如朋友和熟人、同性或异性、一部分超重或全部超重的人等)是否对你吃多少有影响？为什么有影响？或者为什么没有影响？

价格有影响力吗？几个实验研究发现，相对价格的改变的确会影响进食量。在一个模拟购买食物的研究中，艾普斯坦等人(Epstein, Dearing, Paluch, Roemmich, & Cho, 2007)等人给参与实验的妈妈或少或多的一笔钱，让她们选择显示低能量或高能量食物的卡片。这些卡片中有一些标注了标准价格，另一些则标注了高于或低于标准价格 25%的价格；一些食物会被控制采用标准价格，另一些食物的价格则或高或低。参与实验的妈妈从低能量和高能量类别的食物中挑选自己想要的东西,当食物的价格升高,食品购买量对比低价时几乎下降了 50%,固定价格的食品的购买数量却保持不变。

这类购买研究的目的在于了解不同的价格(含税)是否影响进食。结果表明,在限制消费的情况下,食品的购买量或多或少会受单价和可选择食品范围的直接影响。需要注意的是,虚拟研究中出现的情况与在家中制作的实际食品分量(一盒食物通常包含不止一份的食物)和人们实际吃下的量并不一定一致。

///讨论话题///

你是否曾经故意吃得慢一点?很多经过预处理的食物不需要或只需要很少次咀嚼就可以吞咽下去,很多食物也都被做成一口(满口)的大小,或很容易就可以被刀叉处理成方便进食的大小,这样我们根本不需要使用我们的磨牙!

你经常吃的食物里哪些是最需要咀嚼的,哪些是最不需要咀嚼的?这一点与它们的分量和(或)热量有什么关系吗?

结束语

在本书的第一部分,我们主要讨论了食物的物理与化学性质,以及人们如何从环境中获取食物。很明显,食物的选择和进食是个体与觅食环境的复杂交互影响的产物。在后面的章节中,我们会把注意力放在影响个人进食行为的因素上,包括人类的发展、学习因素和社会因素。

算一算的答案

觅食期间的代谢率 = 基础代谢率 + 活动消耗 = 120 + 80 = 200 千卡/小时。因此，1 000 千卡的获益相当于 1 000/200 = 5 小时的精力。一旦觅食超过 5 个小时，能量消耗就会超过 1 000 千卡。

发明了交通工具后，觅食期间的代谢率就是 80 + 20 = 100 千卡/每小时。10 小时的觅食将会消耗 1 000 千卡。

如果天气变化导致食物的能量消耗上升，消耗依然是第二种情况减去 100 千卡/小时。但食物的热量是 2 000 千卡，所以觅食 20 小时之后，此次觅食的获益才会少于能量消耗。注意，食品分量的增加将会按比例增加觅食获益的时长。

第五章　饮食中的学习：味觉、味道与食量

阅读完本章，你将：

● 理解联结式学习在进食行为中起到的作用，以及它在实际生活中的运用。

● 明白食物偏好和厌恶是怎样形成的。

● 知道我们是通过学习才明白什么时候该开始吃，什么时候该停下来。

● 了解对食物的学习的神经生理学基础。

学习能够以很多种不同的形式发生。在针对进食行为的研究中，我们发现，人们对食物的喜恶、饮食模式的建立（如食量、进食时间、进餐礼仪与食物选择等）等，都与几种最基础的联结式学习有特别的关系。本章要讨论的主要学习类型来源于经典条件反射（又叫巴甫洛夫条件反射）。很多人类和动物的行为受这种基本学习形式的影响，这种影响可能维持一生。

在我们更进一步讨论这个话题之前，我们想请你们花一些时间想象自己正在电影院，准备看一部期待很久的电影的首映。这时候，你觉得你会很想吃什么食物？对一些人来说，在电影院看电影却不吃爆米花或糖果几乎无法想象。为什么这种联结会如此强大？在本章中你将看到，联结式学习虽然十分简单，却对我们的进食行为产生非常

大的影响。

经典条件反射与食物的营销

经典条件反射(classical conditioning)是联结式学习中的一种,它是指原来对人或动物来说是中性的刺激在经典条件反射过程中会引起由另一种刺激诱发的自然反应。让我们简单回顾一下苏联科学家巴甫洛夫(Ivan Pavlov)的研究,他对犬类消化系统的研究为他赢得了1904年的诺贝尔生理学奖。当犬类靠近食物或在巴甫洛夫的研究中使用的肉时,就会自然地分泌唾液,这是一种无需学习就天生具有的或无条件的反射性反应。巴甫洛夫发现,狗在食物还未进入口中时就开始分泌唾液。例如,当有人进入房间或靠近储存食物的地方,狗就会分泌唾液。巴甫洛夫意识到,这种唾液的分泌其实是学习的结果。狗在这个过程中学会了,当主人靠近储存食物的地方时,食物会很快送到它面前。

为了更精准地确定这种学习类型的特点,巴甫洛夫开展了很多经过严谨设计的研究,也就是现在被叫作"经典条件反射"或"巴甫洛夫条件反射"的研究。在一个有名的实验中,巴甫洛夫将狗训练成听到节拍器(音乐家常用来标志节奏的发声仪器)发出的声音就条件反射地开始分泌唾液。节拍器通常和食物没有什么关联,听到节拍器的"咔嗒"声就分泌唾液的反应肯定不是一种本能的反应。用正式的学习术语来表述就是(图5.1),条件反射过程开始之前,肉是一种无条件刺激(unconditioned stimulus, UCS),因为狗会自然地对肉分泌唾液,分泌唾液因而是一种无条件反应(unconditioned response, UCR);节拍器是一种无法引发唾液分泌的中性刺激(neutral stimulus, NS)。在数次将肉的发放与节拍器的声音配对出现后，狗就会在听到节拍器的声音时分泌唾液了。此时的节拍器就是条件刺激（conditioned stimulus，CS），而分泌唾液就是条件反射（conditioned response，CR）。

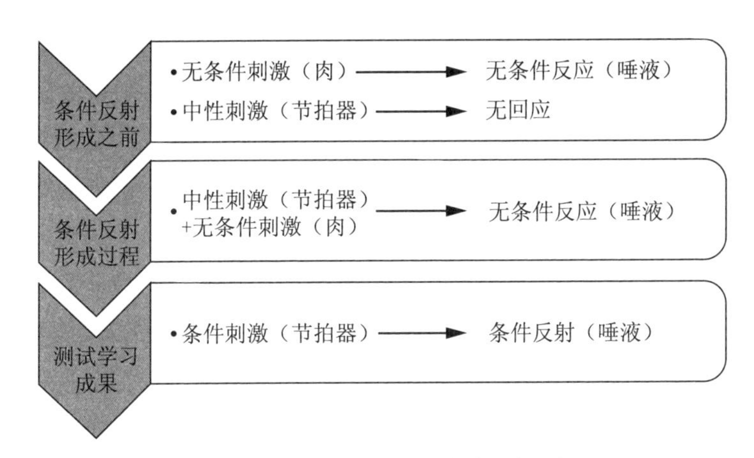

图 5.1　经典条件反射中事件发生顺序示意图

经典条件反射让动物和人类可以预测未来事件的发生，从生理、行为和心理角度作好准备。狗知道节拍器的声音出现后，食物马上随之出现，会为此作好身体上的准备——为了食用并消化即将到来的食物，狗产生了很多生理变化（分泌荷尔蒙，身体发热，分泌神经化学物质，等等）。对很多大学生来说，室友摇晃袋装薯片发出的"沙沙"声，会让他们突然无法专注，同时无法抵制地想吃薯片，就像巴甫洛夫的狗一样，我们的身体也在为想吃的零食作准备。很明显，这就是一个后天学习到的特定声音和食物之间的联结。

对食品的营销很大程度上建立在经典条件反射原理上。当你驾车路过"金色拱门"（golden arches，指麦当劳的"M"标志）时，你会想什么？很多人在看到这个和麦当劳联系在一起的金色标志时，都会感觉自己突然特别想吃芝士汉堡、薯条、奶昔或更多最新出品的麦咖啡、冰沙等。你现在是不是也渐渐觉得有点饿了？这就是经典条件反射，将一个中性刺激（金色“M”标志）和另一个无条件刺激（好吃的食物）配对，然后得到一个无条件反应（吃和喜爱），现在“M”标志成为条件刺激并引发对特定食物的渴望（条件反应）。媒体、社会和营销对此的影响将会在其他章节中详细讨论，但我们可以看出，这种联结式学习简单、直接，非常有效。

味觉的喜恶：我们的口味是习得的

为什么我们会厌恶某种食物?

大多数人都会很讨厌一些味道或食物，甚至会因此感觉恶心，即使他们知道这些味道或食物实际上十分安全（Schafe & Bernstein, 2004）。如果一个人恰巧在得了感冒（表现出恶心、呕吐等症状）时第一次吃到茄子帕尔马干酪，很可能他以后再也不想吃这种干酪了，至少不会很愉快地吃下去。当食物是新奇的、不太让人喜欢的、很独特的或很不同寻常的（人们通常不吃的东西），厌恶这种食物的概率会更高。大鼠有一种很有名的特性，它们特别厌恶那些和胃肠道疾病有关的味道。因为大鼠一旦吃下食物就无法反刍出来，对它们来说，为了生存就必须避开之前让它们生病的食物或味道（假设它们在第一次的危险经历中幸运地逃过一劫）。所以大鼠经常表现出一次性尝试学习（one-trial learning），即仅通过一次经历就学会了食物或味道与疾病之间的负性联结。

在对味觉厌恶的经典研究中，加西亚和克林（Garcia & Koelling, 1966）发现，当甜味剂紧随着氯化锂（LiCl）的注射出现时，大鼠很快就学会避开一种甜味的液体(甜味是大鼠天生很喜欢的味道)。有趣的是,当甜味剂紧随着电击出现时,它们却没有学会避开这种液体。当电击与灯光、噪声配对时,大鼠再次学会了如何躲开电击;但当氯化锂和灯光、噪声配对时,它们却无法产生这样的学习。这些结果表明,味觉更可能与内脏疾病联系在一起,视觉和听觉线索则更可能和痛苦联系在一起。就像这些大鼠,我们人类很容易发展出与一些相关生理刺激联系在一起的特定厌恶和逃避行为。这种对条件反射性厌恶的理解影响了从此之后所有行为研究的方式。

对味觉厌恶的简述与举例:

- 初始状态:无条件刺激(氯化锂)⟶无条件反应(恶心);中性刺激(甜味液体)⟶中性/正性反应(喝)。
- 学习尝试:中性刺激 + 无条件反应⟶无条件反应(恶心)。
- 获得味觉厌恶:条件反射(甜味液体)⟶条件反应(恶心)。

我们先来看看在动物领域的应用:在了解习得性味觉厌恶后,有人将其运用到牧场,帮助控制狼对家畜的捕食(Gustavson, Kelly, & Sweeney, 1976)。狼群吃下被氯化锂污染的羊尸之后,它们就不再捕猎羊(氯化锂会让狼感觉恶心并呕吐);甚至在闻到羊的味道时,狼群会开始躲避羊。自此之后,牧场开始使用这种方法来防止其他牲畜(如牛、鸡)被捕猎(Carlson & Gusysvson, 1983)。习得性味觉厌恶不仅被用来防止乌鸦或其他动物的破坏行为,而且被用来保护自然界的珍稀物种(Werner, Kimball, & Provenza, 2008)。目前,对于习得性味觉厌恶在实地应用中的有效性,仍存在一定的争议,因为联结式学习通常用的是动物的尸体,而非活物。

在人类生活中也有相关应用:如果动物或人类因可以导致内脏疾

病的某种病毒，或接受药物或放射治疗而感觉身体不适之前，食用了某种特定的食物，未来再次碰到这类食物时就会尽量避开。这对正在经历化疗的癌症病人来说是个十分严重的问题，因为这种治疗通常会导致很严重的恶心感，很多患者因此厌恶食物，体重严重下降，这种情况被叫作“癌症厌食”（Wisse，Frayo，Schwartz，& Cummings，2001）。不幸的是，大部分患者还经历了在研究领域被称为“刺激泛化”的反应，他们不仅开始厌恶接受会让人恶心的治疗之前吃的食物，还逐渐对有类似味道、外表的食物产生同样的厌恶。

人们尝试利用现有对习得性味觉厌恶的了解，防止在癌症病人身上出现厌食现象。布罗伯格和伯恩斯坦（Broberg & Bernstein，1987）在研究中发现，在化疗之前吃不同口味的糖果（如拯救者牌的椰子味或根汁汽水味糖果）的孩子，会厌恶所吃糖果的口味，但不会厌恶其他正常的食物，这种糖果就可以成为化疗的“替罪羊”。在这个例子中，患者对某种口味的糖果的厌恶，对他们平常的正常饮食来说，是无足轻重的（我们中的大多数人可以在不吃椰子或不喝汽水的情况下健康地生活）。对替罪羊的厌恶能够帮助患者预防癌症厌食，使他们的体重不会不健康地减轻。类似的策略对于经历化疗的成年人同样有效（Andresen，Brich，& Johnson，1990）。

味道的体验：爱屋及乌和食物的激励作用

为了健康：食物的药物效应

比起饱腹时吃的食物，我们会更倾向于选择那些饥饿时或缺少某些宏量营养素、微量营养素时吃的食物。缺乏食物的情况越严重，我们对这类食物的偏好就更明显。

在保罗·罗津(Rozin，1969)的一个经典实验中，大鼠被喂食了缺乏硫胺素(维生素 B_1)的食物。几周后(需要一定时间才能达到硫胺素缺乏的水平)，大鼠越吃越少，为了拒绝这类食物，甚至会将它们打翻或弄坏。只有当含有硫胺素的"新"食物出现，这些大鼠才开始正常进食。如果它们面前有很多种食物，它们每餐都只试着吃一种食物。

大鼠很快就开始对富含硫胺素的食物产生了偏爱。有趣的是，没有任何证据证明，大鼠对这种食物的偏好是因为尝出了硫胺素的味道；相反，大鼠将"恢复健康"与食物的其他性质(如总体的味道或口感)联系在一起。这种学习是食物学习的主要机制之一，也被称为"食物的药物效应"。首先，体内缺乏某种物质的动物必须自主地拒绝现有的食物；然后，动物要克服恐新性(对新事物的恐惧)，去尝试新的食物；最后，动物只有在建立和学会自身感受的改善与某种食物带来的感觉之间的联结后，才有能力在未来识别某种食物。当然，这几乎是之前讨论过的味觉或气味厌恶的翻版，在味觉或气味厌恶的情况下，动物学会了避开那些吃了后会损害自身健康的食物。在这种机制的作用下，仅一次尝试就足以让动物学会这一切。这就是说，只需要吃一次就足以让动物学会哪种食物是安全的，当然，在进食和食物产生的后果之间应该有一定的延迟。这就是为什么当个体缺乏某种物质时，分类(每次只吃一种)吃新食物的策略具有适应性。生理性行为原则似乎是这样的：先尝一尝新食物，等待一段时间，观察它是否安全；如果发现食物是安全的，就回过头重新吃；如果食物是不安全的，就再去尝试其他食物。缺乏维生素或矿物质的人经常会有异食癖(pica)，他们会去吃那些通常不认为是食物的东西，如含有矿物质的泥土、颜料或硬币等。一些人类学家认为，食人行为也可能源于食人族的膳食中缺乏某些东西(de Montellano，1978)。

这种感受的改善或者说食物的药物效应是如何产生的？人们认为，这种学习是通过强化过程习得的，同时还受内部奖励系统的调节。很可能，微量元素（或热量）缺乏等症状的康复过程的原理也相同。研究表明，吃下好（安全）的食物与康复过程联结在一起产生的愉悦感受，受神经递质多巴胺（dopamine）和内啡肽（endorphins）的调节，这两者与其他神经递质一起，对大脑的奖励机制通道起作用（Berridge, Ho, Richard, & DiFeliceantonio, 2010；Volkow et al., 2003）。关于对食物偏好和奖励机制的神经生理学基础，我们将在本书的其他章节详细讨论。

尽管我们生来喜欢甜味，但很饿的时候，我们通常不想吃特别甜的食物，如糖果或甜味饮料，也不会因此排斥其他食物。举例来说，我们可能不会选择糖豆作为唯一的晚餐。实际上，那些我们通常会觉得很有吸引力的食物，如巧克力棒，在很饿的时候可能不那么诱人，有时甚至会让人觉得恶心。缺乏能量时，我们倾向于选择有咸味的食物。在漫长的一天或剧烈的锻炼之后，你会比较想吃哪一类食物？在西方文化中，人们偏爱三明治、肉类或面类食品，当然还有汉堡（Drewnowski, 1997；Drewnowski, Kurth, Holden-Wiltse, & Saari, 1992）。在东方文化中，人们更偏好鱼类和米饭。所以，与平时我们喜欢的食物相比，受食物的药物效应影响而偏好的食物有更高的营养价值。这可能意味着，要让自己喜欢上抱子甘蓝或其他天生不太受欢迎的食物，最好的方法是在非常饿的时候去吃它们。也许大家可以去试一试！

接触越多越喜欢：纯粹接触效应

无论是否意识到这种接触的存在，人们对特定食物或味道的喜好会随着反复接触而增强(Bornstein & D'Agostino, 1992)。这种影响进食行为的被动学习形式在1968年被扎伊翁茨(Robert Zajonc)首次命名为"纯粹接触效应"(mere exposure effect)。

人类及动物都有一定的恐新性(对新食物或新味道的警惕性),同时也有一定的喜新性(喜欢新事物)。不熟悉的食物或味道可能是有益的(提供营养和卡路里),也可能是有害的(含有毒性),因而就像之前描述的那样,人类和动物倾向于在刚开始时品尝一点儿新食物,如果吃下去后感觉还不错(或者至少没有负面的感觉),才会在重复接触中再接着吃这种食物。这种过程最终使人们更喜欢这种食物,对该食物的恐新性不断下降——纯粹接触效应和恐新性的降低一定是同时发生的。举个有趣的例子,大多数美国人第一次吃寿司时都不会吃很多(寿司内常含有生鱼)。最初,大多数人都会在菜单中选择含有加工熟的鱼的寿司(如加州卷),然后才渐渐开始喜欢吃含有生鱼的寿司。

对新味道和气味的纯粹接触在我们还在子宫内时就已经开始了(Beauchamp & Menella, 2009)。胎儿在母体中就已经接触到所有母亲吃下的食物的味道,尽管他们从未真正品尝过这些味道;婴儿出生后,长大到可以吃固体食物时,他们会更喜欢在子宫里接触过的味道。梅内拉等人(Menella, Coren, Jagnow, & Beauchamp, 2001)发现,在妊娠第三期喝了3周胡萝卜汁的孕妇的孩子,比起原味的麦片,会更喜欢胡萝卜味的麦片,这就证明纯粹接触效应对食物偏好的影响在婴儿出生以前就已经出现。

想要喜欢上新食物或新味道,对接触它们的次数有不同的要求。儿童或成人接触过或已经熟悉类似的食物时,例如,已经很熟悉草莓时去尝试草莓酸奶,或很熟悉草莓酸奶时去尝试蓝莓酸奶,只需要很少的接触就可以更喜欢这类食物或味道;完全没有接触过或食物天生不太吸引人(如一种新的苦味蔬菜)时,需要的接触次数就要多很多。

所以，可能一些食物在直接接触过一次后就被人们认为很好吃，而其他食物需要更多次的接触才能被人们接受。此外，对比单纯给予孩子奖励，纯粹接触效应能够对孩子的食物接受性和偏好产生更有效的影响。沃德尔等人（Wardle, Herrera, Cooke, & Gibson, 2003）发现，连续两周每天试吃一次甜红椒的儿童，最后对甜红椒的喜好和进食量都有所上升，而给予贴纸作为吃蔬菜的奖励并没有对儿童产生明显影响。

///趣味信息盒///

婴儿对食物的偏好是否会因接触次数的增加而提高?

沙利文和伯奇（Sullivan & Birch, 1994）对那些开始进食固体食物的婴儿（4—6个月大）进行了研究，他们发现，在10次接触期间，婴儿对新蔬菜的接受性不断提高。母乳喂养的婴儿对新蔬菜的接受速度较奶粉喂养的婴儿更快一些，这意味着母乳让婴儿间接地接触到很多食物的不同味道，因而让他们变得更喜欢新的食物。针对大鼠的研究也发现，幼鼠很快就开始更喜欢通过母乳接触过的味道，当它们开始吃固体食物时，也更偏爱母亲吃过的食物。

爱屋及乌：味道—味道的联结式学习

人类天生更喜欢甜味和咸味：甜味意味着能量和高营养的食物，而咸味意味着帮助保持体液和钠平衡的食物。相反，人类天生厌恶苦味和酸味，因为这两种味道通常与有毒物质有关（Birch, 1999）。但经常有人特别享受苦味或酸味的食物或饮品，如咖啡、茶、啤酒、西蓝花、酸味糖果等，这似乎与我们的天性背道而驰，这是为什么？

将一种我们天性不会喜欢的新食物或新味道，与一种我们挺喜欢的食物或味道搭配出现，会增加我们对这种新食物的喜爱程度，这就叫“味觉—味觉的联结式学习”(Brich，1999)。尽管很多成年人喜欢咖啡，有些人甚至更喜欢黑咖啡(不添加奶、奶油或糖)，但他们首次接触的咖啡大多数都是加了奶油或牛奶和增甜剂的咖啡。我们天生就喜欢奶油、奶和甜味。通常来说，成人会倾向于逐渐减少在咖啡内加入的奶油、牛奶和糖，但他们最初对咖啡的喜爱一定受到了味觉—味觉的联结式学习的影响。同样的道理也适用于茶，在初次品茶时西方人通常会在茶里加糖。同样，在第一次吃西蓝花时，人们经常在烹饪时加入芝士或奶油酱(这些都是我们天生喜欢的味道)。尽管西蓝花有一些苦味，将它与其他已经接受并喜欢的味道搭配起来后，就会增加人们对它的好感。

还有一点很重要，味道—味道的联结式学习也适用于条件反射性厌恶。换言之，这类学习反过来也适用。在实验室研究中，原本喜欢的食物混入奎宁后，大鼠就开始厌恶这些食物；就算之后不再混入奎宁，大鼠依然回避它们(Rozin & Zellner，1985)。从理论角度来说，将西蓝花和芝士配对也可能会让我们开始厌恶芝士！如果实际并非如此，可能是因为大多数人喜爱芝士的程度远远超过厌恶西蓝花的程度。

激励作用：味道—营养的联结式学习

当味道与卡路里(或其他必需物质，如维生素)联结在一起后，我们对该味道的喜好也会增加。研究发现，与高卡路里配对出现的味道比与低卡路里配对出现的味道更受人们的欢迎(Ackroff & Sclafani，

2006)。这种味道—营养的联结式学习可以制造持久的喜好，甚至无需强化。因为在味觉回避学习中，味道—营养的联结式学习可以在长达几小时的条件刺激(味道)和无条件刺激(获益)之间发生。这种学习和食物的药物效应相关，它让动物和人类明白，那些食物或味道与好的感受联系在一起，可以帮助我们从维生素、矿物质或热量缺乏中恢复过来。不同的是，味道—营养联结式学习也可以在身体不缺乏营养的情况下发生。

尽管这种学习会发生在已经吃饱了的大鼠身上，但其效果还是在饥饿的大鼠(或其他动物，包括人类)身上更加突出。所以我们很容易就可以推测，营养成分在胃肠道的活动对饥饿动物的强化作用比对已经吃饱了的动物要强得多。在营养缺乏状态下进食或味道的"激励价值"较高，会导致食欲更好，让我们吃得更多(Sclafani，2004)，也就是出现食物的药物效应。

///讨论话题///

你是否经历过因为味觉—味觉的联结式学习而爱上某种新食物？在首次尝试这种食物时你有什么感受？这种感受与你现在的感受有什么不同(如你在汉堡中放番茄酱的量可能比小时候少了)？

人类也拥有味道—营养的联结式学习的能力。研究发现，那些和营养成分(热量、脂肪、维生素或矿物质)联结在一起的味道更被人们喜爱，如约翰逊等人(Hohnson，Mcphee，& Birch，1991)在实验中让学龄前儿童试吃同等分量但拥有不同口味(南瓜味和巧克力—橘子味)的布丁。这些布丁的热量有高有低(热量为每份 220 千卡或 110 千卡，含有 14 克或小于 2 克的脂肪），但在味道、气味和外表上都十分相似。在吃过几次之后，儿童在吃了高脂肪、高热量的布丁以后，更少吃其他东西了（相比低脂肪、低热量的布丁），尽管在随后的测试环节中使用的其实都是热量和脂肪含量中等的布丁。另外，儿童表示他们更喜欢高能量密度的食物，并没有因为其味道与低能量密度的食物相似而保持同样食量。

///趣味信息盒///

在一项由卡帕尔迪和普里维泰拉（Capaldi & Privititera, 2008）进行的研究中，大学生志愿者在三次接触实验中试吃了两种蔬菜（花椰菜和西蓝花）。在这三次接触中，一种蔬菜被加了糖，另一种则没有。实验结束后，在吃没有加糖的蔬菜时，这些大学生表示之前加了糖的那种蔬菜更好吃。所以，尽管那种蔬菜没有再加糖处理，被试依然因为甜味的联结而更偏爱它。

这些发现都证明味道—营养联结式学习影响了人们对食物的偏好和进食行为。研究人员对不同年龄人群（婴儿和成人）和大鼠进行了类似的研究（Booth, 1985），研究结果也表明，一餐内的能量摄入受食物的味道—营养联结式学习的影响。

///趣味信息盒///

斯科拉法尼（Anthony Sclafani）做了很多研究，希望找到口味—营养联结式学习的限制。

在一个实验中，大鼠可以尝到两种味道的品牌名为“酷爱”

(Kool-Aid)的饮料,即无卡路里的葡萄味或樱桃味的饮料。这两种味道的饮料被装入带有接触感应器的瓶子中,在大鼠舔舐时,感应器就会发送信号到计算机(Drucker, Acroff, & Sclafani, 1993)。同时,大鼠可以随意(即没有限制)获取食物和饮料,但一天只能舔舐一种味道的饮料。当大鼠舔舐某种味道的饮料时,会通过一个用手术植入胃部的管道,同时将含有热量的液体注入它们的胃里(由电脑控制)。当大鼠舔舐另一种口味的饮料时,只通过管道注入水。在几天中每天都进行单一味道的实验,测试大鼠在胃里没有注入东西的情况下对两种味道的偏好。很明显,大鼠更喜欢与含热量液体配对的那种味道。当这些偏好测试继续在没有给胃里注入液体的情况下进行时[这个过程称为"消退"(extinction)],对与热量配对的味道的偏好仍然持续了数周。这意味着,已经建立的偏好可以在没有强化的情况下维持很久。在其他类似实验中,斯科拉法尼及其同事对"酷爱"饮料的口味与给胃里注入脂肪(Lucas & Scalafani, 1989)或蛋白质(Perez, Ackroff, & Sclafani, 1996)的配对进行了研究。

有一点需要注意,味道—味道的联结式学习和味道—营养的联结式学习在实验室设置以外的情境中并不是非此即彼、无法共存的。在实际生活中,人们喜欢的味道通常是那些天生就较受欢迎的味道,这也源于那些味道与营养相关。例如,在花生酱和蜂蜜配对出现后,人们更喜欢花生酱了,这种现象同时包含了味道—味道的联结式学习(蜂蜜是甜的,人们天生就喜欢这种味道)和味道—营养的联结式学习(蜂蜜的加入提高了食物所含的热量)。数次饮用加入奶油和糖的咖啡之后,人们也会更喜欢咖啡,其道理与之相同。

///讨论话题///

在你喜欢的食物和进食行为中，有哪些例子与味道—味道的联结式学习和味道—营养的联结式学习有关？

学习吃多少：满足感是一种条件反射

20世纪60年代和70年代的很多实验证明，即使之前吃过的食物的能量密度改变，人类和动物也无法觉察并自动弥补能量的损失（Stunkard, 1975）。例如，在喝过几次类似奶昔的饮料之后，将饮料稀释，饮料中含有的能量因而下降，被试依然按照过去"正常"的量喝下去（Jordan, Wieland, Zebley, Stellar, & Stunkard, 1966）。

该领域颇具影响力的科学家斯顿卡德（Albert Stunkard）提出，满足感一定是一种条件反射，它是一种学习功能，并不依赖生理满足提供的线索。一些关于味道—营养的联结式学习的研究结果与这个理论的看法一致，如约翰森等人（Johnson et al., 1991）发现，儿童会让自己少吃一些他们知道含有较高的热量和脂肪的风味布丁，就算这些布丁已经不再含有那么高的热量和脂肪，他们也同样如此。儿童喜欢这些布丁的味道，但学会了自己控制热量的摄入，根据味觉线索停下来不再吃，这就支持了满足感是一种条件反射的说法。

你有多少次只吃了四分之三的三明治或曲奇？通常来说，我们会吃下一定量的食物，且经常按之前的量来进食。举个例子，我们假设当你第一次吃三明治时，一个三明治就让你产生了较舒适的满足感，也为你提供了适当的能量，在以后吃三明治的时候，你就会倾向于吃掉整个三明治，很少留意三明治的能量密度的变化。同样，很多人早上会习惯性地吃一碗麦片（无论是高卡路里还是低卡路里，或者含有其他营养成分），市场上贩卖的常见单碗麦片所含热量大致为70—120千卡，加入的牛奶所含脂肪量又会让整碗麦片的热量大为不同。我们在前期经验中学习到吃多少食物会让我们有满足感，就会一直这样吃下去，这同样验证了斯顿卡德的条件反射理论。然而，我们在餐馆吃饭时却很容易被“欺骗”，因为餐馆的分量通常更大，也含有比我们预期更多的脂肪和卡路里。

学习什么时候吃：饥饿感也是一种条件反射

如果满足感是一种条件反射，饥饿感也会是一种条件反射吗？想想午餐时分在餐馆和咖啡厅前排起的长龙！为什么我们在一天中相似的时段感到饥饿，特别是该吃午餐的时候？也许我们在同样的时间里，有同样的能量或营养需求？可我们大部分人在早晨的不同时间醒来，在上午消耗了不同的能量，有不一样的身体代谢率，摄入不同量的卡路里和营养（有人根本不吃早餐），这么看来，之前的解释符合逻辑吗？我们午餐时感觉到的“饥饿”更像一种学习的结果：我们学会了中午是吃午餐的时间，因为这种习得的进食期待，生理变化随之出现（如胰岛素和饥饿素的水平上升，血糖含量开始下降），强化了我们的饥饿感。

///趣味信息盒///

大鼠怎么知道吃饭的时间到了？

在一个由德拉泽等人（Drazen，Vahl，D'Alessio，Seeley，& Woods，

2006)主持的研究中，大鼠可以自由、无限制地进食（全天都可以），或每天仅 4 个小时进食。限时进食组的大鼠很快（14 天内）就学会了预测自己的进餐时间，同时更快、更大量地进食。相较无限制进食组，限时进食组大鼠体内的饥饿素（一种刺激饥饿感的荷尔蒙）水平在预期的 4 小时进食期即将到来时明显提高了（在此期间，大鼠通常会吃下尽可能多的食物）。这一研究结果表明，大鼠（人类可能也如此）在预期进餐时出现习得性生理反应。

当大鼠进入一个定时进食（类似早餐、午餐和晚餐）而非自由进食的环境中，它们在两餐间隔时间最长的前一餐吃得最多。有人可能会有相反猜测，即认为它们会在最长时间没有东西吃后的那一餐吃得最多，有趣的是事实并非如此。与人类进食的模式十分相像，大鼠学会了预测没有食物的最长禁食时段，在此时段之前会吃更多的食物。似乎，我们或鼠类的进食行为都因学会了预期或预防未来对生理稳态的干扰而大受影响（Woods, 2009）。

除了一天中时间的线索，其他与食物相关的刺激也会诱发饥饿和进食。就像之前提及的，我们倾向于在看到特定公司标志时会想到并想吃特定的食品。进行条件反射训练之后，巴甫洛夫的狗听到节拍器发出的声音就会分泌唾液；动物和人很快就会将食物与周围同进食有关的刺激（生理性的刺激或视觉刺激、嗅觉刺激、声音刺激，以及情绪等）联结起来，未来遇到这些刺激就会引发饥饿感，即使当时从生理上来说并不需要食物。与食物产生联结的刺激在西方社会中越来越随处可见，而它们对人类进食（和过度进食）产生的影响是巨大的。

///趣味信息盒///

有关食物的线索会在你不饿的时候引发进食行为吗?

在20世纪80年代一项由温加藤(Weingarten, 1980)主持的经典实验中,实验人员给大鼠喂食之后,增加了蜂鸣器和光效刺激。几天后,尽管大鼠的食物已经不再受限制,但大鼠接受蜂鸣器和光效刺激后依旧开始进食。

路过厨房就想吃:情境性线索的影响

你是否注意过,当你进入一个通常会吃饭或吃零食的场所,就会感觉有点饿了? 当处于已习得的与食物有关的场所中,人与鼠类都倾向于吃更多的食物。这就可以解释有些人经过厨房时,就算不渴、不饿或不打算吃零食,也会"无意间"从冰箱取一瓶苏打水,或在厨房拿一些糖果。

情境性线索(contextual cues),如画面、气味和声音,都是我们很快学会与食物联结在一起的非食物性刺激。这种学习是十分简单的经典条件反射,它非常有效。伯奇等人(Birch, McPhee, Sullivan, & Johnson, 1989)调查了物理环境设置对儿童进食的影响。在这个研究中,学龄前儿童进入两个外形相似,内部(玩具等)也相似的游戏室中,在一间游戏室内,他们会定时收到零食,在另一间则完全没有零食。在测试的那天里,两间游戏室中都放置了"诱饵"——零食,一半儿童被送进其中一间,另一半则进入另一间。之前进入游戏室能吃到零食的儿童比之前没有给过零食的儿童,更快地开始吃零食,也吃得更多。这意味着社会和环境学习对进食的准备和进食量有一定影响，这种学习在生命的早期就已经开始了。

同样，大鼠也会因物理环境或情境性线索而增加进食行为。被放入已和食物产生联结的笼子中时，它们进食的速度和进食量都大大增加，特别是当之前在笼子中接触的食物特别美味时（如曲奇等；Boggiano，Dorsey，Thomas，& Murdaugh，2009）。这样看来，大鼠和人类接触到与食物联结的情境性线索时，无论是美味的食物还是一般的食物，都会吃得更多。似乎当接触到与食物相关的场景，我们就会感觉饥饿。习得的情境性线索对饥饿和进食的影响，甚至可能比尝到实际食物的味道（非条件刺激）的影响更强大。

在一项针对大学学生与教职工的研究中，费里迪和布兰斯特罗姆（Ferriday & Brunstrom，2008）发现，相较比萨本身的味道，比萨的图片和气味与比萨和其他食物的进食量变多的关联更明显。这是怎么回事？接触到那些与愉悦体验（如吃到美味的食物）联结的情境性线索时，大脑中与渴望和动机相关的奖赏回路区域就会被激活（Berridge et al.，2010）。这种强烈的激活会驱使人们获取并吃下自己渴望的食物。除此之外，接触到与特定食物相关的线索时，人体内会发生生理性改变（如胰岛素升高、血糖降低等），这也解释了为什么很多人在接触这些线索时很难抵抗食物的诱惑。

///讨论话题///

对你来说，是否存在某些特定的食物与特殊的场所或线索联结在一起的情况？本章开头讨论过的电影院会让你更想吃爆米花吗？当地的面包房呢？奶奶的家呢？足球或垒球比赛呢？写下与这些场所产生联结的食物，比较你和其他人所列的食物有何不同。

训练我们的身体：如何提高免疫系统的效能？

人们试着利用经典条件反射技术帮助提高免疫系统的效能，尤其是那些临床患者（Exton et al., 2000）。研究者意识到，患者进入医院或治疗机构接受化疗时，因为联结式学习的作用，患者自身的免疫系统功能下降了。这会让患者承受更多化疗的副作用，免疫系统和总体健康的下降也会带来风险（尽管这些治疗的益处通常远超治疗带来的风险）。以其中一项研究为例子，研究者让患者先吃下一些特定口味的冰冻果露，吃完后再注射一针肾上腺素，激活免疫系统和改善身体的整体感受。在几次配对注射后，尽管之后不再注射肾上腺素，患者在吃完冰冻果露之后其免疫系统的活跃程度依旧会提高。

食物学习的神经生理学基础

通过条件反射获得的口味的喜恶，其神经生理基础与天生喜恶的口味的神经生理基础并不相同。习得性味觉喜恶所联结的大脑区域包括与记忆、情绪和奖赏相关的区域。很明显，情绪性记忆（如恶心）对我们来说是很重要的，这让我们可以避免再次接触同样危险的食物或味道，缺乏这种记忆甚至可能会导致死亡。同时，特定食物引起的愉悦感受，如在冰冷的夜晚喝上的热汤，或踢完一场精疲力竭的足球比赛后吃的一大份意大利面，也应该被牢记，然后我们就可以再次重复这样的积极体验。

大脑中完好的海马回（hippocampus）是留下这类情绪性记忆的先决条件。如果海马回严重受损，大脑形成新的外显记忆（即能有意识地回忆起来的记忆）的能力就会受到干扰。海马回损伤的失忆症患者会在刚吃完一餐后马上再吃第二餐，甚至经常会接着吃第三餐，这意味着生理性饱腹信号并不足以帮助他们平衡和协调进食（Rozin, Dow, Moscovitch, & Rajaram, 1998）。相反，这看起来更像进食的记忆对于随后作出的进食选择更重要（Beniot, Davis, & Davidson, 2010）。

除了海马回，其他和情绪性记忆相关的脑区对习得性味觉喜恶来说也很重要。对某种食物建立习得性厌恶并不是一件愉快的事情，这个过程中通常会出现恶心和呕吐，也被认为是一种令人恐惧和不安的体验。杏仁核是一个与各种动机行为和情绪行为（包括恐惧和攻击性反应）相关的脑区，它在习得性味觉厌恶的形成中起关键作用。然而，习得性味觉厌恶的建立过程与未来接触中产生的回避反应过程所引发的杏仁核不同区域的活动似乎并不相同（Reilly & Bornavalova, 2005; Yamamoto, 2006），在接触喜爱与厌恶的味道时，杏仁核的不同区域与伏隔核（nucleus accumbens）和其他大脑奖赏回路的交流模式也不相同。当然，这并不出人意料，因为习得的喜爱的味觉和厌恶的味觉的神经生理学原理指向完全不同的功能。对任何动物来说，避开那些危险的食物或味道对生存都至关重要，因此很多物种，包括两栖动物和哺乳动物，其共有的脑干与生理特性成为形成习得性味觉厌恶能力的基础。让被麻醉的动物接受习得性味觉的训练，它们依然习得了对某些味觉的厌恶（Yamamoto, 2006），但没有习得对某些味觉的喜爱。这再次证明，习得性味觉喜好是依靠经验来学习和形成的，并非生来就喜欢，因而会受社会和文化因素（如父母和朋友的喜好、当地的菜系、对其的预期和可获得性）的影响。虽然这些也非常重要，但比起要学会避开可能置我们于死地的食物，其重要性还是略逊一筹。比起习得性厌恶，那些更晚进化的脑区（如前脑）在促成我们喜好某种口味的过程中起了更大作用。前脑，特别是奖赏回路，在此进食行为中的作用最近引起研究者的兴趣，它可能与过度进食、问题性进食偏好和进食成瘾（addiction）相关。进食的神经心理学基础已经在其他章节中详细讨论过，本章将关注习得性味觉厌恶的神经生理学原理。

脑干孤束核（nucleus of the solitary tract，NST）和臂旁核（parabrachial nucleus，PBN）是大脑的第一和第二中继核，分别是味觉与胃肠道的信息中转站。臂旁核有损伤的大鼠尽管还有能力处理味觉和内脏信息，却无法再形成习得性味觉厌恶。同时，之前所有已经习得的味觉厌恶也会因为这个区域的损伤而丧失。味觉和胃肠道信息的联结并非在孤束核中发生，而是在臂旁核中发生，这种信息的联结对于习得性味觉厌恶的形成似乎是必须的。味觉和胃肠道的信息从臂旁核传递到内侧丘脑（medial thalamus），然后被传至额叶皮层的味觉岛叶皮层。与此同时，同样的信息将从臂旁核平行投射至杏仁核。味觉岛叶皮层（或味觉皮层）、内侧丘脑或杏仁核内部区域（尤其是基底

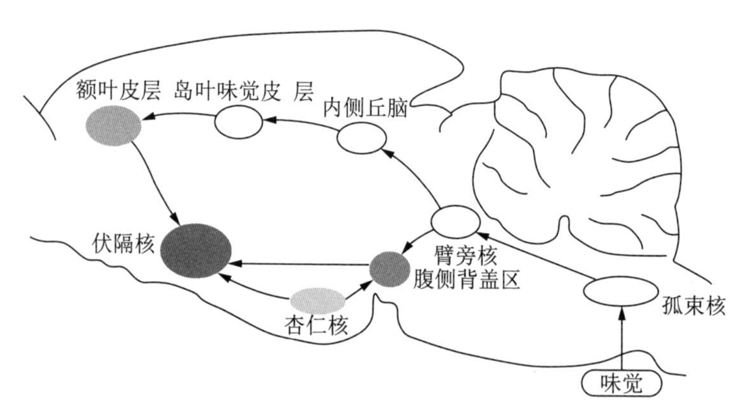

图 5.2　这张大鼠大脑图显示了对味觉信息处理和习得性味觉厌恶的形成来说尤为重要的大脑区域①

① 图片来源：Yamamoto，T.（2008）. Central mechanisms of roles of taste in reward and eating. *Acta Physiologica Hungarica*，*95*，165—186.已获得印刷许可。

外侧杏仁核)的受损,可能会让人类或动物无法形成习得性味觉厌恶,或无法将习得性联结保留下来。与进食行为相关的大脑回路十分复杂且涉及多条回路(图 5.2),尽管大脑的很多其他区域,如下丘脑核,也在其中起作用,但臂旁核、内侧丘脑、基底外侧杏仁核和味觉岛叶皮层对于习得性味觉厌恶的形成和保留尤为重要(Yamamoto, 2006; Yamamoto, Shimura, Sako, Yasoshima, & Sakai, 1994)。

第六章　影响我们一生的早期进食

阅读完本章，你将：

- 理解孕期母亲接触到的味道和营养状态对胎儿的影响。
- 了解婴幼儿早期进食环境对长大之后的饮食模式的影响和母乳喂养的优势。
- 能够分辨那些支持和反对婴儿可以调控自身能量和营养需求的理论。
- 了解影响儿童进食行为的外界因素（父母、媒体、食物分量等）。
- 能够为父母、养育者和政策决定者提供如何逐步培养儿童的健康饮食行为的建议。

在人类出生的头几年里，进食行为的发展经历了巨大的变化——从最初只会吮吸到需要被人喂食，再到最终可以自己独立进食。婴幼儿会品尝和体验很多新的味道和气味，形成对不同食物的喜恶。他们也逐渐弄明白哪些食物是被社会接受的，应该在什么时候吃和吃多少食物。在人生的最初几年中，他们逐步建立了一种进食模式，这种模式逐渐影响他们未来的进食行为。

随着世界范围内不同国家肥胖率的不断上升，我们必须认识到，早期饮食习惯对人类产生的重大影响，这样，父母、教育者和政策决定者就可以改进婴幼儿的进食环境，为他们未来一生的健康饮食做好准备。我们知道,婴儿天生就喜欢甜味,讨厌苦味和酸味,这种天性帮助我们从出生开始就会辨认并吃下那些含有更多卡路里的食物,避开可能有危险性的食物。这些简单原则让我们的祖先在缺乏食物的世界中幸运地存活下来,但现在的世界充满高热量的甜味食品,这些热量远远超过了人体实际的需求,对人们来说,肥胖变得越来越危险。在本章中,我们将探索在我们出生时或甚至在出生前所具有的生理特质与社会文化(父母、朋友、文化和媒体等)等早期因素对我们未来进食行为的影响。

人类进食的本体论:出生前的体验

孕妇吃下的食物、喝下的饮料和其他物质都影响体内胎儿大脑的发育,而且在关键时期,进入孕妇体内的物质产生的影响尤其重要。研究发现,母体营养不良可能与婴儿出生重量过轻、智力低下和身体协调能力下降等伴随终生的损伤有一定关联(Lechtig et al., 1975)。例如,我们知道,孕期喝酒可能会造成胎儿酒精综合征,这种疾病会导致婴儿出现异常面部特征、心智迟缓和身体协调能力低下等问题(Matson & Riley, 2006)。就像孕妇营养不良造成的影响一样,胎儿酒精综合征和其他与有毒子宫环境相关的发展性障碍都会对胎儿的神经发育造成永久性伤害。甚至包括孕妇体内钠平衡的紊乱,也会对婴儿造成一生的影响。有研究发现,早期体内缺钠(源于孕妇在孕期常见的呕吐或婴幼儿吃了太多低盐的食物)的孩子,成年后往往更喜欢含钠的食物(Crystal & Bernstein, 1995; Curtis, Krause, Wong, & Contreras, 2004)。早期体内缺钠会使婴幼儿体内的循环荷尔蒙醛固酮和血管紧张肽增多,这些荷尔蒙水平的上升会对正处于发育期的神经系统产生永久性或组织性改变。同样,体重过重或过轻的孕妇所生的孩子在未来有患肥胖症的危险,这很可能是因为,他们的大脑在发育期产生了组织性改变(Black et al., 2008; Cripps, Martin-Gronert, & Ozanne, 2005; Herring, Rose, Skouteris, & Oken, 2012)。这些改变被认为是一种表观遗传学(epigenetic)上的改变,也就是说,DNA序列(基因的架构)并未改变,但这些基因的表达产生了变化(有关此概念或与基因相关的概念的介绍详见附录2)。

你可能很熟悉那句劝说孕妇的谚语,"一人吃,两人补",但在孕期吃得太多真的好吗?几十年前,食物和营养的缺乏仍然威胁着处于发育阶段的胎儿的成长,所以有额外能量需求的孕妇被鼓励要尽可能多吃。而在当下食物充足的西方社会中,几十年前给予孕妇的建议已经不合适了。实际上,吃下超过自身所需的食物会让孕妇更可能患上妊娠性糖尿病、先兆子痫(孕期高血压)和其他影响怀孕与婴儿健康的生理疾病。那些在孕期一下子长胖太多的母亲,她们的孩子的体脂含量也会偏高(因此,瘦素水平也会较高)。比起那些母亲在孕期增加的体重值处于健康范围内的孩子,他们未来更可能成为肥胖人群的一员(Cripps et al., 2005; Herring et al., 2012)。

///趣味信息盒///

有什么证据?

1944—1945年的冬天,因为第二次世界大战期间出现的严重的食物配给问题,荷兰发生了一场饥荒,数据显示,在母体妊娠期经历了饥荒的人在未来的生活中更可能患肥胖症、糖尿病、心血管疾病和出现其他健康问题(Roseboom, Rooij, & Painter, 2006)。

饥荒发生的前后一段时间，对大多数人来说，当时食物是很充裕的。那些在大脑组织发育关键时期经历了能量和营养限制的人似乎有更强大的“饥饿—阻抗”反应，当他们后来进入一个充满食物而非食物匮乏的环境中，他们会变得更想吃东西，自身调节能量需求的能力也会下降，身体储存能量的效率变得更高，这些改变让他们更可能吃下过多的食物，最终导致肥胖。其他以人类或鼠类作为对象的相关研究也发现了类似结果(Levin, 2006)。

最近，有研究结果表明，妊娠期吃下较多垃圾食品（高热量、低营养的食物）的孕妇，她们的孩子也会比较喜欢吃垃圾食品，体重不健康的概率也会上升。不过，这些针对早期人类发展的研究很难区分母亲在妊娠期和出生后的饮食对孩子产生的影响。例如，如果母亲在妊娠期经常吃下大量垃圾食品，她们的孩子通常也生活在经常吃不健康食品的家庭中，对研究者来说，这就很难确定妊娠期饮食对这些孩子产生了什么样的影响。为了解决这个问题，巴约尔等人（Bayol, Farrington, & Stickland, 2007）利用实验鼠模型进行了研究，这个动物模型可以更好地控制实验中的变量，研究设计大纲见图 6.1。

除了标准鼠饲料之外，实验鼠被喂食的垃圾食品包括甜甜圈、曲奇、糖果块、薯片、奶酪和马芬蛋糕等。就如我们预期的，对比那些仅食用标准鼠饲料的母鼠，被喂食垃圾食品的怀孕母鼠摄入更多的能量，体重也有更大的增长。尽管它们摄入的糖分、脂肪和盐分都增加了，但摄入的蛋白质反而比控制组母鼠要少。因此，幼鼠的大脑发育不仅被过多摄入的能量所影响，而且被蛋白质缺乏所影响。此外，与控制组幼鼠相比，吃下大量垃圾食品的母鼠（母亲）的后代在断奶后显示出对垃圾食品的偏好。当然，所有断奶后的幼鼠都喜欢垃圾食品，但出生前和哺乳期通过母体接触垃圾食品的幼鼠，面对含有蛋白质和

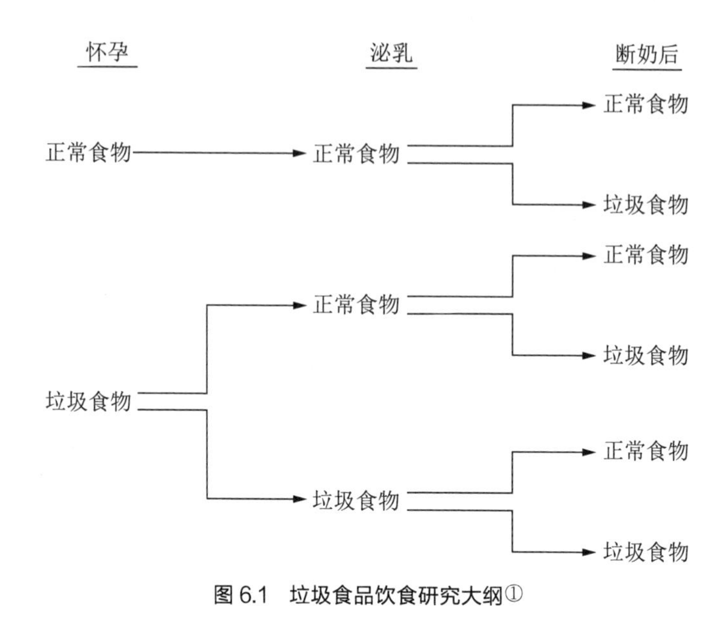

图 6.1　垃圾食品饮食研究大纲①

粗纤维的食物与含有高糖分和高脂肪的食物时，明显更喜欢后者；在孕期和哺乳期间未接触垃圾食品的幼鼠，在断奶后没有超量吃下标准鼠饲料。这样看来，早期接触美味的高能量食物似乎会造成更多对美味、高能量、高脂肪食物的味觉偏好，形成容易肥胖的体质。

///趣味信息盒///

婴儿能在母亲肚子里尝和闻吗？

雅格诺和比彻姆（Jagnow & Beauchamp，2001）在研究中让几组孕妇在孕期的前三个月连续三周喝下水或胡萝卜汁，在母乳喂

---

① 图片来源于巴约尔等人（Bayol et al.，2007）的研究，是根据其研究重建的大纲图。

养的前两个月同样如此。婴儿六个月大时就可以尝试吃一些婴儿食品了，如婴儿麦片，研究人员录下了婴儿首次尝试吃胡萝卜味麦片的样子。门内拉的研究小组（Mennella et al.，2001）发现，相比在两个阶段其母亲仅接触水的婴儿，那些无论是在出生前通过羊水或出生后通过母乳接触过胡萝卜汁味道的婴儿，都更能够接受胡萝卜味的麦片。这些发现表明，婴儿可以辨别羊水中食物的味道，这种早期的味觉接触会对婴儿出生后的食物偏好产生影响；早期通过母乳接触的食物味道也会增加婴儿对各类食物的喜爱，为其在未来接受生活环境中的食物做好准备。

要理解孕妇血液中荷尔蒙或营养物质的改变如何传递给胎儿其实相对容易，难的是完全弄清楚胎儿是如何接收到这些味觉和其他感觉刺激的。我们知道，胎儿可以听到声音，这就是为什么有些母亲会迫不及待地给肚子里的孩子读故事或听音乐；胎儿也可以接触到味道和气味，这似乎也对出生后的喜好产生了影响。大约在母亲怀孕三个月的时候，胎儿就显现吞咽行为，随后这种行为会变得更加频繁和有力，他们实际上吞咽的是子宫中的羊水。在孕早期（约四周），胎儿就已经发育出成熟的味觉细胞（Mistretta & Bradley，1975），但我们依旧不清楚，处理味觉信息以及通往脑皮层的味觉通道是在什么时候开始运作的。

门内拉等人（Menella，Johnson，& Beauchamp，1995）发现，羊水实际上含有食物的味道。他们让那些因某些原因需要做羊膜穿刺（检测羊水）的孕妇，在测试之前一小时吃下大蒜或无效对照剂，然后进行配对（形成五组大蒜和无大蒜样本），让“闻味小组”判断样本组中的哪几个样本含有大蒜。大部分人能够正确找出5组中含大蒜味的4组样本。在其他类似的研究中，“闻味小组”同样找出了含有茴香和咖喱味道的样本。这就意味着，这些孕妇体内的味道被传递到羊水中，此时胎儿的嗅觉或味觉受体就接受了潜在的刺激。这种早期的接触的确可能影响婴儿对不同口味的接受程度。

早期的进食：从吮吸到吃固体食物

婴儿对甜味有一种天生的喜爱：比起不带味道的奶嘴，婴儿会更有力地吮吸带甜味的奶嘴。对早产儿来说，尽管其总体吮吸反应都不够有力，但他们对甜味奶嘴的喜好比正常出生的婴儿更明显（Tatzer, Schubert, Timischl, & Simbruner, 1985）。这说明，婴儿对甜味的觉察和喜好是一种天生的倾向，在出生前就已经发育完全。婴儿还会对苦味和酸味表现出不愉快的反应，他们对这些具有潜在危险的味道怀有天生的厌恶（Birch, 1999）。这能够证明所有主要的味觉偏好和厌恶都是天生的吗？可能并非如此。当研究人员使用类似的奶嘴吮吸方式做实验时，婴儿对带咸味的奶嘴和装了纯水（无味）的奶嘴的反应并无差异。对咸味的偏好在大约出生后 4 个月才出现（Beauchamp, Cowart, Mennella, & Marsh, 1994; Beauchamp, Cowart, Mennella, & Moran, 1986）。看起来，婴儿的味觉经验似乎并没有起作用（毕竟，羊水很大程度上就是一种盐溶液），反而是中央味觉系统的成熟作用更大。尽管新生儿接触到的味觉世界同样丰富多彩，但他们感受到的味道还是与接触了同样味道的成人感觉到的有所不同。最近有研究表明，肠道神经系统中的化学感觉受体为婴儿提供了重要的感觉信息[更多有关肠脑信息传递的内容详见马耶尔（Mayer, 2011）的研究]。

新生儿能够区分自己母亲和其他女性乳房和腋窝气味的不同（可以通过测量婴儿寻找母亲喂奶的时间来确定）。可能就是通过妊娠期的接触，或通过出生后的迅速学习，新生儿学会了如何寻找到那些代表着食物和庇护的复杂嗅觉刺激。有证据表明，婴儿在出生几周后就可以在母乳中辨别出不同的味道（Beauchamp & Mennella，2009）。新奇的味道（如蒜味和香草味）能够引发更有力的吮吸，这说明新的味道被婴儿辨别出来。当然，成人也能够从母乳中辨别出蒜味和香草味（Savage，Fisher，& Birch，2007）。

为了研究早期味觉和嗅觉能力，一些研究者想要了解婴儿能否在母乳中辨别出酒精的味道。在一项研究中，一些母亲在正常日喝下橙汁，在实验日则喝下被掺入少量酒精的橙汁（Mennella，2001）。在喝下这些饮料 3—4 个小时之后，这些母亲给自己的孩子喂奶。比起喝下正常橙汁的正常日，婴儿在母亲喝下掺入酒精的橙汁的实验日，喝母乳的量明显减少。这表明婴儿不仅能够辨别酒精的味道，而且不喜欢这个味道（酒精带有苦味）。当然，有一点需要注意，这个研究并没有完全证明是母乳中酒精的味道导致了婴儿喝奶量的降低，婴儿喝奶量的下降也有可能是因为母亲的呼吸或腋下气味被酒精影响，或者母亲的产奶量因摄入酒精而下降。

母乳喂养和奶粉喂养哪个更有益?

“天然”奶和“人工”奶哪个对婴儿更有益，这个问题在新生儿专家和父母中引发大量争论，我们猜测，在这场争论中人们辩论的东西已经远远超越婴儿和喂奶这件事本身，这些不同观点的背后实际上隐藏着人们复杂的信仰系统！母乳具有免疫功能，可以帮助婴儿在早期不患上一些疾病，也可能与未来的肥胖和其他健康问题风险的降低有关（Field，2005；Gartner et al.，2005；Kramer & Kakuma，2012）；此外，母乳喂养有利于母子间情感联结的建立。美国儿科学会目前建议，“在婴儿半岁内纯母乳喂养，6—12个月大时母乳可作为辅助饮食，1岁之后则随母婴双方的意愿决定”(Gartner et al., 2005, p.499)。根据美国疾控与防疫中心2009年的数据，在美国，仅有不超过14%的婴儿在半岁内是纯母乳喂养。尽管母乳喂养对婴儿和母亲来说更有利，但一些父母仍然会因为各种原因，如便捷性、健康问题、因经济或心理需要回归工作、奶量不够、母亲服用可能影响婴儿的药物等，决定用奶粉喂养孩子。重要的是，不管是母乳喂养还是奶粉喂养，婴儿都能够健康地成长并适应社会。所以，无论父母决定选择哪种喂养方式，最终都会回归到个人偏好问题上。接下来，让我们总结一下关于母乳喂养和奶粉喂养的研究结果。

奶粉的味道不会改变，而接受母乳喂养的婴儿会接触到母亲吃下的各类味道，他们的化学感知接受的刺激比奶粉喂养的婴儿更多样。有证据表明，母乳喂养可以帮助婴儿更好地接受并喜欢新的食物和新的味道(Forestell & Mennella, 2007; Hausner, Nicklaus, Issanchou, Mølgaard, & Møller, 2009; Sullivan & Birch, 1994)。就像本章前面提到的，门内拉等人(Mennella et al., 2001)发现，采用母乳喂养的母亲喝下胡萝卜汁(她们的婴儿也通过母乳接触到这种味道)，她们的孩子会增加对胡萝卜味婴儿麦片的接受度和享受度。这就很好地展示了纯粹接触效应的影响，即当接触食物的次数增加，婴儿对食物或味道的偏好也随之提升。比起奶粉喂养的婴儿，母乳喂养的婴儿有机会接触更多种类的味道，从而发展出对更多食物的偏好(其恐新性，即“害怕新的味道”降低)，童年时也可能吃下更多的水果和蔬菜。

母乳喂养通常是按需提供的，即只要婴儿哭闹，母亲就会喂奶，婴儿想喝多久就喂多久，也就是他们想喝多少就喝多少，这种方式让婴儿可以控制自己进食的量与两餐间的时间间隔。到2个月大时，这些按需喂养的婴儿每一餐的奶量(可以称一下婴儿每一次喝奶前后的重量，通过重量的增加来衡量）都与上次喝奶后的进食间隔长短相关。尽管这个月份的婴儿通常不会整夜都睡觉，但他们一天中最长的一次睡眠可能长达 6 小时，在经历了一天中最长的进食间隔后，婴儿醒来第一次喝奶的量是最大的（Mattheny，Birch，& Picciano，1990）。与此相反，当这些婴儿长到 6 个月大，他们的食量就已经与喝奶后的时间间隔无关了，我们可以从晚间的喂食量最大（这些婴儿通常现在已经可以睡一整夜了）的现象中得出这一结论。很明显，这些婴儿已经明白，睡眠即将到来，这段时间是禁食期（但可能还需要一两年，才能用语言告诉我们）。

采用奶粉喂养的婴儿一般不会按需喂养，父母通常会喂婴儿"一瓶奶"（即固定的最大奶量）。当他们开始哭闹时，父母可能不会立即喂奶，通常会在相对固定的时间给婴儿喂奶，并可能尝试延迟喂奶的时间。因此，婴儿的进食（时间和量）或多或少要接受父母或养育者的控制。研究发现，在这种情况下，喂奶的时间间隔与实际进食量没有什么关联，婴儿不能完全学会或了解自然或正常进食量与进食时间间隔之间的关系。

///趣味信息盒///

接触是否会影响进食？

沙利文和伯奇（Sullivan & Birch，1994）研究了 4—6 个月大的婴儿与固体食物的第一次接触。这项研究是一个驻家实验，婴儿的母亲在 10 个不同时间点（如每天每餐一次）给她们的宝宝喂新口味的果泥。婴儿每次的进食都会被测量和录像。在整个实验期间，婴儿吃下的果泥从 30 克增加到 60 克（原来的两倍），体现了纯粹接触效应和恐新性的下降。有趣的是，这种随接触而增加的喜好在母乳喂养的婴儿身上更明显。沙利文和伯奇推测，母乳喂养的婴儿通过母乳体验过大量食物的味道，这增强了他们对新食物的接受性，就像之前讨论所说，这也帮助他们更好地做好准备，去喜欢健康的食物如水果和蔬菜。

对于奶粉喂养的婴儿，他们的整个吃奶过程更被动，花费的力气更少（吮吸母乳更费力），这很容易导致婴儿喝下太多的牛奶。这种情况似乎干扰了他们自我调节热量摄入的能力，让他们更容易肥胖。

一些研究结果表明，母乳喂养总体上与未来超重可能性的降低、较低的血脂和血压，以及患Ⅱ型糖尿病可能性的降低都存在一定的相关（Arenz, Rückerl, Koletzko, & Von Kries, 2004; Owen et al., 2005; Plagemann & Harder, 2005）。母乳喂养期的延长（如母乳喂养 9 个月和母乳喂养 1 个月）和未来超重风险降低相关（Gillman et al., 2001; Harder, Bergmann, Kallischnigg, & Plagemann, 2005）。母乳喂养可以预防与体重相关的问题，这种防御机制可能与喝母乳促进婴儿对能量摄入的早期自我调节功能的发育有关，而这种功能在未来会持续发挥作用。当然，更可能是因为，这些机制与母乳中的营养成分（荷尔蒙、肽等）有关联，奶粉不具有这些成分。孕妇体内循环系统中的瘦素（一种和满足感相关的荷尔蒙）水平就与母乳中的瘦素水平相关；有证据表明，这种通过母乳对瘦素的早期接触有助于婴儿体内能量和体重的调节（Miralles, Sanchez, Palou, & Pico, 2006）。此外，比起母乳喂养的婴儿，奶粉喂养的婴儿摄入更多的蛋白质，体重增长得更迅速，这可能让他们的身体形成一种程序，让他们在未来更易患上与体重相关的疾病（Cripps et al., 2005; Singhal & Lanigan, 2007）。

固体食物的过渡

通常在婴儿4—6个月时，固体食物就会被补充到母乳或奶粉中，因为这个时间段的婴儿已经发展出吞咽食物的协调能力。婴儿麦片和母乳或奶粉混合在一起，通常就是婴儿第一次吃到的“固体”食物（在早期，这种食物可能并不算是固体，而更像湿软的糊状物）。婴儿渐渐长大之后，果泥、水果和蔬菜就会加入食物中。大多数婴儿对甜味（或高能量密度）的水果和蔬菜有天生的喜好，如香蕉果泥、红薯泥、苹果酱和桃子酱等，而对苦味的食物如绿豆泥或菠菜泥有天生的厌恶。但多次接触原本不喜欢的食物，可以有效提高对这些食物的接受度和喜爱度。到7—9个月大时，婴儿就可以开始用手抓食物吃了，这种进食方式需要婴儿有较好的协调抓握动作的能力。

随着婴儿成长，饮食中固体食物的比例会逐渐增大，通常到1岁或2岁时，儿童的饮食就不再包含母乳了。

在相对较短的时间内（从大约6个月到1岁），婴儿就学会如何接受勺子将食物送至口中，安全地吞咽下去（在前几个月，婴儿会反射性地吐出食物，这让他们弄得身上全是食物），接下来要学会如何拿起食物，咀嚼后吞咽下去，最终学会使用勺子吃饭。这些重要的发展性里程碑的达成，取决于婴儿身体的能力和准备状态、认知处理能力，以及父母或养育者的指导。也就是在这段时期，他们逐渐开始了解有关进食行为的文化规则和家庭标准，包括什么时候用餐，早中晚餐应该吃什么，每餐吃多少和能吃多少零食，进餐礼仪、餐具的正确使用方法，等等。对1岁的孩子来说，他们肯定无法完全理解或掌握这些内容，但这段时期的经历为他们掌握特定文化中正确的进食行为打下较好的基础。我们可以说，父母在儿童早期的成长过程中有至关重要的作用。

婴幼儿可以调节自身对食物的需求?

父母和养育者的重大职责之一就是,确保婴幼儿在饮食中获取了适当的营养(热量和各类营养素),并能健康地成长和生活。有时候,这是一个艰难的任务,因为婴儿和年幼的孩子通常无法表达自己特殊的渴望或需求。例如,一个哭泣的婴儿可能需要更多的果汁或麦片;他可能累了、病了或受伤了;还有可能是,他需要一个自己够不到的特别玩具。父母通常能很好地猜出孩子想要什么,但很明显,他们不能保证每一次都猜对。

在我们当代文化中,类似错误常常导致过度喂食或在儿童哭泣时给他们吃一些高热量和高脂肪的慰藉食物。这些满足需求或安慰孩子的做法会让他们在幼年时期建立一种与食物的情感联结,渐渐长大后,他们选择吃东西就更可能继续出于情感需求,而非饥饿本身。在下面的内容中,我们会探讨那些可以证明婴儿和儿童具有一定的调节自身食物(能量)需求能力的证据,但我们也发现,当婴儿长大并开始留意环境中的食物线索时,这种自我调节能力就逐步下降。

婴幼儿具备的自我调节摄入能量的能力

有关婴儿和幼童是否天生就有能力调节自身的热量和营养需求的辩论由来已久。在20世纪初,儿科专家认为,应该给婴儿喂养特殊且经过严格控制的膳食。他们觉得,如果没有父母的监督,儿童自助选择的饮食中的主要和微量营养素的比例就可能不太健康。因此,他们建议父母使用一种比较专制的方式控制孩子的饮食,这就导致父母常常这么对孩子说话:"听我的,把你的饭吃完!"戴维斯(Davis, 1939)

所主导的一项里程碑式研究就是为了挑战这个观点,她在机构内对 15 个刚断奶的婴儿进行了长达几年的研究。开始,对婴儿来说所有的固体食物都是新奇的。在这个机构中,食物会在固定的时间放到婴儿面前,但婴儿可以自己选择吃什么(每一餐都有 10—12 种选择)和吃多少。戴维斯记录下这些婴儿在若干年中的食物选择和每餐的食量,其中对两个儿童的纪录长达 4.5 年。

此研究有一个重要发现:儿童在一餐中仅选择几种食物,通常是 2—3 种;儿童还会陷入戴维斯所说的"食物狂欢"(food jag)中,他们会连续几天都只吃一两种食物,不过,过了一段时间后,这些偏好就会改变。总体来说,儿童最终选择的食物的总热量中,有 17%来自蛋白质,有 35%来自脂肪,有 48%来自碳水化合物,这对儿童来说是一个比较健康的比例。尽管在进食习惯上存在较大的个体差异,但所有儿童都能顺利并健康地长大。戴维斯认为,她的数据支持了"天生自选机制"(innate self-selection mechanism)理论,这和当时儿科专家倡导的主要观点完全相反。戴维斯推崇让儿童自己选择吃什么和吃多少。在她的研究发表之后,儿科医生和父母重新开始了解儿童有天生调节自己身体所需能量的能力,渐渐放松对儿童饮食的控制。

你是否对戴维斯的发现感到震惊?让我们再仔细探讨戴维斯的研究的一些细节。戴维斯为婴儿和儿童提供的可选食物包括甜菜、菠菜、水果、燕麦、土豆、牛奶、鱼和肉(动物的内脏、牛肉和羊肉)。你认为这个菜单中的哪个选项听起来吸引人?你认为一个典型的美国 4 岁儿童会很兴奋地选择吃那些由肝脏和甜菜组成的晚餐吗?应该不会!所以,如果戴维斯用现代儿童的经典食物做研究,研究结果还会一致吗?请想象一下,天天都给孩子无限制地提供鸡块、薯条、曲奇、比萨、冰激凌和糖果,情况会怎么样?很可能,这些孩子会吃下超过自身能量需求的食物,无法维持合适的维生素和矿物质水平。不幸的是，这种情况现在已经成为现实。如今，我们很容易就可以吃到很美味的食物，在这种情况下，我们没法很好地控制吃下的热量。如果我们仅有的选择就是戴维斯研究中的食物，也许我们会有能力更好地维持健康的体重。所以，尽管在当时戴维斯的研究结果是一个具有突破性的发现，但我们与生俱来的调节能量需求的能力似乎仅能在一个食物不太好吃且热量和脂肪含量较低的环境中工作，而现代社会充溢着好吃且高热量、高脂肪的食物，这种调节能力就不那么管用了。

有关热量调节的实验研究

一些研究表明，婴幼儿（约 2 个月到 3 岁）对热量调节有内在的控制力，这种能力在大一点的儿童身上反而退步了。如福蒙等人（Fomon，Filmer，Thomas，Anderson，& Nelson，1975）发现，6 周大的婴儿在喝高浓度（约 10 千卡/毫升）的奶与低浓度（约 5 千卡/毫升）的奶时，会喝下更多经过稀释的低浓度奶。随着时间的推移，他们却无法再做到这种完美的热量补偿了——他们喝低浓度奶的量再也不是高浓度奶的两倍了。也许你还记得之前阅读本章时提及的奶粉喂养（或奶瓶喂养）的内容：奶粉喂养是一种将食量和时间经外界强加在婴儿身上的喂养方法，这些婴儿虽然幼小，但他们已经有了太多奶瓶喂养的经历，其身体可能学会了什么是食物的分量和平均热量产出，他们调节摄入热量的能力也会因之前的经验而受损或受限。其他研究也发现，母乳喂养的婴儿在开始添加固体食物时，吃下的食物的总体热量维持不变，这就意味着婴儿能够通过减少喝母乳来补偿因新加入食物而多摄入的热量（Savage et al.，2007）。

有证据表明，学龄前儿童至少有短期（在一餐中）的热量补偿能力。在过去的 20 年中，伯奇及其同事（Birch & Fisher，2000；Johnson & Birch，1994）在好几个研究中都使用了一种实验程序，即给被试吃一种掩饰了热量的头菜，作为正式进食前的前菜，30 分钟后，被试可以自己选择第二道主菜，如正式的午餐。伯奇发现，当前菜的热量较低时，被试选择的第二道主菜会含有更高的热量。这种特别的研究设计证明儿童拥有短期的热量调整能力。这些研究还有一个挺有意思但并不出人意料的发现——超重儿童有较差的热量调节能力。为了量化这种调节能力，使其更精确，伯奇的研究小组研发了一种名为“补偿指数”（compeansation index）的指标，这个指数就是将第二道主菜热量摄入之差除以前菜热量摄入之差。如果补偿指数为 +1，就意味着完美的补偿效果；指数为 0，就意味着前菜的热量摄入对主菜的热量摄入没有任何影响（即无补偿）。补偿指数被伯奇与很多其他研究者用来量化儿童进食过程中能量补偿机制的运行。

///讨论话题///

想一想戴维斯的研究发现和西方国家中超重儿童人数的不断增长，你认为父母应该如何监管儿童对食物的选择？在读完本章后，再回过来思考一下这个问题，你可能会产生一些新的想法，也许你会修正自己最初的回答。

热量补偿能不能在较长的时间段管用？伯奇等人（Brich，Johnson，Andresen，Peters，& Schulte，1991）记录和测量了儿童（2—5 岁）在为期 6 天的实验中每天（24 小时）的饮食。这些儿童每天可选择的菜单完全相同。就像戴维斯一样，伯奇发现，每个儿童每餐吃下的食物的热量都十分不同，但与此相比，他们在 24 小时内吃下的食物的总热量相对恒定。这个发现意味着，儿童实际上拥有在较长时间内调节热量的能力，这让他们可以在餐与餐之间调整热量的摄入。但就像戴维斯的研究一样，在这个研究中，儿童可以选择的食品种类都是富含营养的食物（如火鸡三明治、水果和酸奶），而不是现代社会在很多餐馆和家庭中常见的高热量、低营养的食物。

///趣味信息盒///

儿童能识别热量吗?

伯奇等人（Birch, Mcfee, Steinberg, & Sullivan, 1990）在研究中发现，儿童有一种偏爱高热量食物的习得性口味偏好。在实验中使用的饮料都拥有新的口味，但有高热量（155 千卡/150 毫升）和低热量（小于 5 千卡/毫升）之分。为了降低饮料的热量，实验中使用了一种低卡路里甜味剂。当儿童喝下这些饮料后，他们被告知可以随意吃他们想吃的零食，包括牛奶、芝士、水果和曲奇。这个实验实际上取代了这些儿童原本就需要吃的常规性早餐，因此并没有干扰他们的正常用餐或进食规律。在研究的最后，儿童都增加了对两种新口味的喜爱，即纯粹接触效应在这里起了作用，但他们对高热量饮料产生了更大的偏好，当被告知可以在两者中选一种时，他们对高热量饮料的评分更高，更愿意喝这种饮料。参与实验的儿童在喝下高热量饮料后减少了吃其他零食的量，这也体现了儿童的确拥有习得性能量调节能力。

为了直接控制这个因素的干扰，在随后的一项研究中，研究人员依旧让儿童们参与一个为期数天的实验。在特定的日子里，食物中约

14克的膳食脂肪(约含130千卡热量,超过总体平均热量摄入的10%)被零热量的脂肪替代品("假脂肪"——以化学方式将脂肪分子改造为无法被内脏分解和吸收的分子)所取代。如在低脂日,马芬蛋糕由假脂肪制作而成;在高脂日,马芬蛋糕由黄油制作而成,但除此之外,马芬蛋糕和其他控制组的食物在外观和味道上几乎没有差别。研究结果再次显示了儿童每餐之间的较大差异;无论是低脂日还是高脂日,儿童的每日总体热量摄入都维持不变(Brich, Johnson, Jones, & Peters, 1993)。这就表明,儿童能够通过吃下更多其他食物来补偿低脂日少摄入的热量,他们甚至根本没有意识到脂肪含量的变化。这意味着什么?这个研究不仅证明了儿童的热量调节能力,也帮助解释了为什么很多节食者用低脂食物代替正常零食这一方法不那么管用。很可能节食者通过吃下更多其他食物来补偿饮食中减少的热量和脂肪。

在一顿大餐之后,儿童倾向于通过在第二餐少吃一点来调节热量的摄入,但他们在吃下一餐时并不会每种食物都少吃一点,而是多吃自己喜欢的食物,少吃不喜欢的食物,但儿童不喜欢的食物通常就是更有营养的食物(Birch et al., 1993)。当然,不同的孩子喜欢的食物也有所不同。费希尔和伯奇(Fisher & Birch, 1995)发现,当允许儿童自己选择食物时(6天期间),他们摄入的总热量中脂肪所占比例十分不同(脂肪占总热量的约25%—41%)。他们可以选择的食物是相同的,一些儿童会一直选择脂肪含量较高的食物,一些儿童则会一直选择脂肪含量较低的食物。我们毫不意外那些最喜欢高脂食物的儿童有最高的身体质量指数,同时也有最胖的父母(Fisher & Birch, 1995; Johnson & Birch, 1994)。尽管研究结果没有区分基因和环境对儿童的影响,但展示了在儿童进食量和进食选择的建立过程中家庭因素的重要性。

///讨论话题///

什么类型的研究可以让你将基因的影响和环境对进食行为和体重的影响区分开来?

外在干扰：影响儿童自身能量调节功能的因素

将有关热量和营养调节的研究结合在一起，从20世纪30年代戴维斯的研究到近几十年来涌现出来的研究，都证明婴幼儿有能力在一餐内或几餐间调节自身能量需求。这种能力并非完美无缺，而且会随着年龄的增长而减弱。稍微长大一些后，儿童调节能量需求的能力就会被外界因素干扰，包括食物的吸引力和美味程度、同伴的进食行为、媒体、父母的行为和态度等。因此，随着年龄的增长，儿童反而更可能去回应外界线索，而非听从内在的生理线索。

父母的教养风格、态度和体重

父母对孩子进食行为的教养风格和教育方式会影响孩子对食物的选择和调节热量与脂肪的能力。那些控制性强、设置严厉规则和期待孩子服从的父母是专制型父母，他们的孩子调节热量需求的能力较弱(Johnson & Birch，1994)。父母越专制，孩子的调节能力就越差。相比溺爱型父母和民主型父母，专制型父母会命令孩子吃特定的食物，同时禁止孩子吃其他食物，不会考虑孩子自身的需求和偏好。

溺爱型父母的教育方式则比较缺乏管理或控制，倾向于让孩子想吃什么就吃什么。在这种情况下，孩子就必须作出自己的选择，这通常会导致他们选择最美味、最容易获得的食物（因为孩子只能吃到家里或学校里有的食物）。

民主型父母愉快地处于专制型和溺爱型父母的中间。他们会提供行为规则和要求，但同时会解释原因，并在有理由的情况下给予一定的弹性空间。对于孩子的进食行为，其教育方式包括鼓励健康的进食行为并解释健康生活方式的益处，但不会强迫孩子吃他们不喜欢的食物。与之相反，民主型父母更可能为自己的孩子提供很多健康的食物，使其有多项选择。对比专制型父母的孩子，民主型父母的孩子更喜欢吃健康食物（水果和蔬菜），较少吃垃圾食品（Patrick，Nicklas，Hughs，& Morales，2005）。

专制型父母通常会限制或禁止孩子吃某些食物，但他们的孩子反而更可能会在不饿的时候过度进食，BMI 值也较高，同时更可能在青春期出现形体问题与患上进食障碍，这种影响在母亲很严厉的女孩身上最为明显（Birch，Fisher，& Davison，2003；Johnson & Birch，1994）。当食物贴上了“禁食”的标签，再次能吃到这些食物时（如在朋友的家里），儿童控制自己吃这些食物的能力就会下降。研究者也发现，当食物被当作奖励或贿赂（“如果你清理自己的房间，就可以吃一块饼干”），儿童会变得更喜欢这些食物。有趣的是，如果让孩子吃讨厌的食物，并将他们喜欢的食物作为吃光东西的奖励，他们会变得更喜欢自己原本就偏爱的食物，同时更厌恶自己原本就讨厌的食物（Birch，Birch，Marlin，& Kramer，1982；Savage et al.，2007）。从本质上来说，这些做法（限制、禁止孩子吃某种食物，或将食物作为一种奖励）都会让孩子关注食物的外界线索，降低对内在的饥饿感和满足感的反应。

比起专制型家庭，民主型家庭会给孩子提供更多的水果、蔬菜和奶类食物，很少给孩子垃圾食品，他们的孩子因而更经常接触并吃下更健康的食物。民主型父母也更可能让孩子形成一种吃健康食物的行为模式。这样看来,除了家庭教育模式以外,民主型家庭的孩子同样受纯粹接触效应和强化行为模式的影响,这些会进一步增强他们对健康食物的喜爱。研究者发现,如果父母在家里吃更多水果和蔬菜、喝更多牛奶,他们的孩子就更可能吃更多同样的食物,甚至当父母不在家的时候,也会如此(Savage et al., 2007)。

///讨论话题///

研究表明,比起溺爱型或专制型家庭的孩子,民主型家庭的孩子不仅有更健康的饮食习惯,也有更高的自尊心与未来成就。你觉得为什么不能做到让所有的父母都采取民主型教育方式呢?

父母与孩子的食物选择和BMI值之间也有一定关联(Johnson & Birch, 1994)。吃较多垃圾食品的父母会有更高的BMI值,他们的孩子同样如此。很难控制自己的进食行为的父母,他们的孩子也会很难控制自己对能量的需求。这种父母对孩子的影响在女孩身上更突出,对肥胖的女孩来说,这种影响尤其明显。你觉得是什么因素导致了这些影响?因为父母和子女之间共同的基因吗?的确,基因会让不同人更容易在身体的不同特定部位储存脂肪,也会让不同人有不同的能量代谢率,但你认为基因是唯一的解释吗?想想当下肥胖率的迅速攀升吧,事实并没有这么简单。父母和儿童在家里会吃很多相同的食物,但能在家里一起吃健康的水果和蔬菜的家庭并不常见。

虽然所有的社会经济阶层中都存在患肥胖症的人群,但不可否认,肥胖还是更多出现在那些处于贫困状态或社会经济阶层较低者中。有趣且十分矛盾的是,这个阶层中的人同时有最高的饥饿率和最高的肥胖率。这是怎么回事？社会经济阶层较低的家庭通常较难获得新鲜的水果和蔬菜，却很容易买到垃圾食品，而垃圾食品通常会有较高的热量和脂肪含量，营养价值却很低。西方社会中一些社会经济阶层较低的人聚集的社区，被认为处于“食物沙漠”中，因为这些社区很难获得营养价值高的食物，很难接触到健康的食物。社区中的人既难以获取这些食物，也没有途径模仿健康的进食模式，这增加了他们的孩子在未来建立不健康的饮食习惯和产生体重问题的风险。

社会影响：同伴及食物教育

随着年龄的增长，儿童会逐渐更容易受同伴行为的影响，对进食行为来说也不例外。面对一种新食物时，如果成人或同伴开始吃这种食物，儿童开始尝试这种食物的概率就会上升。有研究结果显示，当儿童观察到同伴有不同的食物偏好，他们也会开始改变自己的食物偏好（Addessi，Galloway，Visalberghi，& Birch，2005）。例如，伯奇（Birch，1980）发现，如果身边的其他儿童选择吃某种水果，学龄前儿童也会快速选择吃这种水果，尽管此时身边也有他们平常更喜欢的水果。

食物教育对儿童的影响与年龄相关。在一项研究中，研究人员展示了不同口味的糖豆，任由学龄前儿童（3—6岁）选择，其中包括儿童熟悉的口味与一些新奇的口味（如葡萄、猕猴桃、西瓜、咖啡和胡椒口味）。在选择前孩子们会被告知特定口味的正向联结性信息，如“葡萄口味是维尼熊最喜欢的口味”，其他口味则没有提供任何信息。研究发现，接触正向信息似乎影响了孩子们对口味的评分，但这些信息仅对超过四岁半的孩子起作用（Lumeng & Cardinal，2007）。这一证据进一步支持了那些认为儿童随着年龄增长会更多受外界食物线索影响的理论，大脑和记忆（如海马回和前额叶）相关脑区的成熟似乎可以解释年龄差异在儿童食物教育中的影响。

食物所含热量和分量

之前我们频频提到，当下西方社会的食物环境具有致胖性，即在西方社会人们很容易获得具有高能量密度（高热量）、十分美味且被高频（或者说强策略性）营销的食物。此外，食物的分量正在不断增加，这也导致人们摄入的热量不断上涨。

当食物分量增大，儿童和成人都会吃下更多食物，但他们通常并不会随后少吃一些其他食物，以弥补此次的过度进食（Fisher，Rolls，& Birch，2003；Fisher，Liu，Birch，& Rolls，2007）。菜或零食的分量加倍后，人们在24小时内的能量摄入会明显提高。费希尔及其同事（Fisher et al.，2007）发现，食物的分量和能量密度有叠加效应：这两者单独起作用时就已经提高了人们的总能量摄入，当它们结合起来，它们对能量摄入的影响变得更明显！尽管这个信息并不那么令人震惊，但记得这类实证证据非常重要，因为很多情况下我们接触的食物，尤其是在餐馆吃到的食物，通常都有较大的分量和较高的能量密度。

人们的总热量摄入也与进食频率相关（Garcia et al.，1990a；1990b）。在一项研究中，研究者要求儿童每天定时进食两次，但他们可以另外要求得到其他食物或零食。研究中的儿童经常向研究者要食物，每天的平均进食次数为13.5次。吃了更多零食的孩子每天都摄入更多的热量，这就是说，孩子们吃下的零食并没有减少他们吃正餐时摄入的热量。（所以，不要再相信妈妈说的，“吃太多零食会让孩子吃不下饭”！）与伯奇的研究相比，这个研究证明儿童自身的热量补偿能力很差劲。这些研究结果也显示了进食次数的增加会导致进食量的增加。以上这些信息，再结合费希尔等人（Fisher et al., 2007）的研究结果，都反复提醒我们，现代食物环境对儿童来说存在很多问题。当年幼的孩子开始建立饮食模式，他们就已经暴露在一个频繁供应大分量、高能量密度食物的环境中。

媒体的宣传导向

食品产业市场营销人员的工作，在很大程度上就建立在经典条件反射这一核心理论上。对于广告，最重要的目的就是要创建特定品牌的食物、商店或餐馆与消费者之间的正性联结。据估计，在美国大约有超过 7 亿美元被花在食品的广告宣传上（针对儿童的食品营销的具体文献详见：Story & French, 2004）。在营销广告中，经常出现快乐的孩子唱着歌，吃着特定的食物，这类广告会在儿童和父母的心中形成吃这种食物和积极体验之间的正性联结。麦当劳的儿童餐叫“欢乐儿童餐”，麦当劳的小丑们会在孩子的生日派对上出现，在麦当劳店里通常也会有室内玩乐区，这些都是麦当劳（和其他食品公司）使用的强效营销工具，这些工具可以将“吃麦当劳食物”和“让人更快乐”逐渐灌输给消费者，这种正性联结有时甚至可以维持一生。

罗宾逊等人（Robinson, Borzekowski, Matheson, & Kraemer, 2007）对此进行了更深入的研究。在他们的研究中，学龄前儿童被要求去尝一些类似的食物（包括麦当劳的汉堡、鸡块和薯条，还有超市里的胡萝卜、牛奶和苹果汁等）。儿童试吃了每种食物的两个相似样本，一种有麦当劳的包装，另一种则用无标识的包装纸包装起来。麦当劳以压倒性优势赢得孩子们的欢心，就算是平常不在麦当劳售卖的胡萝卜，裹上麦当劳的包装后也更受孩子们的欢迎。有一点需要澄清，我们没有诋毁任何一个品牌或任何一种食物的意图，因为实际上所有食品公司都或多或少有类似的营销行为。

最近有研究也发现，4—6 岁的孩子更喜欢有流行卡通形象的零食(史酷比、爱探险的朵拉或史瑞克等)。孩子们通常会更多地选择吃那些有卡通形象的零食，就算那些没有包装的食物和有包装的食物完全相同，孩子们还是会觉得，有卡通形象的食物味道更好(Roberto, Baik, Harris, & Brownell, 2010)。

还有一些研究发现，在看过与食品相关的电视广告后，人们会吃更多的食物，尤其是甜味零食(Halford, Gillespie, Brown, Pontin, & Dovey, 2004)。很多营养成分低且能量密度高的零食(糖果、水果卷、饼干和糖果麦片)都会选择流行卡通角色作为代言人，实施针对儿童的市场营销，想要提高儿童对健康食品的偏好因而变得愈发困难。有一群研究者(Radnits et al., 2009)对 5 岁以下儿童的电视节目中出现的食物的营养成分进行了详细的分析，他们发现，不健康食品出现的频率几乎是健康食品的两倍，这些电视节目中的角色都会经常吃很多甚至过多的不健康食物。

///讨论话题///

如果儿童更喜欢吃外包装上有流行卡通形象的零食，你不觉得这种营销方式也可以用来鼓励儿童吃更多健康的水果和蔬菜吗？你认为这种方式为什么不经常用呢？(提示：考虑一下花费。)你可以思考这个例子：2007 年，美国卫生与人类服务部(Department of Health and Human Services, HHS)和美国广告协会与梦工厂协作开发了一个由史瑞克系列电影角色主演的健康饮食广告宣传片。

在接下来的几个月里，儿童权益倡议团体的成员开始强烈抗议这些公益广告，一些成员甚至撰文反对。在公益广告中，史瑞克系列电影中的卡通角色鼓励儿童“起床来玩”。而且，广告协会同时也与营利性食品公司，包括卡夫食品、通用迈尔斯、凯洛格食品、可口可乐食品和百事食品等公司开展合作。因此，在抵制儿童肥胖的公益广告开始播放后不久，同样的史瑞克系列电影的卡通角色出现在超过70种食品的包装上，而这些食品大部分都是经过深加工的，高糖、低营养且大部分加入绿色染色剂的食品。这类与政府的“健康生活”宣传活动融合在一起的食品包括士力架、糖霜馅饼、巧克力曲奇、M&M糖果、冰冻华夫饼和煎饼、松饼和几种含糖麦片等。

比起正常体重的儿童，超重儿童更容易受到外界食物线索和市场营销的影响。福曼等人（Forman, Halford, Summe, Macdougall, & Keller, 2009）在研究中发现，当提供有品牌的食物时，正常体重的儿童摄入的热量降低了，但超重儿童摄入了明显更多的热量。可以这样说，超重儿童更可能识别出被广泛推广的食物，也会吃下更多与营销品牌相关的食物。哈尔福德等人（Halford et al., 2004）也发现，肥胖儿童比正常体重的儿童更能识别食品广告；吃零食的量与儿童对相关广告的熟悉度有关。在这个媒体无处不在的环境中，这种联结式学习可能让超重儿童更容易患肥胖症和出现其他健康问题。

如何培养孩子的健康饮食习惯？

儿童在出生前与出生早期，就会接触很多食物，拥有很多味觉体验，这些让他们可以更好地做好准备，更快地接受所属文化中会出现的各类食物。在人生的早期阶段，接触较多的健康食物可以增强儿童对这些食物的接受度，减少儿童挑食或只吃那些精加工、高脂肪、高热量、低营养的食物（如经常在餐馆菜单中出现的给孩子的食物，炸鸡块和热狗之类的东西）的可能性。如果孩子在出生前（通过羊水）和出生后早期（通过母乳）接触到的是水果和蔬菜的味道，而不是垃圾食品的味道，他们就能够有更好的开局，以更优的先天条件应对当今的食物环境。婴儿开始吃固体食物时，父母要有耐心，坚持给孩子提供富含营养的食物，因为孩子对新食物的接受和喜爱（特别是苦味食物）可能需要很多次接触才能达成。在一个针对儿童进食行为的研究中，刚开始学走路的儿童最经常吃的就是薯条（Fox，Pac，Devaney，& Jankowski，2004）。很明显，这个研究中的父母和养育者极少关注儿童接触不同健康食物的需求。

儿童渐渐长大后，父母和养育者应该鼓励他们更依赖自己内在的饥饿感和满足感，降低对外在食物线索的关注，不要再使用类似“你必须把这些吃完”的话语。父母也应该注意自己的进食行为，这不仅仅是为了自身的健康，也是因为父母是孩子的榜样，孩子对健康食物如水果、蔬菜和奶类的喜爱，与父母对这些食物的喜爱有关。在对儿童的进食行为进行深入研究后，伯奇和费希尔（Birch & Fisher，2000）建议，父母应该在每一餐都给孩子提供不同种类、营养平衡的食物，但对应该吃什么、该吃多少不要做硬性规定。他们的观点（就像戴维斯的观点一样）是，儿童会逐渐开始关注自己的内在控制力（“聆听身体告诉他们的话”），开始选择一种营养恰当的饮食模式，当他们进入青春期或成年期时就不容易患肥胖症或进食障碍。这对女孩来说尤其重要，因为肥胖女孩的内在补偿能力的丧失（这可能就是导致她们肥胖的原因），也许就是她们在进食方面被专制型教育模式控制的外在表现。

最后，从整个社会的角度，我们需要严肃考虑当今的食物环境对这一代和下一代孩子的健康的影响。在过去的30年里，肥胖率有着惊人的上升，不幸的是，这个趋势仍在继续。同样，儿童肥胖率正在不断上升，美国疾控与防疫中心2007年的报告显示，在2000年出生或更晚出生的孩子中，有三分之一的孩子发展出Ⅱ型糖尿病（一种主要和不健康饮食及超重相关的疾病）。这种与肥胖相关的可预防性健康问题给社会带来的经济负担是惊人的。肥胖（或者说不健康体重）也与心理功能失调有关，超重的孩子在青春期和成年期患抑郁症的风险更高。这些心理和生理健康问题严重影响了人们的生活质量，而这些问题大部分可以通过健康的生活方式来预防，其中包括健康饮食。

父母确实应该承担让孩子健康成长的责任，但我们的文化也需要改变，使人们开始关注健康饮食的重要性。学校午餐应该包括新鲜水果和蔬菜，还需要含有较健康比例的微量营养素和宏量营养素；很多孩子在家中没有办法吃到健康的食物，学校可能是这类孩子唯一的至少可以吃上一次健康食物的场所。这让他们有机会克服对新食物的恐惧，在未来更可能选择健康的食物。只能接触到比萨、汉堡和鸡块的孩子未来可能只会选择这些食物，而它们都与不良的健康状态相关。当然，在体育锻炼课上有规律的锻炼、保障玩耍时间和运动时间都是学校和社区能够提供的健康生活的一种方式。史瑞克公益宣传活动在降低儿童肥胖率上的失败告诉我们，期待那些营利性机构来倡导健康的饮食或生活方式是不现实的。

第七章　饮食中的文化传承和他人的影响

阅读完本章，你将：

● 理解菜系的含义和决定菜系的因素。

● 了解进餐规则对我们的影响。

● 能够区分身边人对我们的饮食的间接与直接影响。

● 能够分辨和批判性思考其他人对我们自身的进食行为产生了什么影响。

● 意识到提供食物的人或公司具有的情感意义。

食物通常在社交和聚会中发挥着核心作用，包括在家的每一餐、派对或假期的活动。想象一下，你去参加朋友的生日派对或毕业派对，或在假期如感恩节拜访亲戚，却发现对方没有准备任何食物，这会多令人失望呀！食物不仅与社交聚会联系在一起，特定的食物也与特定的节日或场合形成联结，例如，我们会在生日派对上期待蛋糕的出现。你会在其他节日或场合期待或联想到什么食物？你有没有想过为什么会这样？例如，为什么我们总是在冬天的节日里喝蛋奶酒，而不是在夏天的节日里？

在本章，我们将探索影响我们的进食行为的社会因素，如菜系和信仰等，以及会直接影响我们饮食的身边人。

菜系：人类为了生存形成的一种社会适应机制

到底是什么组成了菜系（cuisine）？我们是怎样将一个菜系和另一个菜系区分开的？当你想到中国菜的时候，是否有特定的食物和烹饪方式浮现在脑海中？当你想到印度菜或墨西哥菜呢？每想到一种菜系，就可能想到很不一样的食物、味道和烹饪方式。颇具影响力的作家与烹饪历史学家保罗·罗津（Paul Rozin）和伊丽莎白·罗津（Elisabeth Rozin）说过，"菜系是由其所使用的基本食材（如米饭、土豆、鱼等）、味道特征（味道原则，如墨西哥菜中辣椒与番茄或青柠的结合；印度菜中不同香料混合而成的'咖喱'），还有特定食物的烹饪方式（如中国菜中的爆炒）等组成的"（Rozin，1996a，p.236；图 7.1）。

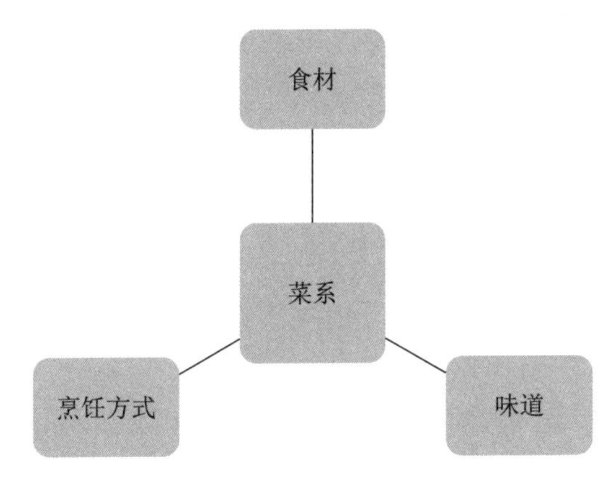

图 7.1　定义菜系的三个因素

另外，菜系同样受文化原则影响，如什么食物应该在什么时候，与什么搭配一起吃。早餐吃麦片和牛奶、吐司和黄油、喝加奶油的咖啡等，都是可以被接受的，在晚上吃这些东西就会被认为有些古怪，这种感觉就像把刚才的食物换一种搭配一样（如咖啡不加奶油，而加黄油）。但对于日本家庭，这些食物并不是日本社会常见的早餐形式，日本人的早餐通常是米饭和鱼类。

人类学家认为，从达尔文的进化论角度来说，菜系反映了人类对特定环境的适应性选择。依据这个被广泛接受的理论，如果一种菜系从营养角度来说是有缺陷的，流行这种菜系的文化就会灭绝。心理学的目标并非评估特定环境中经进化演变而来的特定菜系的最优性，而在于解释那些允许学习和适应性进食行为留存的人类行为机制。举一个可以说明适应性进食行为的例子：尽管部分成人有乳糖不耐症，但在许多文化中广泛存在常喝各类奶或吃奶制品的行为。乳糖分解酶是人体内一种分解奶类所含糖分（乳糖）的消化酶，所有健康的婴儿体内都有这类乳糖分解酶，但对这个世界上大部分种族的人来说，体内这类消化酶的含量在婴幼儿期结束后会下降到一个极低的水平。这种乳糖分解酶的缺乏会导致成人的乳糖不耐症：乳糖无法在胃部被吸收，让人感觉恶心。但在这些人所属的文化中，并没有大规模地抵制奶制品或大量使用发酵过/酸化的奶制品（酸奶或芝士等）。发酵奶制品的原理就是让我们体外的一种特殊细菌帮助完成成年人的身体无法进行的分解过程——将乳糖分解为可吸收的分子（乳酸），让乳糖不耐的成人可以喝下或吃下已经“处理”过的奶类产品，吸收有益的能量和营养。除此之外，世界上还存在很多类似的创造性方法，它们都能够帮助人们更好地获取并吸收食物的营养。建议大家可以详细阅读保罗·罗津（Rozin, 1996a）的书，书中为“菜系是一种人类为生存而发展出的社会适应机制”这一观点提供了很多信息和证据。

菜系的决定因素

到底哪些因素影响了特定菜系所选择的食材、味道和烹饪方式呢？

第一种决定因素是可获取性。菜系大部分由食材和味道决定，这里存在一个前提，食材与味道是人们不需要花费太多的金钱和精力就可以获得的，这种行为经济学的概念在其他章节中我们已经详细探讨过。烹饪的模式通常依赖文化中已有的东西（如工具和技术），并不是所有的食物和味道都会被加入当地的菜系中。比起那些不太吸引人（如低能量、苦味或淡味）的食物，天生具有诱惑力（如含有高密度能量、甜味的或咸味的）的食物更可能被引入当地的菜系中。

第二种决定因素是食材营养的全面性。没有一种天然食物源可以直接提供杂食动物所需要的全部营养，所以食物的组成至关重要。单一种类的豆类、大米或玉米并不能提供人体所需的足够蛋白质，但当组合食用（吃豆类和大米，豆类和玉米）时，它们就成为互补的营养成分，能够为人体提供足够的蛋白质。这也是为什么这类组合通常是美国中部和南部居民的主食，当然也是因为这类食物在这些地区的生长和收获都相对容易。

第三种决定因素是信仰和态度，它们又是通过社会性学习，以及其他人直接或间接的影响来达成的。这类因素包括宗教信仰和文化态度、文化进餐规则、对特殊食物危险性的感受、对健康的态度等。我们接下来一一讨论。

首先，我们来谈谈宗教信仰和文化态度。

印度教对“神圣的牛”的敬畏源于印度文化中早期的信仰，他们认为牛是一种重要并不断重生的高能量食物（奶）的来源，同时也是生命的象征，不应该杀害它（Simoons，1961）。印度菜中不会出现牛肉，实际上，大部分信奉印度教的印度人是素食主义者，没有人吃牛肉；几乎所有印度教信徒都认为牛肉的味道或吃牛肉很“恶心”（Rozin & Fallon，1987）。人类学家哈里斯（Marvin Harris）提出一种理论，他认为印度人不食用牛肉从营养学的角度来说实际上具有适应性：牛作为奶制品来源（当然指的是发酵奶制品！）比作为肉类来源的作用要大得多。比起它们自身的肉，牛能够在一生中提供更多牛奶，其中含有重要的蛋白质、脂肪和热量（Harris et al.，1966）。

哈里斯也提出，在欧洲和北美，不食狗肉的禁忌实际上也是因为狗作为猎犬或牧犬是人类重要的伴侣；在那些不捕猎的地区，人们不需要猎犬或牧犬，狗就被接受成为食物中的一种，在特定区域甚至还被认为是一种美食（Harris & Ross，1987）。不管这些针对牛或狗的信仰和态度如何而来，它们都是由文化决定的，而非由任何个体经历决定。

你觉得在什么情况下你会吃下一个虫子刚爬过的三明治？无论昆虫对你来说是多么恶心的食物（或是弄脏食物的污染源），它们在欧洲文化以外的很多地区，被作为食物大量食用（DeFoliart，1999）。昆虫，如毛毛虫、白蚁和蚂蚱等，在非洲和亚洲被广泛食用，因为它们含有高蛋白和其他营养成分。更重要的是，一些食材被包含在当地菜系中，就意味着它们在环境中轻易可得。为什么西方社会往往认为它们是令人恶心的食物呢？对这个问题没有一个清楚的答案，我们只能简单地回答它们为什么没有成为我们饮食的一部分。

我们对昆虫的文化态度是，它们并不算食物。保罗·罗津做了一个很有趣的实验，这个实验显示出这种观念在西方具有普遍性。他让志愿者喝一杯掉进了一只蟑螂的果汁（这种果汁志愿者曾经喝过，并且挺喜欢喝的）。尽管知道这只蟑螂已经死了，果汁已经消过毒，实际上蟑螂无法污染果汁，志愿者依然拒绝喝这杯果汁。如果让你喝这杯果汁，你会喝吗？假如你拒绝喝这杯果汁，你的理由是什么？保罗·罗津等人（Rozin，1996a；Rozin，Millan，& Nemeroff，1986）发现，志愿者的解释很多，包括："这可是一只蟑螂！"换言之，尽管在消毒后蟑螂已经很干净了，但单纯想到蟑螂或昆虫就足以引发恶心感，而这种感受其实是社会学习的结果。(相信我们，这种态度并非天生。问任何一个父母，你会发现，一两岁的孩子几乎会把任何东西毫不迟疑地捡起来放进嘴巴里，包括虫子！)

///讨论话题///

你在生活中遵从哪些食物规则？你是否曾经把麦片或燕麦当作晚餐？如果你和其他人在餐馆吃晚餐，你会点这些作为晚餐吗？考虑一下这个问题：尽管甜甜圈和蛋糕有相似的宏量营养素和味道，但通常早餐吃甜甜圈是可以接受的，吃蛋糕却不容易被接受；在你请别人吃晚餐时把甜甜圈当成甜点会有点奇怪，蛋糕却经常被当成甜点。为什么我们会遵从这些进餐规则？

其次，我们谈一谈由文化决定的进餐规则。

文化中的进餐规则决定了特定的食物在一天中的哪个时间段吃是合适的，食物应该如何搭配，该怎么吃食物(用手指还是用叉子或筷子)。就像之前提及的，按照美国的进餐规则，早餐吃麦片是很正常的，但晚上吃麦片就显得有点奇怪了(或者说至少是预料之外的)。我们将重点对比不同文化中的食物规则。在美国，沙拉通常是一餐的头菜，而在法国，沙拉却作为第三道菜，在主菜后呈上。在日本，晚餐时所有的菜或食物通常会一次性全部端上来，但在西方文化中，会一道道上菜。美国人通常会用手拿薯条吃，但对用其他方式烹饪的土豆菜肴，如烤土豆或煮土豆，用手拿起来吃是不恰当的。这些进餐规则没有好坏之分，因为它们都不妨碍健康的饮食。这些规则是社会学习的结果，并不是出于人类的生物性需求。

再次，我们谈谈对特殊食物危险性的感知。

也许你可以回想到媒体对疯牛病的担忧，严格来说，它叫“牛海绵状脑病”（bovine spongiform encephalopathy，BSE）。这是一种牛类的渐进性致命神经疾病；吃了病牛肉的人可能产生同样的神经症状，尤其是吃了含有牛的神经组织的肉。在美国，尽管没有发生与病牛相关的疾病，但当第一例感染疯牛病的案例被报道后，在2003年的几个月里，人们吃牛肉的量出现了明显的下降。这种情况在全世界范围内出现，并不仅限于美国发现病牛的地区及邻近区域，同时人们吃其他肉类，如鸡肉和猪肉的量增加了（Schlenker & Villas-Boas，2009）。在这个例子和类似的案例中，我们会发现，如果人们认为吃某种食物具有很高的风险，整个社会将这种食物作为日常饮食的可能性就会降低。当然，这通常挺有道理的，特别是当存在其他没那么多风险的食物可以选择时。在牛肉的例子中，这种感觉上的风险并没有持续很久，所以牛肉并没有被移出美国人的食谱。然而，当特定食物的风险持续存在，无论这种风险是真实存在的，还是仅仅是人们的臆测与流言，这种食物都会在当地文化中消失。也许，这就是亚洲文化中奶类食物相对较少的原因（因为在亚洲人群中，大部分人有乳糖不耐症）。

另一个引发风险的例子与药品和果汁有关。在当代，人们经常会服用一些促进健康的药物，如维持情绪稳定或降低血压的药物。很多药物在肠道和肝脏内被特定的酶（P450家族）激活和分解。葡萄柚汁含有一种复合物，叫作“呋喃并香豆素”（furanocoumarins），它会影响这种酶的运作。因此，很多药物（包括抑制素、抗抑郁药物和很多其他药物）的代谢和药效都可能受它的影响。尽管这些药物和葡萄柚一起吃并不一定会产生副作用，但是开药的医生通常都会建议病人不要在服药的同时吃葡萄柚（详见Bailey，Dresser，& Arnold，2012）。即使葡萄柚对药物的影响有时可能会让药效变得更明显，但吃少量药物的同时吃葡萄柚这一做法并不流行。这种风险被医生不断传递，从而导致了葡萄柚汁的销量逐步下降，人们就开始培育含呋喃并香豆素水平较低的葡萄柚杂交品种（如柚子）。

最后，需要讨论一下对健康的态度。

在食物充足的西方世界，对外表尤其是纤瘦外表的关注是十分常见的。西方文化对食物和健康的态度与那些更传统且不那么“西方化”的文化对此的态度截然不同。比起欧洲人或日本人，肥胖者更多的美国人更可能把所有脂肪都视为“对健康不利”，虽然他们知道适量的特定脂肪（如 ω-3 脂肪酸）是有利于健康的。同样，美国人也会因为进食产生更多焦虑和内疚感（Rozin，Fischler，Imada，Sarubin，& Wrzesniewski，1999）。保罗·罗津等人推测，可能就是这种对健康饮食的过分关注才导致了与压力与情绪相关的过度进食行为，这种过分关注实际上降低了我们调控自己的进食行为的能力。

///讨论话题///

2012 年，美国有 3 个人因食用受污染的哈密瓜而死亡。2006 年，包括一名 2 岁男童在内的 5 个人，因食用被大肠杆菌感染的菠菜死亡。这些故事是否对你的食物选择产生影响？你是否经历过其他食物恐慌？是否有其他潜在危险影响了你的行为？例如，在听到飞机失事或其他灾难时，你是否改变了旅行计划？

潜移默化：身边人对饮食行为的影响

进食行为，包括食物组合、分量和吃饭或零食的时间等，是我们在漫长的一生中逐渐形成的。从婴儿时期起，我们的父母或养育者就开始教育我们，哪些东西是可以当作食物吃的，我们应该吃多少，应该什么时候吃。这些教导中的一部分是直接或者说外显的（如父母直接告诉你，“把饭吃完”），但更多的是偶尔的或被动的（如父母自身的进食行为模式或通过母乳对味觉的接触）。我们将在下一部分讨论其他人直接影响我们的进食行为的例子，但首先我们要考虑，直接影响和间接影响如何结合在一起，改变了文化中的菜系与进餐规则。

他人的间接影响

间接影响是那些无人在场时依然有效的影响，尽管这些影响首次出现时很可能是在有人在场的情况下。有一个恰当的例子可以说明这个概念：大多数人都不会去喝之前提到过的曾掉进蟑螂的饮料，无论是否有其他人在身边。这是因为我们在很小的时候领会了蟑螂并不是食物，它会污染食物，所以应该避开它。同样，作为社会学习的结果，信奉印度教的印度人并不吃也不想吃牛肉，无论有没有他人在场。

食物的量呢？你怎么知道该如何决定某种食物吃多少？我们通常会吃熟悉量的食物。例如，你可能吃一个三明治、一个苹果和喝一瓶苏打水当作午餐，因为这是你之前体验过的会让你感觉舒服的一餐的量（没有人会因为这是西方社会中“正常”的一餐而笑话你，你觉得自己挺饱的，也没有感觉不舒服）。三明治所含的脂肪和热量相对较低，苹果很小，苏打水也不含热量；或者可能三明治含有高脂肪和高热量，苹果很大，而苏打水所含热量超过100卡路里。然而，人们通常都会将这些食物吃完。无论我们身边有人或无人，像这样有关食物和分量的选择都会发生，但这都是我们小时候从别人那里学来的（Nestle et al.，1998）。

正如之前讨论的，可获取性是影响我们的食物选择的重要因素，且在很大程度上是一种间接影响因素。食物的可获取性不仅是当地菜系的决定因素，也受当地菜系的影响。当一种食物被当作有当地特色的主食时，比起未被当作主食的食物，就应该更容易在当地获得。例如，在日本，如果你想将鱼和米饭当作早餐，那你很幸运，因为你很容易在饭店、菜场或家中找到这些食物。如果你想将煎饼和培根当作早餐，你就不那么幸运了，因为这些在日本并不常见。在美国则截然相反，煎饼和培根经常在餐馆的菜单中作为早餐出现，这些食材在大部分杂货店就可以买到。我们对特定食物的渴求受自身经历的影响，但我们能不能吃到这些食物被可获取性所约束，无论我们周围是否有其他人。

他人的直接影响

这是指那些需要他人实际在场的影响。我们知道，当人们聚在一起时，会吃得更多一些(de Castro, 1990)。不过，过度进食，包括暴食，通常发生在人们独处时(Stice, Telch, & Rizvi, 2000)。因此，尽管聚会会让人们吃得更多，但聚会具有的社会性限制也可能使人们保持相对健康的进食行为。这种现象甚至出现在实验室大鼠的身上：独处时，大鼠会避开新奇的食物，但当身边有另一只大鼠时，却更可能选择吃新奇的食物，吃下的食物也含有健康比例的宏量营养素(Galef, Kennett, & Stein, 1985; Galef, Attenborough, & Whiskin, 1990; Galef & Wright, 1995)。

作为杂食动物，人类能够食用的食物种类极其丰富，而我们也需要吃不同种类的食物，以获取最佳的营养。但我们天生就会被新食物吸引(喜新性)，与此同时，又对新食物的潜在危险心存恐惧(恐新性)，这就是人们所说的"杂食动物的困境"(omnivore's paradox)(Fischler, 1980)。文化信仰、传统和规则告诉我们该吃什么、吃多少和什么时候吃，从而允许社会来解决杂食动物的困境。群体或共同进食(commensal food consmption)让人们可以代际传递并继承这些进食方式，让社会群体远离危险，接受恰当的滋养。有证据表明，在那些喜欢群体聚餐(如家庭聚餐)的文化中，比起喜欢单独进食的文化，人们的肥胖率更低，寿命更长(Veugelers & Fitzgerald, 2005)。

著名法国社会学家菲施勒(Claude Fischler)曾经在美国和其他几个西欧国家进行食物态度、饮食和健康的调查(详见 Rozin,2005)。调查显示，法国人比美国人更注重食物、饮料的品质和用餐时他人的陪伴(本质上就是进餐体验)，而不注重食物的数量。法国人在一天中花费更多的时间在用餐上(法国人花费 2 小时，而美国人仅花费 1 小时)，每一餐的脂肪含量更高，肥胖率却较低，这被认为是"法国悖论"(French paradox)(Drewnowski et al., 1996; Renaud & de Lorgeril, 1992)。似乎在工业化后期的社会，如美国，进食的规则已经开始变得宽松，甚至逐渐消失，因为人们通常独自进食，可以传递进餐规则和健康饮食观念的机会逐渐变少。此外，在美国等国家中，食物的分量通常较大。菲施勒(Fischler, 1980; Fischler, 1988)和其他人(如 Rozin, Kabnick, Pete, Fischler, & Shields, 2003)认为，对杂食动物悖论缺乏恰当的应对可能是造成肥胖率不断攀升的原因之一。

我们都知道，人类喜欢模仿他人进食，我们通常会小心地控制自己的食量，使我们与周围的人吃的量差不多;就算在很饿或很饱的时候，这种倾向依然存在(Herman, Koenig-Nobert, Peterson, & Polivy, 2005; Herman, Roth, & Polivy, 2003)。当食物放在较大的容器中时，我们也倾向于吃得更多(Wansink & Sobal, 2007)。万辛克及其同事发现，我们几乎意识不到这些外界因素对我们的影响，因此也经常低估自己日常的食量(详见 Vartanian, Herman, & Wansink, 2008; Wansink, 2006)。这些发现支持了菲施勒(Fischler, 2011)的看法,即与他人共食可以帮助人们维持或限制食量,使其处于较适当的水平。因为如果进食行为偏离社会常态,可能会制造尴尬,群体聚餐就降低了人们吃太多东西的风险,在某些情况下还会促使人们选择更健康的食物。

为什么我们会吃之前讨厌的食物?

在富有社会情感的情境的影响下,儿童形成很多不同的食物偏好。例如,父母、哥哥或姐姐、同伴吃的食物,与超级英雄、笑脸等相关的食物,通常都会受儿童喜爱。某些文化中对辣椒的喜爱就是社会影响塑造食物偏好的一个很好的例子。辣味的食物实际上天生是不被人喜爱的,因为辣味激活了口腔中的痛感受体(Caterina et al., 1997)。但儿童逐渐在成人的同意和鼓励下接触到辣椒之后,他们就逐渐开始喜欢这种味道,这一点在墨西哥文化中尤其明显(Rozin, 1996a)。

你可能对咖啡有类似的体验。你能否回忆起你喝的第一口黑咖啡?它喝起来可能很苦、很恶心,额外加入的甜味剂和奶油让它喝起来更美味一些。通常,喝咖啡的人加入的甜味剂和奶油会逐渐减少,随着时间推移,人们开始享受一种之前不喜欢的饮料。在其他章节中,我们已经讨论了联结式学习在改变食物或口味偏好中的作用。想一下,如果咖啡的味道在你第一次喝的时候就让你感觉恶心,你对咖啡没有任何正向的联结,为什么你会再次尝试喝咖啡呢?实际上,在我们的文化中,咖啡有很多诱人的联结——在一个轻松的早晨,从厨房传来的味道,一家受欢迎的咖啡馆带来的感觉,和朋友一起在夜晚学习,等等。社会性动机让我们想克服对苦味的天生厌恶,当我们这么做时就会接受强化，而所有这一切都来源于他人的直接影响。

饮食情深：我们与食物提供者之间的情感联结

我们中的大多数人都更喜欢由我们熟悉的人（尤其是我们爱的人）烹饪的食物、特定餐馆的食物或特定品牌的食物。你能否想起与此相关的自己偏好的食物的例子？可能你奶奶做的苹果派就是你的最爱。我们会感觉到与自己的养育者、食物提供者或所吃食物品牌之间的联结。奶奶的苹果派尝起来味道更好，是因为这是奶奶亲手做的；特定品牌的曲奇味道更好，是因为它们包装上出现的品牌让我们产生了正向联结，这些联结来源于我们的情绪和心理。保罗·罗津（Rozin，1996b）和其他人类学家将这种联结叫作“传染定律”（law of contagion），即当两种食物有物理接触，就算之后这种物理接触已经不存在（甚至仅仅是在怀旧），它依然会产生影响。那些我们喜欢的人制作的食物实际上携带着我们喜欢的人的“特质”，因而被我们偏爱；反之，我们会不太想吃或不能享受由我们的敌人或讨厌的人制作的食物。

在其他文化，如印度教文化中，这种针对厨师的传染定律就格外明显，因为人们通常会介意厨师的身份和社会阶层。而在西方文化中，我们一般不在意食物由谁制作；我们与食物的联结大多不指向个人，而是指向一些公司和品牌。如果一个食品公司的理念让我们产生了正向的联结，我们会更倾向去吃这家公司的食物。就算是很小的孩子，都更喜欢有品牌的食品（Roberto，Baik，Harris，& Brownell，2010；Robinson，Borzekowski，Matheson，& Kraemer，2007），而这种影响当然也会延续到这些孩子成年以后的生活中。有趣的是，我们对特定品牌的食物的味道产生更好的感受，其实与大脑中记忆相关区域的神经活动改变相关(McClure et al.，2004)。

///趣味信息盒///

标签是否会影响我们的神经活动?

可口可乐和百事可乐汽水从化学成分上来说十分接近，然而，很多爱喝汽水的人会对其中的一种情有独钟。麦克卢尔等人(McClure et al.，2004)运用功能性核磁共振成像技术对比喝可口可乐和百事可乐的人在盲尝(参与者不知道)的情况下和有“品牌线索”(他们在喝下饮料前会接触到熟悉的可口可乐和百事可乐的标签)的情况下大脑活动的差异。在盲尝的情况下，大脑中最活跃的区域是前额叶中与决策和奖赏相关的区域；在有线索的情况下，海马区(记忆相关)和前额叶中与偏见相关的区域的大脑活动增加了。这些结果都帮助解释了为什么我们喜欢的人或公司制作的食物尝起来更好吃，因为大脑活动的改变影响了我们的感受。

结束语

尽管我们生来就有相似的味觉偏好和生理特征，但全世界范围内，人们的进食行为存在巨大的差异。菜系和用餐礼仪，这两者对我们的进食行为有巨大影响，而它们只有在文化不影响群体的生存时才能被传承下来。

我们已经了解在我们的文化中什么是正常的，而在人生早期，我们接受父母和养育者的引导，建立了自己的进食行为模式。当我们逐渐长大，他人对我们的进食行为的影响依然存在。实际上，我们的大部分进食行为都是在他人在场的情况下发生的。研究表明，如果我们周围的人以健康的方式进食（合适的分量与合适的宏量营养素比例），我们自己也可能以健康的方式进食。相反，在没有健康进食示范的情况下单独进食，社会的进餐规则就很难约束我们，我们很可能吃下比自身所需能量更多的食物。此外，就像万辛克的研究小组展示的研究结果，我们很难察觉直接或间接影响我们进食的因素（如饭碗的大小），很容易在餐馆被“诱骗”吃下超过自身需求的食物。

本章讨论的问题对那些提倡人们建立一个更健康的社会的政策制定者和拥护者来说十分重要，因为其中考量并阐明了一些在改进进食行为中会遇到的挑战。

第八章　安抚人心：情绪和食物的关系

阅读完本章，你将：

- 了解情绪和进食行为的关联。
- 理解压力对进食行为的影响。
- 能够从生理学和心理学角度解释人们对食物的渴求。
- 领会并理解过度进食的上瘾模式。

你是否曾经在过完压力特别大的白天后，夜晚直接奔向冰箱里的冰激凌？

你是否曾经在紧张准备即将到来的考试时，吃了比预计量更多的薯片？

情绪在进食行为中有十分有趣的影响，这种影响可能引发一些问题，因为它会导致一些很不健康的进食习惯。一些人说，对食物的渴望可以安抚他们，至少能暂时抚慰人心，改善情绪。对食物的渴求是一种强烈且漫长的欲望和需求，它是十分正常的，特别是对女性来说（Weingarten & Elston，1991），但有些人觉得这种渴求出现在身体深处，只有通过吃才能缓解，有时甚至需要吃撑才能结束这种渴求。这种强大的进食渴望和随之而来的强迫性进食与药物成瘾者常见的行为十分类似。食物可能具有成瘾性的想法已经获得很多关注，同时引起很多争论。就像药物成瘾一样，有些人可能很容易对食物上瘾，因而很难控制自己吃多少。

在本章，我们将探索情绪与食物之间的关联，以及食物成瘾的神经生理学依据。

食物的慰藉

当你心情不好或感觉压力很大的时候，你喜欢吃哪一类食物？人们特别想吃的“慰藉食物”通常包括曲奇、饼干、意大利面、比萨、冰激凌和糖果（特别是巧克力！）（Wansink, Cheney, & Chan, 2003）。这些食物有什么共同点？它们为什么是我们很沮丧或承受压力时最想吃的食物呢？

这些食物各有不同，但有一个共同点——它们含有大量的碳水化合物，我们通常把这类食物叫作“高碳”食物，尽管它们通常也含有很多的脂肪。可能这些食物含有相似的宏量营养素成分，才让我们如此渴望吃下它们；也可能这些食物就是最好吃的，当然也是最让人喜欢的；抑或它们是我们小时候喜欢的食物，所以在度过艰难的一天后，这些食物会让我们好受一些。所有这些都是对心情郁闷时想吃慰藉食物的合理解释。让我们首先考虑一下与进食后的结果相关的解释——宏量营养素，因为它们的影响不像味觉或体验性的解释那样直观。

对高碳水食物改善情绪的解释

抑郁症被认为与神经递质血清素（serotonin，也称5-羟色胺，5-hydroxytryptamine）活跃水平的降低相关（如 Parsey et al., 2006），尽管可能还有其他神经递质参与其中。这种解释抑郁症的理论认为，最有效的抗抑郁药物是通过提升大脑中血清素的突触水平产生效用的。尽管工作机制和抗抑郁药物并不相同，但摄入碳水化合物也会促进大脑中血清素的活动。神经细胞将色氨酸（tryptophan，从食物中获得的一种氨基酸）当作原料，经两步转化合成血清素。色氨酸是六种大型神经氨基酸（large neural amino acids，LNAAs）之一，这些大型氨基酸会彼此夺取同一种分子载体，以跨越血脑屏障，最终到达大脑。因此，大脑中血清素的合成，最终由血液中色氨酸在所有大型神经氨基酸中的比例决定。（如果你把分子载体看作一条船，大型神经氨基酸是潜在的乘客，乘客的人数远远超过了船上的座位，你就能明白这是怎么回事啦。）我们发现，血液中的胰岛素会使色氨酸的比例上升，这也导致色氨酸进入分子“船”的净数量的增加。

碳水化合物同蛋白质和脂肪相比，对胰岛素分泌的促进作用更强，所以比起其他宏量营养素，碳水化合物的摄入对血清素的合成造成的影响最大。有理论认为，既然高碳水化合物的食物会提高血清素的水平，它们就有抵抗抑郁或改善情绪的效果，至少对那些认为自己有“嗜糖癖”的人来说，情况就是如此（这就是食物的药物效应；Corsica & Spring，2008；Lieberman，Wurtman，& Chew，1986；Wurtman & Wurtman，1995）。这种联结在我们很小的时候可能就已经习得了，这导致一些人在心情低落时依旧想吃这类食物，把食物当作自我治疗的方式（Wurtman & Wurtman，1995）。摄入碳水化合物后可能需要几个小时才会对血清素产生影响，但实际上，人们情绪提升的速度十分迅速，这支持我们对食物的药物效应这一理论的认知，同时也证明，如果我们预期自己的情绪会好起来，我们的情绪就会改善。

///讨论话题///

你会在心情不好的时候吃不一样的东西吗？当你心情低落时，通常会更想或更不想吃什么？把你列出的食物与你的朋友列出的食物比一比。

压力与进食

大多数人在"压力山大"的时候会以不同的方式吃东西（Zellner et al.，2006）。压力有不同的原因和性质，所以我们会介绍一些更精确的术语来解释压力。良性压力（eustress）是与正性体验相关的压力，而恶性压力（distress）是与负性体验相关的压力，两者可以被视为压力连续轴的两端。尽管我们对压力有极端不同的解释（从在森林里遇到了熊，到你的教授宣布要进行一次突击测验，再到别人给你办了一个惊喜派对），我们生理上的反应都十分相似。当某个事物让我们倍感压力时，我们的下丘脑—垂体—肾上腺轴（hypothalamic-pituitary-adrenal，HPA 轴）中枢就会被激活，引起血压、脉搏和呼吸频率的上升，同时引发肾上腺素和皮质醇两种荷尔蒙的释放，使这种活跃的生理状态持续下去。通常来说，短时间暴露在严重压力下（就像在森林里遇到熊）会压抑人的饥饿感。然而，长期暴露在不威胁到生命的压力下（如准备期末考试），反而可能造成进食行为的增加。

我们感到压力时吃下的额外食物就是"慰藉食物"（comfort food），或者说是"垃圾食品"，这些食物通常是那些不健康的食物（Dallman，Pecoraro，& la Fleur，2005；Zellner et al.，2006）。处于压力状态下的人就算不饿，也会吃下更多高能量和高脂肪的慰藉食物。所以，对某些人来说，其总体进食量可能下降，但吃下的不健康食物的比例反而上升了（Gibson，2006）。此外，在压力下吃得最多的食物往往是零食，而非正餐。大多数学生在学习时更喜欢吃高能量、高脂肪的食物，如薯片和糖果，而很多成年人压力大时也会喜欢吃类似的垃圾食品（Dallman et al.，2005；Oliver & Wardle，1999）。坎托等人（Cantor，Smith，& Briyan，1982）发现，以信息处理（跟踪）任务为工作的人在工作时会比不工作时吃下更多零食；任务越困难（假设也会带来更多压力），他们吃的零食就越多。

///讨论话题///

你在压力很大的时候会吃得更多吗？在这种状态下，你通常更想或更不想吃什么食物？

相关研究显示，女性比男性更容易因压力而进食以取悦自己（Zellner，Saito，& Gonzalez，2007）。大鼠和小鼠就像人类一样，也会在体验到压力时选择性地吃下更多高能量和高脂肪的食物。

当人类和鼠类感觉压力很大时，外界因素（特别是食物的诱惑力和美味程度）更容易影响此时的进食行为。与抑郁情绪引发的进食一样，由压力引发的进食行为产生同样的生理影响，肾上腺素、多巴胺、类罂粟碱和其他化学物质会引发愉悦感并改善情绪，同时强化进食行为（Gibson，2006）。长期生活在压力状态下的人更可能在不饿的时候过度进食，导致超重或肥胖。

压力还有另外一种影响进食的方式。当人们处于压力状态下，下丘脑—垂体—肾上腺轴中枢的活跃会促进糖（肾上腺）皮质激素（glucocorticoids）的分泌。糖（肾上腺）皮质激素是一种与多种生理功能有关的荷尔蒙,它能够促进胰岛素的分泌,同时改变多巴胺和血清素的活跃水平。由压力引发的糖(肾上腺)皮质激素的分泌和其他体内化学物质的改变会对进食行为产生叠加影响,包括食欲、获取食物的动机和进食,还有吃东西时的愉快体验,等等(Dallman et al., 2005; Dallman, 2010)。进食行为会减少压力,至少可以暂时减少,这就强化了进食行为本身,使其成为一些人的习惯性行为模式。又因为我们在压力下喜欢的食物都是美味、高能量的垃圾食品或慰藉食物,而不是健康食物如水果和蔬菜,这种进食模式会让人增加体重(Dallman, 2010)。

///讨论话题///

经济的下行会如何影响人们的进食行为?困在不喜欢的工作中,处理离婚,失去自己爱的人……你觉得这些事件对人们的进食行为产生的影响是相似的吗?

食物成瘾:难以摆脱的渴求

在本书的其他部分,我们已经讨论过特定的食物癖好,如有很多嗜盐案例的记载,而嗜盐通常是由对钠的生理性需求引发的。不过,大多数我们渴求的食物并非含有特定的分子,像“我今天很想吃一些色氨酸”这样的话,就会听起来很奇怪。人们渴求的食物也很少仅包含一种宏量营养素(如纯糖),而是由很多成分组合而成。所以,关键的问题在于,对特定食物的渴求是否以潜在的需求为基础。调查发现,大多数人——大约70%的年轻男性和接近100%的年轻女性(Weingarten & Elston，1991）——有过对某种食物的渴求（food craving）。渴求食物的强度有所不同，但通常以特别想吃某种特定食物为特点（Wansink et al.，2003）。当然，也不一定每一次都如此，对特定食物的渴求出现后会紧随进食行为。此时，特定食品的可获取性和抑制进食冲动的能力都在很大程度上影响了我们会不会吃这种食物，但这种对吃的渴望通常只能通过真的吃了食物来获得满足。生理性饥饿并不是产生嗜吃渴望的前提，人们渴望吃的食物都是高碳水化合物、富含脂肪的东西，没什么营养价值或营养价值不高（如在西方社会中，人们最经常渴求的食物是巧克力）。我们在生理上感到饥饿时，其实倾向于吃富含营养和美味的食物，如意大利面、火鸡三明治、牛排与土豆等。也就是说，我们真的感觉饿时，通常更能接受多种食物。

一些研究者（Pelchat & Schaeffer，2000）发现，连续几天选择吃单调但营养全面的食物的人，想吃特定食物的渴望大大增加。这就进一步证明，对某种食物的渴望和吃不健康的零食不一定出于饥饿或营养需求；相反，比起生理性饥饿，情绪和对多样化膳食的需求与食物渴求的联系更紧密。这种渴求也受年龄（随年龄增加而下降）、文化和荷尔蒙水平变化（尤其对女性来说）的影响（Pelchat，1997；Zellner，Garriga-Trillo，Rohm，Centeno，& Parker，1999）。

与对食物的渴求相关的进食行为，特别是那些经常发生的进食行为，会增加暴食的可能性，因而也与神经性贪食症、暴食障碍和肥胖相关。渴望吃某种食物→进食和暴食→感觉好受一些→产生罪恶感→重新渴望吃某种食物，这整个循环不断重复，其模式类似于药物成瘾患者的行为循环模式，对相关刺激（如药物注射工具或糖果的包装纸）的接触都会强烈引发成瘾者对药物或食物的渴求。对食物的渴求与药物成瘾相似的神经生理学基础会在本章详细讨论。

巧克力是特别的食物吗？

很多人爱吃的零食列表里都出现了巧克力。巧克力含有高密度的碳水化合物（糖），也包含脂肪和蛋白质，还含有一些生物活性成分和微量营养素。考虑到巧克力是西方社会中嗜吃癖的主要渴望食物（Weingarten & Elson，1991；Zellner et al.，1999），这就引发了两个问题：巧克力是特别的食物吗？如果是，又为什么呢？

一些研究者认为，巧克力所含的生物活性物质（可可豆中独有的物质，是巧克力的主要成分）会引发大脑中与情绪提升相关的神经递质的分泌。其他能够提升情绪且可能有成瘾性的物质有咖啡因（兴奋剂）、可可碱（与咖啡因结构类似，但兴奋作用远低于咖啡因）、内源性大麻素（会与产生快感的大麻素受体结合）、本乙胺（与内源性大麻素类似，会在大脑奖赏回路中引发多巴胺的活动）和色氨酸（增加血清素的合成）等。

///讨论话题///

你是否曾经体验过对食物的渴求？在这种情况下，你通常最想吃哪些食物？通常这种渴求会发生在你一个人待着的时候，还是会出现在社交场合？一天中时间段的不同是否会影响这种渴求？你平时会吃这种你嗜吃的食物吗？

在一项关于巧克力嗜吃者的研究（Michener & Rozin，1994）中，研究者拿出了五个外观相似但装有不同东西的密封小盒，让那些认定自己是巧克力嗜吃者的人挑选。五个盒子内分别装有牛奶巧克力、白巧克力(与牛奶巧克力口感相似,但不含有可可豆所含的生物活性物质)、可可胶囊(含有生物活性物质,却没有巧克力的口感)、安慰剂胶囊,或没有任何东西。被试被告知,当他们特别想吃巧克力时,可以随机打开任何一个,把里面的东西吃下去。

如果你是被试,你希望打开哪一个盒子?他们被要求在吃下盒子里的东西前和吃完90分钟后给自己对巧克力的渴求程度打分。研究结果表明,只有黑巧克力或牛奶巧克力才会降低被试对巧克力的渴求;可可本身没能降低被试的渴求,这就意味着,生物活性物质在缓解对巧克力的渴求中的作用微乎其微,或者可以说没有起任何作用,渴求的产生和减轻与这种特定的生物活性成分并不相关。实际上,比起可可胶囊,被试更喜欢白巧克力,这表明在吃巧克力的过程中,味道、气味和其他感觉成分的作用比巧克力所含的生物活性成分更重要。其他反驳了认为巧克力嗜吃者的渴求或上瘾是基于化学成分的增强作用的食物研究发现,黑巧克力(可可含量最高的巧克力,因此所含生物活性物质的量也最高)最不受人喜欢,吃的人也比选择吃含有较少可可的牛奶巧克力或有巧克力糖衣的糖果的人要少得多。之前也提到,这种能够穿越血脑屏障,在大脑中起作用的生物活性物质在巧克力中的含量很低。

当然,还有可能是巧克力中其他的生物活性成分让巧克力变得如此特别。例如,巧克力含有大量的核黄素(维生素 B_2)、镁和抗氧化剂,这些都可以让身体变得更健康。也许是缺乏这些维生素和矿物质导致了对巧克力的渴望。一个例证是,患有月经综合征的女性会有更强烈的吃巧克力的渴望,在月经期间,女性体内的镁元素含量也会下降(Bruinsma & Taren, 1999)。然而,很多食物,包括大麦、菠菜和南瓜子,含有的镁都比巧克力要多得多,但很少有人声称自己喜欢吃大麦、菠菜或南瓜子。缺乏核黄素也不太可能是人们渴望吃巧克力的原因,巧克力的核黄素含量比不那么受欢迎的食物如肝脏中核黄素的含量要低约二十多倍。所以，尽管巧克力对健康有一定益处，但这并不是巧克力嗜吃渴望的基础。

巧克力，特别是牛奶巧克力，有诱人的味道、气息和奶油一样的口感。人们渴望吃巧克力或许源于其令人愉快的口感和含有的具有强化性质的宏量营养素(碳水化合物和脂肪)，而不是其他的特殊化学成分或微量营养素。看到巧克力或闻到巧克力的气味都能够引发一种强烈且无法被忽略的渴望，这对那些自称“巧克力热爱者”或嗜吃巧克力的人来说尤其明显。你可能听说过被称为“巧克力上瘾者”的人，或许你也用这个词形容自己对巧克力的热爱。这个称呼将对巧克力的强烈渴望与药物成瘾者对特定药物的渴望放在一起比较。采用功能性磁共振成像技术所做的研究显示，巧克力上瘾者接触到巧克力的影像或气味时，其大脑活动与那些对巧克力没兴趣的人明显不同(Rolls & McCabe, 2007)。值得一提的是，这种大脑活动与药物成瘾者接触到药物注射工具时的大脑活动十分类似，他们大脑中与快感和奖赏相关区域的神经活动都明显增强。

对巧克力上瘾的心理与社会文化解释

尽管巧克力最常成为被渴求的食物，但人们吃得最多的食物并不是巧克力。实际上，有些人声称自己很喜欢巧克力，但他们可以完全不吃巧克力或只是偶尔吃一点。在我们的社会中，巧克力被认为是一种放纵，或许巧克力是种“不错但淘气”的食物的看法让它变得更诱人。在不认为巧克力应该被禁止的文化中，对巧克力的渴求反而少得多(Zellner et al., 1999)。在很多这样的文化中，黑巧克力才是最流行的巧克力，这种巧克力有较高含量的生物活性物质，但脂肪和糖含量较低，它可能不具有与美国人更广泛消费的牛奶巧克力一样的强化特性。

从进化的角度看，巧克力的出现对全世界大部分人口来说都是一件新鲜事。历史记载的第一批可可是由阿兹特克人①栽培的，由西班牙征服者带入欧洲。可可本身带有苦味，而“chocolate”（巧克力的英语）一词来源于纳瓦特语的“苦味饮料”。

真的存在“食物成瘾”的人吗?

很多轶事和实证研究都能够有力地证明情绪与食物之间存在某种联结。一些人会将食物当作一种药物，用来改善自己的情绪，也因而逐渐依赖某种食物，好让自己感觉好起来。这与药物成瘾者发现自己陷入的死循环一模一样：强烈地渴望和需要特定药物，然后才能让自己开始工作，感觉正常或好受一些。成瘾也与无法控制的暴食有关联，特定的食物会不会就像成瘾性物质，如可卡因、海洛因和尼古丁一样，让人成瘾？这种想法的背后存在一个问题：我们都需要食物才可以生存（从我们出生的那天起，我们就开始进食了），但我们的生存并不依赖那些消遣性毒品，也不是所有人都吸食毒品。如果食物可能具有成瘾性，为什么并不是所有人都受影响呢？对于这个问题，有两种解释的思路：一种思路认为，从基因和生理角度，可能只有少数人容易成为食物成瘾者；另一种思路则认为，我们都有可能成为食物成瘾者，但我们中的一些人拥有可以抵制食物诱惑的机制和策略，即他们可以限制饮食。

---

① 位于中美洲墨西哥的阿兹特克文明是当地的印第安土著文明，由于15、16世纪间西班牙征服者的侵略与殖民统治，阿兹特克帝国被摧毁，阿兹特克文明因而消失。——作者注

具有高限制饮食能力的人能够抵抗色香味俱全的食物(如刚出炉的曲奇)的诱惑,尽管他们也很喜欢这些食物;相反,低限制饮食能力的人对相同的诱惑毫无抵抗力,无论他们想不想避开不健康的食物,都有可能吃下更多的食物(Lawson et al., 1995)。有很多因素能够影响人们拥有的限制饮食的能力,包括想要减重或保持较低或健康的体重、信仰、伦理道德(如认为吃动物或虐待动物是不道德的,因而成为严格素食者,拒绝吃肉),以及健康问题(如因为要降低血压而不吃高盐的食物)等。性格也是影响因素之一,性格冲动的人的限制饮食的能力较差。就像其他章节中讨论的,低饮食限制能力可能导致过度进食和肥胖(Van Strein & Vand de Laar, 2008),但高饮食限制能力通常与厌食症有关(Bulik, Sullivan, Fear, & Pickering, 2000)。

///讨论话题///

你认为在世界上还不存在甜巧克力之前,人们会对其他食物有同样的渴求吗?如果你认为有,那可能是什么食物?

我们现有的进食环境与祖先的进食环境已经有很大的不同,在我们的环境中,美味且高热量的食物唾手可得。有证据显示,我们对食物上瘾与当今的致胖性环境密不可分。低饮食限制能力的人在当今的进食环境中更难抵御美味食物的诱惑,很容易吃得过多,不过,他们也许可以抵抗清淡食物的吸引力。

在约翰逊等人(Johnson & Kenny, 2010)的一项研究中,一组大鼠既可以无限制地吃鼠粮,也可以在较长时间内吃垃圾食品(几乎接近无限制),这些垃圾食品包括经常在我们的进食环境中出现的食物,如培根、香肠、巧克力和芝士蛋糕等。另一组大鼠也可以无限制地吃鼠粮，同时每天有1个小时的时间可以吃垃圾食品。第三组大鼠是控制组，只能够无限制地吃鼠粮。在40天的实验结束后，大鼠在接受灯光刺激时脚部会被电击，它们很快发展出对灯光刺激的条件反射性恐惧。在测试日，所有大鼠都能够接触垃圾食品，所有大鼠也都显示出对这些食物的兴趣。然而，当大鼠害怕的灯光刺激出现时(这次并没有伴随着脚部电击)，控制组和1小时接触组的大鼠对垃圾食品的兴趣被抑制，但第一组大鼠，即几乎无限制地接触垃圾食品的大鼠没有受到影响。有趣的是，就算已经吃饱了，长期吃垃圾食品的大鼠依然显示出对这些食物的喜爱，甘愿冒脚部可能遭受电击的风险。药物成瘾的大鼠在类似的场景下，同样会忽略与惩罚相关的外在线索，依然按下代表注射特定药物的控制杆。

在这项研究中，几乎无限制地吃垃圾食品的大鼠增加的重量是其他两组大鼠的两倍，看起来，它们非常享受我们的垃圾食品！这些大鼠在药物成瘾中也经常展现出一定的行为和生理特征(我们会在下文详细讨论)。它们愿意冒着电击的危险去吃垃圾食品，在日常饮食中，如果出现垃圾食品，它们吃下的热量远超控制组大鼠吃下的量，但吃正常的鼠食时，却与其他两组没有差异。这些研究数据同人类研究的结果相似，这意味着肥胖的人(与纤瘦的人相比)对美味且高热量的食物有更强烈的渴求，接触到这些食物时，他们自身具有的限制饮食的能力会降低(Stice, Spoor, Bohon, Veldhuizen, & Small, 2008)。在约翰逊等人的研究中，大鼠并不是一开始就对垃圾食品上瘾的。只有当它们接触了这些食物一段时间后，它们才出现与成瘾相关的特征。所有长期接触垃圾食品的大鼠都出现成瘾的迹象，它们与其他控制组的大鼠有类似的基因，环境接触才是导致成瘾的原因，而非生理特性。

///讨论话题///

你是否曾经长途跋涉，就为了去吃大鼠也喜爱的垃圾食品？你会不会在半夜或一大早穿过大半个城市，就为了吃薄煎饼和培根？会不会特意跑老远，就为了吃某一种冰激凌或巧克力？你认为这些行为能否作为美味食物可能具有成瘾性的证据？为什么？

食物成瘾与神经生物学

科学家对大脑奖赏回路的兴趣，可能要从20世纪50年代奥尔兹和米尔纳（Olds & Milner，1954）的研究发现说起。他们在实验中发现，大鼠竟然会选择按下代表颅脑内刺激的控制杆来取代食物、水或睡眠。中脑缘多巴胺系统（mesolimbic dopamine system，图8.1）涉及腹侧被盖区（ventral tegmental area，VTA）、伏隔核和几个大脑皮层区，其中内源性阿片样系统与奖赏和快感有非常密切的关联。接触到令人喜悦的刺激，如食物、水、性、毒品、云霄飞车等，都会激活大脑的奖赏回路，我们的体验就会被强化，这使我们不断重复这些体验。也许就是这些机制促使我们的祖先冒着生命危险，不惜消耗精力，去寻找食物、水和性并乐在其中。然而，这些回路的进化并不完美，我们才会享受毒品或渐渐对毒品上瘾，或者一次次排队，就为了多坐几次云霄飞车。毒品可以被视为一种超级刺激源，它比任何天然强化刺激源都更强有力地激活我们大脑中的奖赏回路。一些证据（Johnson & Kenny，2010）告诉我们，那些特别美味的食物也可能是一种超级刺激源，这就解释了垃圾食品组大鼠的类成瘾行为和它们的神经生理变化，也解释了在西方社会中为什么有很多人超量地吃高热量食物。

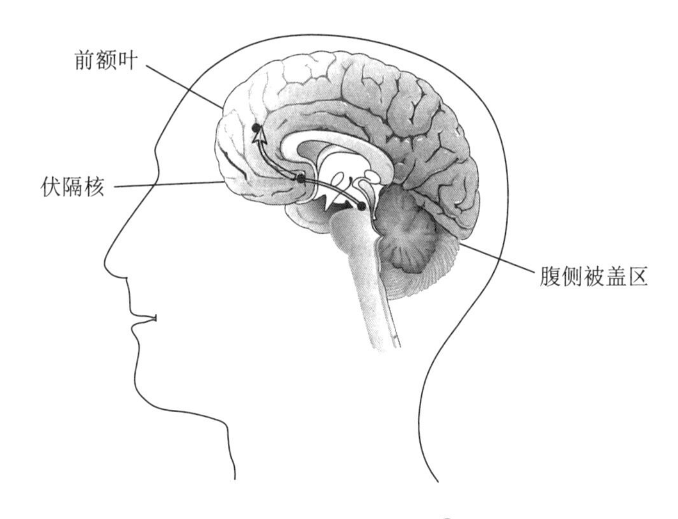

图 8.1 中脑缘多巴胺系统①

调查发现，当人们习惯在每天的特定时间吃一些可口的食物后，很多人都会感觉到自己无法抵御美食的诱惑，或者吃不到时就会感到情绪低落。这些症状——想吃美食的冲动，和吃不到时的情绪变化与退缩行为——都是药物成瘾的症状。普林斯顿大学的霍贝尔医生(Dr. Bart Hoebel)及其同事是第一批提出“糖瘾”一说的研究者，至少在大鼠身上，他们发现了糖瘾的存在。间隔性喂食糖的大鼠出现药物成瘾的标志性特征，包括退缩、吃糖时的暴食、对糖的渴求和对其他药物的兴趣增加(即敏感性泛化)等(Avena, Rada, & Hoebel, 2008)。他们还发现，大鼠会在糖精和可卡因中选择代表糖精的操纵杆，这显示出甜味是一种强大的强化物(Lenoir, Serre, Cantin, & Ahmed, 2007)。由约翰逊等人所做的大鼠研究也证明了这一说法。我们推荐大家阅

① 图片来源于美国国家药物滥用研究所(National Institue on Drug Abuse)。

读肯尼(Kenny, 2011)的论文,该论文对那些讨论肥胖和药物成瘾的神经生理学研究做了详细的综述。下面,我们将总结一些重要的研究发现,它们揭示了可能导致糖瘾或对可口食物的上瘾的神经机制。

多巴胺系统

有很多证据表明,在接触到糖和其他美味食物或其他被滥用的药物时,伏隔核会分泌多巴胺(Kenny, 2011)。每一次接触到糖或其他具有成瘾性的药物都会引发伏隔核分泌多巴胺,一段时间后,这会导致多巴胺受体的有效性与功能都发生变化。随着时间的推移和接触药物的次数增加,药物成瘾者需要更多的药物,才能获得与首次摄入药物时同样的效果,这被称为"耐药性"。耐药性的产生部分是因为多巴胺受体的减量调节,导致对多巴胺活动的敏感性降低,从而需要更大剂量的药物来激活多巴胺受体。这一过程可能也发生在有糖瘾或对可口食物上瘾的人身上,他们需要不断吃更多的糖或可口食物才能让自己好受些,或者说可以让自己回忆起"被慰藉"的感觉。

我们很容易假设糖和热量相关,所以它天生就具有强化作用,引发多巴胺的分泌。不过,消化后反馈可以引发神经生理学反应产生改变。例如,当大鼠第一次喝下一种甜味糖精溶液,它们大脑中伏隔核内的多巴胺活动增加了。对于那些经过味觉厌恶条件反射训练的大鼠,情况有所不同,它们在喝下甜味糖精溶液时被注射了会导致恶心反应的氯化锂,因而大脑内的多巴胺活动减少了(Mark, Blander, & Hoebel, 1991)。(请注意,因为它们之后会十分抗拒喝下甜味糖精溶液,研究人员不得不利用口腔注射,让大鼠接受这种溶液,以便测量其多巴胺水平。大鼠会激烈拒绝,甚至吐出这种糖精溶液。)很多正向联结性体验都会引发多巴胺的分泌,包括糖、可口食物或成瘾性药物等,不过，实际上，比起真正吃下这些食物或服用这些药物，在预期状态下大脑内多巴胺的水平更高（Pelchat，Johnson，Chan，Valdez，& Ragland，2004；Small，Jones-Gotman，& Dagher，2003；Volkow et al.，2003）。也就是说，最初，多巴胺的分泌只是对这种愉快或具有奖赏性的刺激的某种反应，然而，在条件反射形成之后，它就会被对预期刺激效果的习得性期待所影响。

可口食物或具成瘾性药物会提升多巴胺的水平和它在纹状体（striatum）内与D2受体亚型的结合。纹状体是大脑中与快感和激励行为相关的区域，纹状体内D2受体的减少（有时也被称为"纹状体功能障碍"）和滥用药物有关。一些理论家认为，这意味着药物成瘾者对奖赏的回应钝化了，他们就会寻求更多的药物，进一步刺激他们迟钝的奖赏系统（Stice，Yokum，Blum，& Bohon，2010）。与之类似，在肥胖的人和大鼠的纹状体内，D2受体基因表达都有所减少。约翰逊和肯尼（Johnson & Kenny，2010）发现，在大量吃垃圾食品一个半月后，垃圾食品组大鼠的纹状体内D2受体的基因表达与它们体重的增加成反比。奖赏回路的过分活跃会导致D2受体的减少，这最终导致了人体渴望并需要用更多愉快的刺激，如可口的食物或具有成瘾性的药物，来激活奖赏回路。

有趣的是，尽管纹状体内D2受体的基因表达减少了，胖人的大脑在面对食物线索时却出现更强烈的纹状体活动（Stice et al.，2010）。一些研究者相信，胖人对预期的食物奖赏有更高水平的大脑活动，但在实际吃到食物时，他们的大脑活动下降了。这可能揭示了为什么人会有强烈的对食物的渴求和欲望，但在吃到想吃的食物时，满足感却降低了，因而一直想要吃得更多。我们还不确定人类大脑的这类改变发生在变肥胖之前，还是由肥胖导致的，但约翰逊和肯尼的研究结果表明，可能后者才是真相：吃太多食物，特别是垃圾食品，会降低纹状体内的多巴胺活动水平，不断增强吃垃圾食品的欲望。

///趣味信息盒///

体重会不会影响大脑对食物线索的反应？

斯蒂斯等人（Stice et al., 2008）在研究中使用了功能性核磁共振成像技术，评估肥胖少女和纤瘦少女在预测可以吃到可口食物和实际吃到可口食物时大脑活动的特征。在进行功能性核磁共振成像扫描时，他们发现，在喝巧克力奶昔和无味溶液之前，这些少女的大脑中会出现一些特别的线索。与纤瘦少女相比，肥胖少女在预测可以喝到和实际喝到巧克力奶昔时，大脑中与食物味道、奖赏和渴求相关的区域，包括味觉皮层、胰岛皮层和前扣带皮层（anterior cingulate cortex）等，出现更强的神经活动。BMI值也与尾状体（纹状体的一部分）对进食反应的神经活跃程度成反比。这些发现都证明，对食物的渴求与体重有关联。

在另一项使用功能性核磁共振成像技术的研究中，大脑内与奖赏相关区域的活动受到可口食物的标识的影响。比起预测要喝到被标注了“低脂”的奶昔，在预测要喝到正常奶昔时，大脑的活动更活跃，这也证明肥胖的人对外界食物线索更敏感。

内源性阿片系统

内源性阿片系统（endogenous opioid system）的活动与愉悦的刺激有关，这种刺激包括服用成瘾性药物。阿片类药物，包括海洛因、吗啡和催乳素，都是通过与内源性阿片受体结合而直接作用于阿片肽系统的兴奋剂。其他被滥用的药物间接作用于这个系统，但功能也很强大。如酒精、尼古丁（在香烟中存在）和可卡因等药物，都会直接激活其他神经递质系统，同时间接引发内源性阿片系统的激活。阿片类拮抗剂可以有效地降低成瘾者对酒精、香烟和可卡因的依赖，它的工作机制是使阿片系统的活动受阻，酒精、香烟和可卡因等就无法引发快感了。

吃甜食和可口的食物是一件令人愉快的事情，所以阿片系统很可能也参与其中。纳洛酮和纳曲酮是两种在药物成瘾研究和治疗中常用的阿片受体阻滞剂，它们可以降低甜味、可口食物的味道和嗅觉引发的愉悦度，并减少与贪食症相关的暴食行为（Drewnowski, Krahn, Demitrack, Nairn, & Gosnell, 1995）。尤其是纳洛酮，它被发现可以降低大鼠对糖的摄入，大鼠接受了条件反射训练后，会在接受某个刺激后开始摄入糖（Grimm, Manaois, Osincup, Wells, & Buse, 2007）。阿片受体阻滞剂似乎可以让调节反射性刺激的嗜糖渴望失效。此外，当大鼠的伏隔核被注射了阿片受体兴奋剂（opioid receptor stimulant, DAMGO），它们会喝更多可口的溶液（含有蔗糖、糖精或盐的溶液），但并没有喝更多的水（Zhang & Kelley, 1997, 2002）。内源性阿片系统似乎在可口味道的选择性偏好、可口食物的成瘾和过度进食中发挥了作用。

食欲素系统

越来越多的证据证明，食欲素［也被叫作“下丘脑泌素”（hypocretin）］系统（orexin system）在药物滥用和对美味食物成瘾的过程中有一定影响。食欲素受体存在于下丘脑（维持体内平衡和动机的区域）和中脑边缘区域（与奖赏相关的区域）中。食欲素的信号似乎可以调节中脑边缘区域内的多巴胺活动，增强对愉快刺激的奖赏，并提高寻找这类刺激的动机。食欲素阻滞剂却没有阻碍那些被拿走其他食物的大鼠吃下鼠粮，这意味着食欲素的活动仅参与了享乐型食物和毒品的摄入过程，与饥饿引发的进食没有关系(Choi, Davis, Fitzgerald, & Benoit, 2011)。

将食欲素直接注射入大鼠大脑后，引发了大鼠选择性地进食含有高脂肪的美味食物。研究结果也显示，当大鼠接受条件反射性训练，以一定的时间间隔或特定线索为依据，吃下可口的食物如巧克力时，大鼠在预测巧克力即将到来时食欲素的信号变强了。此外，食欲素阻滞剂被发现可以降低冲动性行为，这是与药物滥用和暴食行为相关的一大问题。由此看来，食欲素的活动水平能够促进享乐性进食，而非生理需求性进食，这可能导致大鼠吃太多高脂肪和高热量的食物。

大麻素

几个世纪以来，吸食大麻都被发现与进食的增加相关，特别是吃零食或垃圾食品。四氢大麻醇(tetrahydrocannabinol, THC)是一种在大麻中存在的精神活性物质，它会激活大麻素(cannabinoids)系统，引发对享乐型食物的渴求。很多大麻吸食者都曾提过，吸食大麻会引发饥饿感，让他们吃更多食物。20 世纪 90 年代，研究者也发现，大鼠和小鼠被注射四氢大麻醇后，食欲变得很旺盛，而隔离大麻素系统会避免过度进食。这些对大麻素系统的刺激引发过度进食反应的实证研究，使研究者开始尝试理解大麻素在进食行为中的作用，以及大麻素阻滞剂能不能用于治疗肥胖。

四氢大麻醇和其他大麻素主要通过与大脑中及其周边的内源性大麻素受体(主要为 CB1 受体亚型)结合产生作用。在大脑中，大麻素受体分布于与进食调节和动机相关的区域（如下丘脑）和与奖赏或快感相关的区域（如伏隔核），以及身体外围与消化相关的区域（如肠道）（Kirkham，2009）。研究人员意识到，如果内源性受体存在，身体内必然存在与它们结合的天然化学物质。这一想法引领人们进一步发现了内源性大麻素，一种大脑内源性的类 THC 神经递质。愉快的体验能够激活人体中内源性大麻素的分泌，而大麻素的分泌反过来增强了这些体验的愉悦度。很明显，这个系统在下丘脑和大脑奖赏回路中与食欲素、多巴胺和阿片系统以协同的方式工作，并以额外的奖赏强化与吃下可口食物相关的体验和记忆。内源性大麻素似乎在促进食欲和觅食（尤其是可口的食物）动机中有特别作用（Abel，1975；Foltin，Fischman，& Byrne，1988）。

最新证据帮助我们理解为何会出现与大麻使用相关的"零食控"（munchies）。大麻素阻滞剂能十分有效地抑制人类和动物的进食，帮助减轻体重。不过，大麻素阻滞剂目前没有成为帮助减重的药物，因为它们会增加人们患抑郁症的风险（Izzo，& Sharkey，2010）。

结束语

不断涌现的人类轶事以及对人类和动物的实证性研究都证明，存在"食物成瘾"这一概念。很多超重的人声称，他们无法抵御最爱的食物的诱惑，这可能是因为他们有过很多次节食或减重的失败经历。在一部纪实电影《超大码的我》中，斯普尔洛克（Morgan Spurlock）在 30 天内只吃快餐店的食物，希望探索经常吃高加工、高碳水化合物和高脂肪的食物（如汽水、芝士汉堡、薯条和奶昔）是否可能引发健康风险。在很短的时间内，他的体重就有了大幅增长（25 磅）。当然，考虑到他每日的能量摄入,这样的体重增加并不让人惊讶。有一点令斯普尔洛克十分吃惊,也与我们讨论的主题相关,他发现,在只吃快餐的这段时间,自己的情绪变得不稳定、抑郁并缺乏精力。他的抑郁情绪可以通过吃那些美味、高能量的食物来缓解。他的嗜食、暴食和与此相关的情绪不稳定都与药物成瘾者描述的症状相同。轶事报告如斯普尔洛克的纪录片证明,食物可能对情绪有深远的影响,同时也有类成瘾性特点。

最新的使用功能性核磁共振成像技术的研究结果显示,比起纤瘦人群,在面对食物线索时,肥胖人群大脑内的味觉与快感相关区域有更强烈的神经活动。与此类似,有证据表明,当遇到相关线索如药物注射器的图片时,药物成瘾者的大脑中有关快感的脑区的活动就会上升。就像本章之前讨论过的,药物成瘾者的行为和生理特点与肥胖的人或动物(也许可以叫"食物成瘾者")的行为和生理特点十分类似。对食物的喜爱、嗜食和进食的动机背后的神经机制也与药物成瘾者的类似。我们社会中的可口且高能量的食物是如此泛滥,以至于它们过分激活了我们的奖赏回路,导致类似成瘾的神经生理症状和行为症状。很重要的一点是,过度进食的成瘾模型不能够完全解释我们文化中存在的不同的进食障碍或不健康的饮食行为,但药物成瘾和对可口食物过度进食之间的相似性值得更多的思考和持续的研究。

第九章　饥饿感、满足感与我们的大脑

阅读完本章，你将：

- 理解动机的概念，明白它在进食行为理论中的应用。
- 能够描述稳态应变机能及其对进食行为和体重控制的影响。
- 能够辨别脂肪组织和体重控制的信号。
- 理解弓状核与孤束核在形成饥饿感的生理信号中的作用。
- 能够描述奖赏系统、进食行为和其他高阶大脑处理过程。

饥饿感和满足感来自哪里？

在本书的前面部分，我们讨论了环境中的一些情况可能影响进食的时机和食量，也讨论过觅食是一个很重要的因素。觅食需要付出精力，动物或人类肯定有一种内在机制会引发并维持觅食所需的精力，这种机制就是动机。到底是什么驱动着我们去寻找或选择食物？当我们开始进食并最终停止觅食或进食时，又是什么让我们的动机逐渐消退呢？就像前几章提到过的，对食物兴趣的变化背后的心理状态，实际上就是被分别称为“饥饿感”和“满足感”的两种状态。满足感是正在进行的一餐的终结。“饱腹感”和“满足感”这两个术语常会混淆，说得更清楚一点：饱腹感受一餐开始时内在状态的控制，而满足感受一餐结束时内在状态的控制。这些状态和信号在时间上会出现重叠，我们接下来会详细讨论（Blundell，1991；图9.1）。

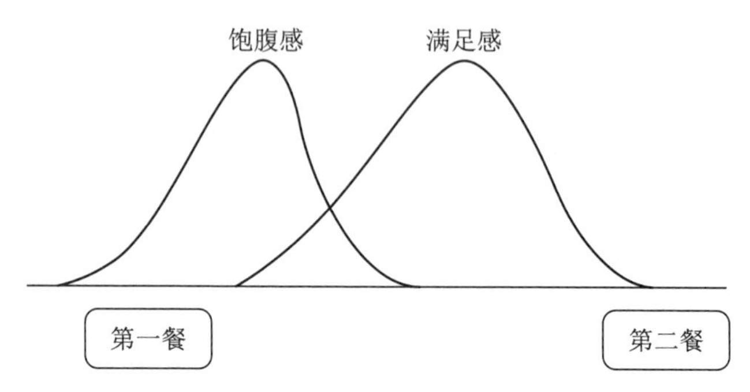

图9.1 餐与餐之间饱腹感和满足感信号起伏变化的简单示意图

饥饿感通常是一种令人不太愉快的状态，而满足感是一种令人愉悦的状态。想象你现在感觉很饿，可能是因为你已经一天都没吃饭了。你身体的哪些部分让你感觉到饿了？是你的胃（饿得咕咕叫）、你的肌肉（感觉到无力）或你的大脑吗？相反，如果你刚刚吃饱并感觉很满足，这种满足的感觉又从哪里而来？这个领域中的早期研究者已经提出了这些问题，而他们没能找到具有说服力的证据证明这些感觉信号来源于大脑之外，也无法证明我们可以意识得到的感觉，如胃部感觉很空或很满，是我们体验到饥饿的先决条件。因此，那时候的研究者认为，饥饿感和满足感来自中枢（大脑）结构。我们将会知道，那些我们无法有意识地注意到的身体其他部分，其实深刻地影响着我们的进食行为。

人类的大脑是一个异常消耗能量的器官，成人摄入热量中的大约20%用来供应大脑运作。你可能会想，这个消耗还称得上划算，对吗？从"自私的大脑"的角度，大脑的重要职能之一就是保障我们的生理机能和各类行为都合适运转。我们将本章内容分成两类，依据大脑决策控制机能详细讨论。把它们分开讨论会更便利一些,但我们想强调的是,如此分类仅仅是出于概念上的便利,而非在实际神经生理学上的结构有所不同;实际上,它们就像管弦乐队一样无缝地结合在一起,组成了进食行为的方方面面。这两种机能就是稳态应变机能和奖赏/决策机能。

我们知道有些读者不具备神经生理学知识,本章将仅使用一些基本概念,相当于基础心理学课程所涵盖的知识水平。附录1中可以找到与这些概念相关的基本入门介绍。

///趣味信息盒///

饥饿感或满足感来自哪里? 证据呢?

在一项早期研究中(Cannon & Washburn, 1912),沃什伯恩(Washburn,一个医学生)吞下了一个连着管子的气球,这个气球抵达胃部后可以被充气变大。通过测量管内的气压,坎农能够记录胃部开始收缩的时间(即挤压气球)。他们发现,当沃什伯恩感觉饿到胃痛的时候,胃部的收缩最明显。之后的研究却没能支持饥饿的"胃部理论",因为那些因健康原因摘掉胃的人依然能够感觉到饥饿(Wood, Schwarts, Baskin, & Seeley, 2000)。

有很多其他研究(如 Nicolaidis & Rowland, 1976)通过将营养成分注入胃及肠道的不同部分,或直接注入血液内来检验满足感的来源。简单来说,研究发现,通过对胃及肠道不同部位注射不同种类的营养成分,就可以部分获得满足感:这些胃及肠道不同部位的营养吸收机制协同或以不同的顺序参与人体的自然进食过程。

保持恒定：稳态应变机能

为了生存，我们体内的很多生理性变量都必须维持在一定的数值范围内。你熟悉的体温就是其中之一，如果体温因为你正在锻炼或正在发烧上升了一点，你就会开始出汗；汗液挥发并散热，使体温下降。相反，如果你的体温变低，身体制热的生理机制之一就是发抖。行为活动如穿上或脱下衣服，也会增强这些生理性改变。体温的变化通常很小，人一生的体温平均值都不会改变，每一个人的体温平均值也都一样。对人类来说，可能存在肥胖流行症，但不可能存在"体温流

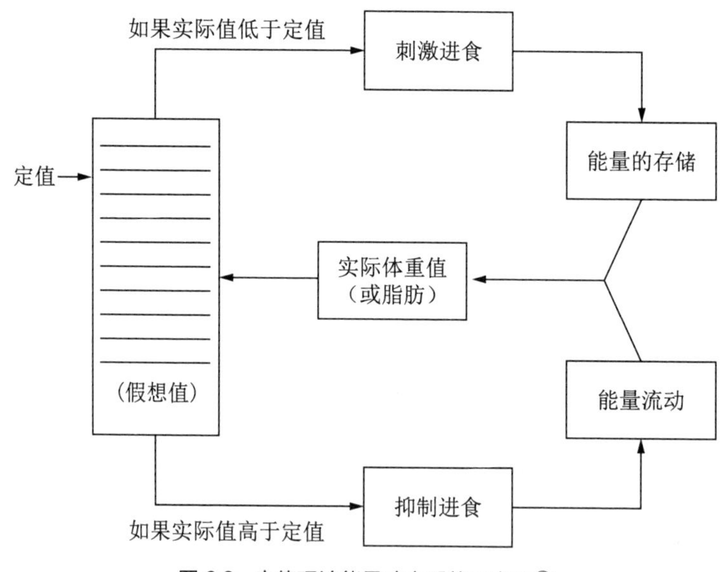

图 9.2 定值理论能量动态系统示意图①

① 利用一个假想的值或比较装置来测定实际值（这个例子中指体重或相关因素）与所需值或定值之间的差异，两者的差异就决定了进食行为的改变，这种改变是为了减少两者之间的差异，直至消除差异。

行症”，因为体温就算只改变几度，我们就会因高温或低温死亡。这种生理性变量的常态和唯一性不可能仅仅是一个巧合，坎农（Cannon，1929）首创了“稳态应变”（allostasis）这一术语，用来表示各种维持稳态的主动调节机制运行的过程。

图 9.2 显示了能量和进食稳态机制的几个重点。这个模型的关键在于，通过稳态机制维持一个定值（set point）。你家里或公寓的温度控制器可能会这样运作：你通过温度控制器设定一个恒定的室温，而输出机制是室内的加热器与空调。像这样的稳态控制原则，多大程度上适用于我们体内的能量平衡和体重控制机制呢？你可能想起体温具有的两个特点（一生不变的恒温；不同个体的体温具有同一性），温度控制器的运作机制与我们身体保持能量平衡的工作机制可能相差不远。稳态平衡是 20 世纪中期至后期唯一可行的生理模型，不过早期的理论家更青睐“静态平衡”模型。这些理论对这个领域有深远的影响，其中一些论点在今天依然被运用，所以我们会简单地回顾这些理论。

葡萄糖恒定假说（glucostatic hypothesis）是马耶尔（Jean Mayer）1953 年提出的理论，他认为因为葡萄糖是人体内主要的燃料来源，血糖水平的波动可能成为饥饿感或满足感的信号来源。血糖水平的升高，如在一餐后发生的血糖升高，会向身体发送满足感的信号；血糖水平的下降，如禁食时产生的血糖下降，会向身体发送饥饿感的信号。马耶尔的模型需要一种可以侦测血糖水平的生理机制，在他提出假说时人们并没有发现这种机制，但后来的研究者在人体内的很多器官中都发现了很多类型的葡萄糖传感器或受体（Levin，2006）。

恒脂假说（lipostatic hypothesis）是肯尼迪（Gordon Kennedy）提出的理论，他认为因为脂肪组织是人体内存储能量的最主要形式，脂肪存储量的波动可能会发出与脂肪含量相关的信号，从而影响饥饿感和满足感。身体内的脂肪存储于身体的不同区域，唯一可行的机制似乎是每一个脂肪存储区域分泌的由血液传递的化学物质。这个理论引领了一拨寻找这种化学物质的研究，但直到40年后，才出现一种可能具有这种功能的物质——瘦素（Halaas et al., 1995；详见本书第十一章）。瘦素属于细胞因子（cytokines）的一种，而细胞因子是细胞与细胞间化学信使的一种；我们现在知道，脂肪组织会分泌多种细胞因子，它们被统称为“脂肪细胞因子”（adipokines）。这些细胞因子有些会促进，也有些会削弱人体组织中的一些炎症反应，因此，现在有很多人认为，在肥胖状态下体内存在较多的脂肪细胞因子，就可以被界定为“炎症”（inflammatory disorder）（Pdegaard & Chawla, 2013）。人体内的脂肪存储量变化的速度比较慢，所以，至少在稳态体系下，脂肪细胞因子被视为一种控制进食的长期调控因子。

如果想将稳态的概念应用到体重上，我们可能还面临更多根本性挑战。首先，体重本身不可能是一种关键的变量。如果它起关键作用，待在无重力环境中的宇航员应该会感觉到无法控制的饥饿，当然，实际并非如此。（我们想为恒脂假说辩护一下，恒脂假说实际上指的并非体重，而是脂肪含量或水平的衍生概念。）其次，肥胖流行症的出现也反驳了“从人口水平角度来说，肥胖人数是恒定的”这一观点。最后，个体间脂肪含量相差甚大，但体温相差甚小，可见，这两者完全不同。

还有一种更具适应性的理论，是由维特沙夫特和戴维斯（Wirtshafter & Davis, 1977）提出的体重定值（body weight settling point）理论。根据这个理论，在特定情况下（如食物的类型和花费，还有能量的消耗等，都维持不变），人们的进食将稳定在一个特定的水平，而体重和脂肪水平也会相应被动地维持在一个平衡值上。这种模型预测，如果食物的价钱便宜了或食物的脂肪含量上升了（即净能量获益增加了），热量摄入和因此产生的体重定值就会上升。然而，简单的体重定值模型其实无法预测热量摄入和体重定值的升高会造成什么结果，体重定值的概念现在更多出现在心理学史中，现代研究者已经很少提及这个概念。这是一个很诱人的简单概念，因为如果我们的体重比我们设想得更重，它就为我们提供了一个现成的替罪羊。这个术语有时还可以在文章中看到，写文章的人使用这个概念时，把它当成既成事实，读者或网络浏览者对此要小心！

一些理论家注意到这些理论的缺陷，其中最强有力的反驳声音莫过于舒尔金（Schulkin，2003）和斯特林（Sterling，2012），他们提出，稳态理论的前提从本质上来说是有缺陷的。人体内在调节功能的运行目的并非保持一个定值，而是为了持续调节自身的功能，以优化我们的存活。稳态应变机制就是这个理论中一种重要的概念，意思是调节功能也会受对需求的预期的影响，而不仅仅是稳态理论所认为的只是对需求的反应。稳态应变概念的目标同定值理论的目标在许多方面都很相似，如进食和体重都会随环境条件变化而产生适应性变化。你也应该发现了它和最优觅食理论中的适应性的相似之处。

///讨论话题///

低血糖通常与疲劳症状相关。你是否曾经感觉到自己的血糖很低？你做了什么让自己感觉精力充沛一些？为什么学校里的老师不太赞同学吃那些含单醣水平高的零食呢？从进化论的角度来说，你觉得只有血糖低时才感觉饥饿具有适应性吗？

影响食欲的生理机制：下丘脑与神经递质

100年前，奥地利神经学家弗洛利歇（Alfred Fröhlich）记录下一些他曾经遇到的突然食欲暴涨的病人，他将其称为“食欲过盛者”，他们的体重（脂肪）会因暴食快速增长。这些病人去世后，弗洛利歇发现，他们的腹侧下丘脑（下丘脑是一个很小但很重要的脑区，位于大脑腹侧或底侧表面的中部）长有肿瘤。几年后，又观察到那些下丘脑腹内侧核（ventromedial hypothalamus，VMH）遭受实验性破坏或病变的大鼠，也出现这种惊人的食欲过盛和体重增加（通常会达到正常体重的两至三倍）。外侧下丘脑（lateral hypothalamus，LH）被破坏时，则出现了一种与此相反的症状——不食症（aphagia，不能进食）或食欲下降（hypophagia，进食行为减少）。这些研究和其他研究结果引导斯泰拉（Stella，1954）提出进食行为的双核（dual center）模型（图 9.3）。这个模型是第一个正式以大脑为基础的进食理论，它强调了进食兴奋中心（LH）和进食抑制中心（VMH）的交互作用。①

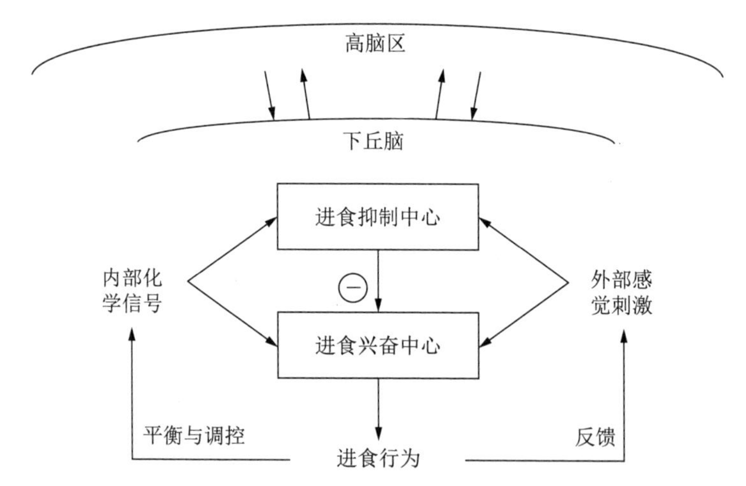

图 9.3　进食的双核模型（根据斯泰拉 1954 年的文章重制和简化的概图）

① 术语“兴奋”和“抑制”在这里指行为的结果，请不要与动作电位和神经活性混淆在一起。因为大脑能够侦测到改变，无论神经元的发电速率是下降还是上升，都同样传达了信息。

像这样对大脑的研究已经被更具针对性的研究方法取代了，现在主要通过干预或破坏特定类型的细胞、基因、神经递质或受体来进行研究。如今，我们会针对大脑特定区域中的进食兴奋或进食抑制的神经元或神经元丛进行研究，这些神经元有相似的基因表达和蛋白质。从理论水平来说，“开”和“关”系统之间的交互概念仍然受斯泰拉提出的双核模型的影响。

目前获得最深入研究的是进食兴奋系统，它扎根于下丘脑弓状核的神经元亚群之中，这个系统有几种辅助神经递质，分别是神经肽 Y（neuropeptide Y，NPY）、刺鼠基因相关肽（Agouti related peptide，AgRP）和 γ 氨基丁酸（γ-amino butyric acid，GABA）（图 9.4）。这些神经元抑制了相邻弓状核内的进食抑制神经元的活动，而阿片促黑皮质素（pro-opiomelanocortin，POMC）的基因表达就发生在这些进食抑制神经元中。这些进食兴奋和抑制的神经元将信息投射至大脑的不同区域，其中包括下丘脑室旁核（paraventricle nucleus of the hypothalamus，PVN）。这些系统之间的关联展现了大脑神经的可塑性，如大脑可以通过代谢来调整，这也与稳态应变理论框架中所说的适应性一致。

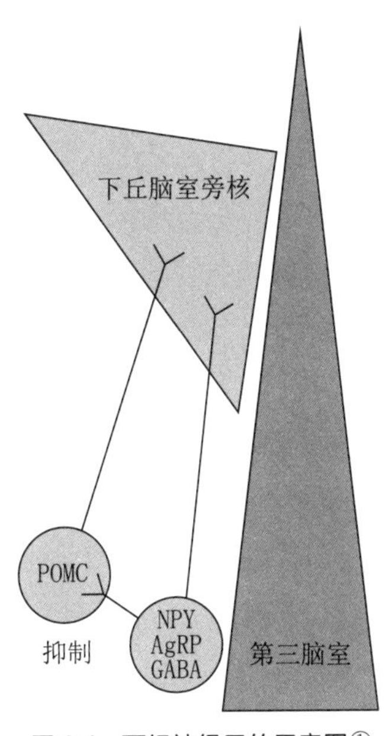

图 9.4　两组神经元的示意图[①]

① 下丘脑弓状核内神经元（靠近充满液体的第三脑室，图中仅显示了大脑的一侧）的轴突联结到下丘脑室旁核。神经肽 Y/刺鼠基因相关肽（进食兴奋神经元）也联结了室旁核，同时通过抑制性神经递质 γ 氨基丁酸抑制了进食抑制性神经元的工作。

///趣味信息盒///

神经肽 Y 和刺鼠基因相关肽在进食中起到什么作用？ 有什么证据？

在20世纪80年代，人们发现，给那些营养充足的豚鼠的大脑中注射小剂量的神经肽Y之后，会导致豚鼠迅速开始大量进食，重复的注射则会导致豚鼠持续地过度进食和体重剧增。下丘脑室旁核是大脑中对这一物质最敏感的区域。研究人员发现，食物的剥夺会促进豚鼠体内神经肽Y的内源性合成与分泌。神经肽Y细胞同时也会表达刺鼠基因相关肽的基因。刺鼠基因相关肽的名字来源于通常毛色为黑色的实验鼠，因为其中一些实验鼠的毛色会自然突变为黄色。与他们黑色皮毛的兄弟姐妹相比，这些有黄色皮毛的实验鼠逐渐变得肥胖起来。后来有研究发现，黄色毛发的豚鼠有更高程度的刺鼠基因相关肽的表达。刺鼠基因相关肽是一种黑皮质素受体的天然受体拮抗剂：黑皮质素受体的正常配体是一种促进α-黑皮质素细胞生成的荷尔蒙，它也是进食抑制性神经元的产物。黄色皮毛的产生是由于黑皮质素受体(1型)在色素沉着过程中受阻，而肥胖源于大脑在基因表达过程中对3型或4型黑皮质素受体的阻碍。弓状核内的某些神经元表达了进食抑制性神经元的基因，同时也是进食抑制系统的一部分。

尽管这两个系统的神经活动水平没有受到限制，但在下丘脑室旁核内活动的进食兴奋和抑制系统互相为对方起着“缓冲”的作用。在最近的一项研究中，阿蓬特等人(Aponte, Atasoy, & Sternson, 2011)利用一种新的光遗传学(optogenetics)技术来更好地理解刺鼠基因相关肽的功能。通过从基因工程学角度解构鼠类的刺鼠基因相关肽的基因进行光敏离子通道(也叫“视紫质通道”)的表达,当研究人员以弓状核为目标发出细微的光纤维脉冲,他们就能够选择性地激活这些细胞。研究发现,每当弓状核被光激活,这些实验鼠就开始兴奋地进食,就算必须通过工作来获取食物,也同样如此。

每一餐

有这样一句有名的谚语:任何旅程都是从一小步开始(或者也可以说结束)的。内在机制控制进食的方法也同样如此,只有注意吃下的每一口食物,才能最终控制总体热量。一段时间内的很多次咀嚼就组成了一次进餐(meals)。就像我们在之前的章节中提及的,大多数动物,包括人类的进食都是间歇性的或阶段性的。如果暂时不考虑零食,进餐就可以定义为在特定时间内发生的进食,通常每个物种都有特定的每日进餐顺序或规律。为了更好地辨识决定饥饿感和满足感的内在因素,研究者通常会让被试在可以随时获取丰富食物的条件下,探索他们/它们的进餐规律,这种条件也叫“自由进食条件”。大部分人一日三餐,这三餐的时间点很大程度上受工作日的时间结构、小时候接触成人进食文化而习得的习惯,以及常态的外界限制(如吃多少受食物分量的影响)等的影响。

研究者通常会使用实验室动物进行研究,以降低文化因素的影响,因为除了人工昼夜循环(通常都是 12 小时的灯光照射,12 小时的黑暗)可能产生的影响外,实验室中的动物不会受其他任何文化或外在结构的影响。大多数研究都使用单独安置和喂养的大鼠。图 9.5 所示为大鼠的典型 24 小时自由进食累积图，它显示大鼠的进食是阶段性的，每一次进餐很容易被辨别出来，这些数据还使用了精确的数学标准（如 Tolkamp et al.，2011；Zorilla et al.，2005）。

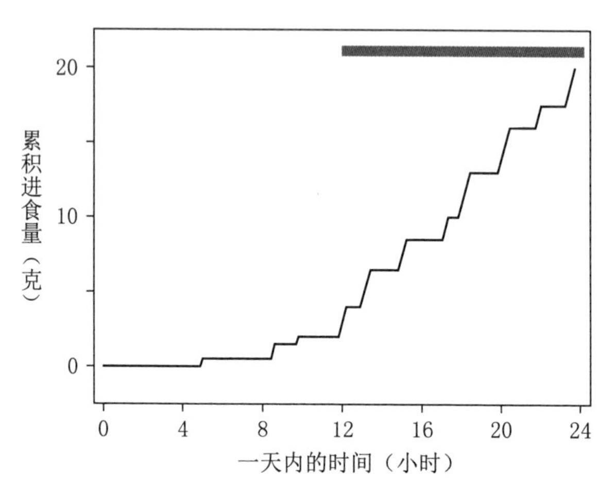

图 9.5　大鼠典型 24 小时自由进食累积图①

我们可以看到，每一餐的量都不同，有几餐的进食量比其他几餐大一些（即图中更高阶梯的高度），而两餐之间的时间间隔也不同（每一个阶梯之间的水平距离）。如果你观察到实验鼠在一餐内自发吃了很多食物，你有理由推测，这可能是因为这些实验鼠已经很久没有吃东西，所以特别饥饿。但如果这是正确的，每餐吃多少就应该与这一次进食和上一次进食的时间间隔成正比，事实却并非如此。实际上，在一些研究中，每餐的进食量反而与这一次进食和下一次进食的时间间隔成正比。这就意味着，每餐的进食量其实是个体对平均满足感会持续的时间的预测，或者说，一餐的开始是因为前一餐提供的满足感

① 每向前一步就代表食物从碗里被取走。进食片段（进餐）和非进食片段的差异十分明显；大部分进食都在夜间出现（夜晚由水平的黑条表示）。

下降,而不是单独的饥饿感导致的(LeMagnen, 1985)。

///讨论话题///

当你吃东西的时候,是什么让你觉得这是一顿正餐或这是在吃零食?万辛克等人(Wansink, Payne, & Shimizu, 2010)在美国大学中,让学生和教师用数字来估算各种想象场景中的进餐达到什么程度算正餐,或者算零食。一些环境因素成为影响因素,如是和家人一起吃还是一个人吃,是用陶瓷餐具吃还是用纸制餐具吃,是坐着吃还是站着吃,等等。一些与食物相关的因素也具有影响力,如分量大小、价格高低、是烹饪食物还是包装好的食物等。你思考时考虑这些因素了吗?你认为还有什么因素对区分正餐和零食来说很重要(或不重要)?

这个结论对过去50年的研究产生了深远的影响,因为它让研究者停止关注人体内的饥饿感的信号,开始致力于寻找饱腹感或满足感的信号。满足感的信号从根本上影响了大脑的运作,从而控制了人类的行为,例如:“我应该现在吃还是等下吃?”史密斯(Smith, 1996)提出,人体内应该存在两种不同的满足感信号——直接信号和间接信号:直接信号就是因进食产生的内部信号,同时通过大脑的运作影响身体的代谢或个体的行为;间接信号就是调节直接信号有效性(如食物是否美味、社会情境、现有体脂含量等)的信号,也通过大脑运作。直接信号是我们之间提及的那些短时或长时机制;通常来说,大多数短时信号是那些内分泌荷尔蒙,如胆囊收缩素(详见讨论化学感觉的章节),长时信号大多数情况下指脂肪细胞因子(见上文)。

我们曾经在前文提过,肥胖人群体内胰岛素水平的升高会导致他们的身体对胰岛素产生抗性，这种情况下，胰岛素受体无法完全回应胰岛素。人体内的瘦素也会产生类似的情况：肥胖与瘦素抗性（leptin resistance）有关，这意味着可能只有在一个相对狭窄的范围内的瘦素和胰岛素浓度才能对进食行为产生抑制性信号——太少，就相当于没有信号；太多，受体就不再作出反应。专业人士在治疗肥胖症患者的时候经常让他们“聆听你身体的声音”，但如果那些信号已经不在感受范围内（或大脑的关键区域出现损伤），他们根本不可能听到任何声音！

因此，我们可以作出一个合理的假设，即进食是由人体内部（如脂肪细胞因子）和外部（如花费、外观和味道）的不同因素控制的，但内部因素最多（也只能）部分控制进食行为。如果肥胖症患者体内的受体出现抗性，即他们的身体无法对一些或所有内部信号产生反应，显然，他们就比身材较瘦的人更容易受外界因素，如身材标准和社会因素、条件反射或压力等的影响。沙赫特（Schachter，1968）提出的肥胖的外部因素理论（externality theory）就与这一推论想法一致。与此相反，禁食后人体的内部信号有更强的作用，我们对外部因素如味觉或食物的花费很可能变得不那么敏感，通常实际情况也是如此。

///趣味信息盒///

食物造就思维——脂肪都对你的大脑做了什么?！

你可能看过或听过几年前的一个名为“药物都对你的大脑做了什么”（this is your brain on drug）的公益宣传活动，在这个宣传中，大脑被描绘成一只被煎熟的鸡蛋。现在我们发现，肥胖可能对你的大脑有类似的影响！就像之前提到过，肥胖具有一些炎症的特征，而最新研究表明，与脂肪组织炎症特性的缓慢出现不同，连续进食高脂食物的小鼠几天内就出现了大脑的炎症（Thaler et al., 2012）。在短短的几周内，弓状核神经元的死亡就出现了。8个月后，小鼠大脑弓状核内阿片促黑皮质素细胞的数量下降了30%；从功能性磁共振成像分析获得的研究结果证明，肥胖人群有与此类似的大脑损伤。

因此，长期高脂的膳食可能破坏大脑中接收食物相关信号的区域，从而导致我们无法抑制地吃东西！高脂膳食同样影响了小鼠特定脑区的大脑可塑性（如 Bouret, Bates, Chen, Myers, & Simerly, 2012; Koch et al., 2010），同时潜在改变了，甚至可能是永久改变了记忆、感知和其他高级脑功能。

///讨论话题///

上一餐吃的食物或这一餐最先吃的食物对你之后的进食选择有什么影响？你是否经历过极端饥饿，如严格的节食或很久没有吃东西？你能回忆起那个时候你的思维或行为发生了什么改变吗？

雌激素的作用

雌激素（estrogens）通常以雌二醇的形式存在，而雌二醇是人和鼠类体内最主要的雌激素，它能够抑制个体的进食。在青春期后，雌鼠通常会开始为期 4 天的雌激素循环周期，与其他周期日相比，发情期雌鼠的雌二醇水平最高，同时它们吃下的食物和其他的周期日相比少了约 20%。相反,当雌鼠失去雌二醇后(如通过手术摘除卵巢或进入鼠类的绝经期),它们的进食量开始上升,体重增加,补充雌二醇后这种情况就会改变。通过观察自由进食鼠粮情况下的雄鼠和雌鼠的差异,我们可以了解雌二醇影响大鼠进食的强度(图 9.6)。

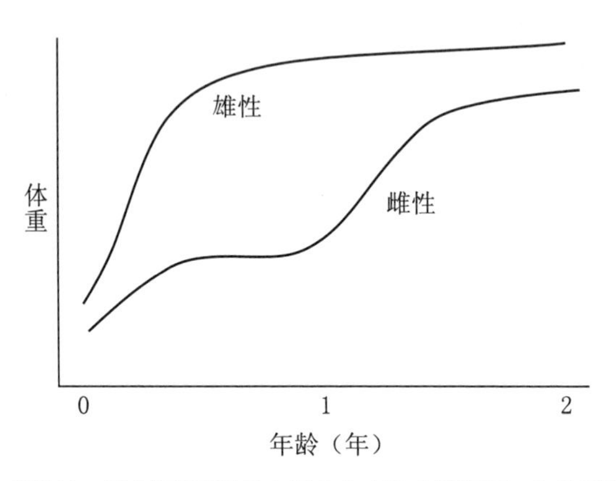

图 9.6 斯普拉一道来(氏)品种的大鼠在自由进食情况下一生的平均体重①

雄鼠在 6 个月大时,到达它们的体重(和脂肪含量)峰值;雌鼠的体重在 3—12 个月大时,到达平稳期,此时雌鼠的体重相对较轻但在 1 岁或中年期时,雌鼠体内的雌激素循环周期会停止,平均雌二醇水平就会下降。这些中年的雌鼠开始吃下更多的食物,它们的体重(几乎皆为脂肪)会快速增加。雌二醇主要通过位于下丘脑脑核中不同区域内的 ERα 受体亚型运转,这种雌激素对进食系统有多重影响(Brown & Clegg, 2010)。

既然我们已经对信号分子有了更多了解,现在就让我们探索这些与营养相关的信号如何引发弓状核内神经肽 Y、刺鼠基因相关肽或阿片促黑皮质素细胞活动的改变。弓状核,就像后脑的极后区,是大脑

---

① 图片由拥有数据的作者绘制(Keenan et al., 2005)。

中极少数有微弱血脑屏障的脑部结构，这就允许荷尔蒙如瘦素和胰岛素从血液中被传输到弓状核内。更重要的是，弓状核的神经元上同时存在接受这两种荷尔蒙的受体，它们都能激活相同的细胞内信息传递系统。这其实意味着，之前我们提及的短期和长期机制对这些细胞类型有相同的影响；瘦素和胰岛素对阿片促黑皮质素神经元有抑制作用(Williams et al.，2010)，同时对刺鼠基因相关肽/神经肽 Y 神经元有兴奋作用(Yang，Atasoy，Su，& Sternson，2011)。但胰岛素和瘦素产生的影响发生在同一个细胞内吗？可能并非如此：威廉姆斯等人(Williams et al.，2010)发现，在弓状核的所有阿片促黑皮质素细胞中，仅有大约三分之一的细胞受到胰岛素的抑制(其余没有受到影响)，另外有三分之一的细胞受到瘦素的抑制。这个发现需要进一步的功能应用性分析研究来验证，但它的确帮助我们更好地理解大脑回路和进食行为之间的复杂关系。

///讨论话题///

当代绝经期后的女性经常使用荷尔蒙(雌激素)代替疗法来预防绝经带来的潜在不利影响，如骨质疏松症等。中年女性特别容易在这一段时期增加体重，这通常与更年期有关。然而，雌激素代替疗法并不能十分有效地预防女性体重的增加(Augoulea，Mastorakos，Lambrinoudaki，Christodoulakos，& Creatsas，2005)。你认为这是为什么？

当然，肯定还有一些其他因素也对刺鼠基因相关肽和阿片促黑皮质素系统的活动产生了影响。如这些细胞似乎大部分都对葡萄糖和其他代谢燃料产生的三磷酸腺苷十分敏感(Belgardt，Okamura，&

Bruning, 2009),同时可能含有对能量敏感具有调节功能的特殊蛋白质(Blouet, Liu, Jo, Chua, & Schwartz, 2012; Dietrich et al., 2010)。能够影响这些系统活动的药物都有成为新的食欲抑制剂的可能。另一个具有能量调节作用的物质是一元胺神经递质血清素,在大脑的不同区域分布着血清素的不同受体类型,但最有可能在能量稳态中起作用的是血清素受体的一种亚型——血清素受体 2 C($5\text{-}HT_{2C}$),特别是下丘脑中的 $5\text{-}HT_{2C}$受体。有证据表明,位于弓状核的阿片促黑皮质素细胞中存在一定量的 $5\text{-}HT_{2C}$受体(如 Sohn & Williams, 2012)。一些食欲抑制剂就是通过血清素来产生效用,我们会在下一章详细讨论这些药物。

到现在为止,我们简单介绍了维持进食行为的规律性和稳定性的神经系统。当然,还有很多其他已知或未知的神经递质都参与了进食的过程,但我们没有足够的时间来讨论它们。无论我们发现了多少种神经递质、大脑回路系统与进食行为有关,我们都应该回归最基本的核心问题,追问自己,在所有这些神经递质或大脑回路的特点中,到底哪些是在进化过程中形成的适应性优势。似乎有关能量调节的稳态模型忽略了一个明显的事实:我们都是机会性进食者,尽管生理机制必须与生活方式相符(如盛世与饥荒),但这并不是决定我们进食行为的最主要因素。换句话说,进食控制系统必然存在,但它对我们实际行为的控制力却很微弱。这就意味着,存在能够更有力地控制我们的进食行为的其他因素,我们将在下文中详细讨论这些因素可能是什么。

奖赏和决策:哪个系统在起作用?

当我们想要少吃一些(这肯定会治愈肥胖),经常会面临很多困难，其中之一就是我们其实挺喜欢吃的。实际上，我们太喜欢吃了！心理学家把这种喜好称为“食物的奖赏性或愉悦性”。现在我们相信，在人类的大脑中存在一个奖赏系统，它与食物和其他可能引发快感的物质相关，并且不受能量调节系统或稳态应变系统的影响，在大脑中独立运作。

证明大脑中存在奖赏系统的证据第一次出现于奥尔兹和米尔纳（Olds & Milner, 1954）的研究中，他们发现，用电极对大鼠大脑的特定区域给予小电流的电击，似乎会引发快感，因为这些大鼠不断回来，想要接受更多电击。甚至，这些大鼠会为了接受电击而完全放弃食物。我们现在知道，奖赏系统在药物滥用中也起作用。我们已知的奖赏系统（图 9.7）的关键组成部分是一组利用了多巴胺作为神经递质的神经元，而这组神经元位于中脑的腹侧被盖区。

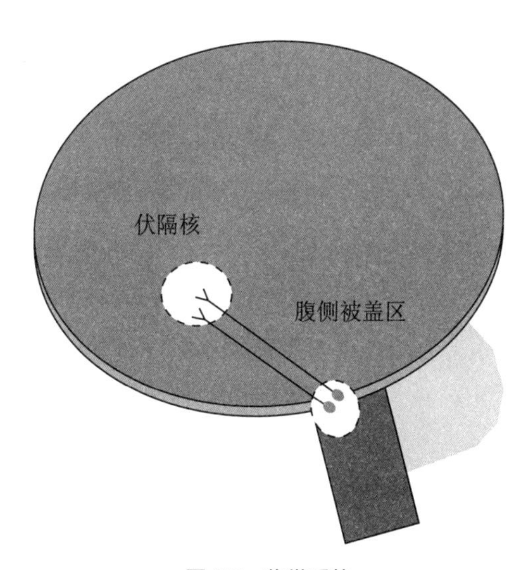

图 9.7　奖赏系统

这些神经元将信息同时投射至伏隔核与前额叶，从而分别形成中脑缘系统和中皮层系统，但我们在本书中不会对它们进行功能性的区分。

当然，在某些特定情况下，进食行为会降低个体的生理性需求，如长期禁食后的进食或对某种食物如钠盐的特定嗜好。你可能会猜想，多巴胺应该会在这些情况中起了一些作用，迄今为止的研究也证明事实的确如此。在趣味信息盒中引用的微量渗透研究中的大鼠都摄入了丰富的营养物质，因此，它们吃那些垃圾食品的行为并没有带来任何与生存相关的明显益处。

如果进食的诱惑是由额外的多巴胺所驱动，你可能会问，服用可以阻碍多巴胺受体运作的药物，是否会减少人们的进食行为或进食的动机？这些药物的确可以达到这种效果，但这里还存在一些临床问题与程序性问题。临床问题指多巴胺受体阻滞剂可能会导致行动的迟缓，这与帕金森病（Parkinson's disease）的症状类似（这种疾病会利用另一个多巴胺系统，与大脑奖赏回路有一定距离）。程序性问题指如果动物或人在一种药物的作用下吃得少了，这种效果是因为食物的奖赏性降低了，还是因为个体无法很好地移动？萨拉莫内等人（Salamone, Correa, Farrar, & Mingote, 2007）想出了一种可以将这两种作用分辨出来的巧妙方法。在他们的研究中，那些被剥夺了食物的大鼠被给予两种选择，一种是为了美味的食物工作，另一种是免费获取普通的鼠粮。通常，大鼠会为了美味的食物拼命地工作，相对来说很少去吃鼠粮。如果在实验前注射少量多巴胺受体阻滞剂［氟哌丁苯（haloperidol）］，大鼠就逐渐开始放弃美味的食物，转为吃鼠粮，但整体摄入的热量水平没有任何变化。因此，美味食物带来的奖赏可能会因多巴胺受体阻滞剂而变得钝化，但大鼠进食的生理能力没有因此损坏。

///趣味信息盒///

中脑缘系统被食物激活？ 有什么证据？

在一种通常在鼠类中使用，名为“体微透析”(in vivo microdialysis)的技术中，研究人员将一只小型的双管探针准确地注入想要研究的脑区(如伏隔核)，然后一种人工胞外液会被十分缓慢地通过双管探针中的一个管注入脑区，同时从另一个管中抽取出脑细胞。(大脑组织没有痛感受体，所以实验鼠应该完全意识不到这个取样过程。)在探针的顶端存在一层特殊的膜，让这层膜外附近分泌的神经递质(和其他小分子)能够从外部的表面渗透到膜内，并随着细胞液的流动被探针吸取和带走。这些细胞液被收集起来后，就会接受精密的化学测定，以确定大脑分泌的各种物质(如多巴胺)的含量。为了获取足够的样本进行分析，每次取样通常都会花5—20分钟。巴萨雷欧等人(Bassareo & Di Chiara, 1999)是第一批利用这个技术发现吃美味的食物会导致多巴胺分泌上升的研究者，实验结果表明，这种分泌的增加会在食物出现时发生，甚至会一直持续到食物出现1小时以后。他们发现，这种现象仅限于新奇的美味食物——预先接触测试食物会让多巴胺的分泌消失。伏安法(voltammetry)让研究人员可以持续性采样，而多巴胺的分泌似乎来源于可预测环境中对进食的期待，而并非实际进食结果(Roitman, Stuber, Phillips, Wightman, & Carelli, 2004)。多巴胺分泌过程的特点与药物滥用的研究有很多相似之处，我们在另一章中已经讨论过对食物的渴望。

想要研究与决策相关的大脑系统，特别是经济型决策（包括觅食）的大脑系统，是一件比较困难的事。因为自然觅食就是移动的个体在复杂的环境中经过一段时间后所做的决定，而研究活动大脑的大多数技术都要求人或动物相对静止，甚至完全不动。例如，现代人类研究中使用的功能性核磁共振成像技术就要求被试在一个吵闹的环境中完全静止地躺好几分钟；一些研究在严格的实验室设置下利用药物研究觅食。之前我们曾提到一个例子（Salamone et al., 2007），在这项研究中，氟哌丁苯改变了动物对食物的选择。戴和巴特内斯（Day & Bartness, 2004）为西伯利亚仓鼠（在这种仓鼠的脸颊处有两个囊袋）设计了一个双洞系统。在一个洞中，它们以定量的跑圈次数为单位价格来获取小颗的鼠粮。在单位价格较低时，仓鼠会跑很多圈来获得远远超过自身需求的鼠粮；它们会将多余的鼠粮存在自己的囊袋中，然后再将这些鼠粮放置到另一个很像巢穴的黑洞中。它们将多余的鼠粮储存在那里并形成一个粮仓。在单位价格较高时，它们获取的鼠粮变少，同时储存的量也较少。刺鼠基因相关肽被注入脑室后，与这种肽具有的开胃效应一致，它促进了仓鼠的进食行为，但鼠粮存储量出现更明显的上升——达到实际进食量的 10 倍。研究者得出结论，认为刺鼠基因相关肽对食欲/觅食行为的促进作用更强，对进食行为的促进作用则稍弱一些。

///趣味信息盒///

有什么证据证明存在奖赏系统与能量调节的交互作用?

就像之前提及的，GLP-1 神经元从后脑到前脑的投射形成了人体内部进食相关信号和奖赏系统之间的潜在直接链接（图 9.8）。

GLP-1 神经元会被进食相关信号激活，其中包括胆囊收缩素和胃部的扩张，然后再将信号投射至伏隔核（Dossat，Lilly，Kay，& Williams，2011；Hayes，De Jonghe，& Kanoski，2010）。伏隔核内的神经元利用神经递质食欲素，将信息传递到大脑尾部的孤束核（图 9.8）。

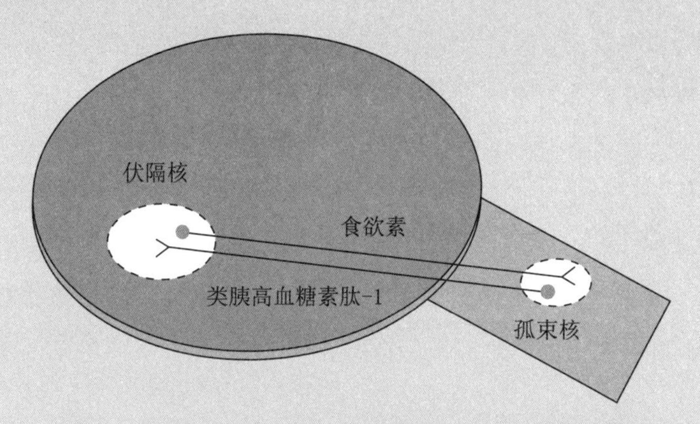

图 9.8　白鼠脑部的奖赏区域（包括伏隔核）和内脏信息处理区域

当实验鼠的某些脑区被注射入食欲素，它们的进食就会增加（食欲素也由此得名）。但与那些认为所有食欲素回路都会增加进食的观点相反，将阻滞食欲素受体工作的药物注射入孤束核，也会引发实验鼠增加进食（Parise et al.，2011）。这意味着，当伏隔核的食欲素细胞被激活，孤束核中的与进食相关的满足感信号的有效性就会降低。这就组成了奖赏与进食相关输出信号的系统与能量调节系统之间的直接且双向的交互系统。

除了那些不幸患上弗勒利希综合征（Fröhlich's syndrome）的患者，大部分关注人类大脑中与进食相关区域的最新研究都使用了功能性核磁共振成像技术。该技术要求被试在接受扫描时必须完全静止，因此它显然不可能用于研究自然进食行为，尽管的确有一些实验让被试用一根吸管吸取如奶昔类饮料，让他们可以在不做出咀嚼动作的同时吸收液体食物。为了模拟一个更自然的环境，在该技术使用的扫描仪器中，被试可能会被要求看一些图片，有些与食物相关，有些不相关，研究人员会比较大脑对每一张图片的反应。有一些实验研究的是与食物相关的决策，如被试会被要求去玩一个与食物相关的游戏或作出一个与食物相关的决定。额叶皮层是所有研究中普遍出现活跃现象的脑区（Plassmann，O'Doherty，& Rangel，2010）。也许你们还记得，这个区域就是嗅觉和味觉信息交汇的区域，同时它也会从我们提到过的中脑皮层系统接收多巴胺的输入信号，尽管目前来说，功能性核磁共振成像技术并不能够确定到底是哪一种神经递质在这个过程中起作用。总的来说，在觅食和其他与进食相关的决策过程中，营养系统和奖赏相关系统似乎都起到了作用，并非仅使用一个独立的脑区或机制运作。

///讨论话题///

如果就像戴和巴特内斯（Day & Bartness，2004）所发现的，很多已被证明可以增加（或降低）进食的药物或神经递质的确会对食物获取和存储有促进效果，这是否会影响你对食欲和进食行为之间的不同的看法？这是否会改变你对觅食研究中净能量获益概念的看法？（如果答案是会改变，会怎么改变呢？）

第十章　危险的精神疾病：进食障碍及其治疗

阅读完本章，你将：

● 了解神经性厌食症与神经性贪食症的临床症状。

● 识别与神经性厌食症和神经性贪食症相关的人格与行为特点。

● 理解引发进食障碍的首要生理、心理和社会文化因素。

● 了解针对进食障碍的当代最有效的治疗方式，以及围绕这些治疗方式的争论。

● 了解进食障碍的动物模型。

据估计，美国有1%—3%的人口（大约800万人）被诊断为进食障碍，还有更多人处在进食障碍的亚临床（不那么严重）状态（Hudson, Hiripi, Pope, & Kessler, 2007）。与处于超重或肥胖的人口（约占总人口的65%）比起来，患进食障碍的人口看上去少多了，但实际上，进食障碍会严重损害人的健康，是所有精神疾病中致死率最高的疾病。此外，进食障碍在特定人群中发生的概率很高，包括大学生、演员、模特和那些参与"外观竞技"的运动员（更注重外表、体重、速度或节食等的运动，如舞蹈、体操、游泳、跑步和摔跤等；Prouty, Protinsky, & Canady, 2002; Sundgot-Borgen & Torstveit, 2004; Zucker, Womble, Williamson, & Perrin, 1999）。

美国《精神障碍诊断与统计手册（第五版）》（*The Diagnostic and Sta-*

tistical Manual of Mental Disorders，5th，DSM-5）提供了诊断神经性厌食症和神经性贪食症的标准（American Psychaitry Association，APA，2013）。暴食障碍的诊断标准被加入最新版的DSM-5中，据估计，这类疾病的患者人数是神经性厌食症和神经性贪食症患者的两倍。那些不符合这些诊断标准的进食行为障碍在DSM-5中被诊断为“非特定进食障碍”（eating disorder not otherwise specified，EDNOS）。这种诊断与其他进食障碍的诊断一样，与情绪性痛苦和生活质量下降有关（Turner，Bryant-Waugh，& Peveler，2010）。

需要注意的一点是，异常的进食行为和正常的进食行为之间的差别通常不是那么清晰。我们所有人在某些时刻都会有一些“特别”的进食习惯、食物偏好或厌恶，节食和对体重的关注在我们的社会中是一件很正常的事情。所以，到底“正常”的行为在什么情况下变成“不正常”呢？临床诊断进食障碍的核心标准是仪式化或限制性进食行为的极端固着，这与特定的人格类型和思维方式有关。在本章，我们将讨论厌食与暴食的相关症状、与进食障碍相关的风险因素、最可能导致进食障碍的原因和目前的最佳治疗方法。

致命的纤瘦：神经性厌食症

神经性厌食症（anorexia nervosa，AN）患者的特点是极度纤瘦，同时十分渴望减重或想要保持一种非正常的低体重。根据诊断标准（表格10.1），当一个人已经严重低于正常体重，但仍然害怕增加体重，就可以被诊断为神经性厌食症；如果是那些因患代谢障碍或其他疾病而体重下降的人群，同时他们希望自己能够恢复正常的体重，这种诊断标准对他们来说就不适用。与神经性厌食症相关的心理特征和扭曲的体相感知也是这种疾病及其诊断的重要特点。

表 10.1　神经性厌食症的诊断标准

- 因严格控制进食，导致体重明显偏低。
- 对体重增加的强烈恐惧。
- 体相认知的严重扭曲，和/或否认目前体重偏低的严重性。

注：来自 APA，2013。

凯蒂的故事

凯蒂开始上高中时，身边的孩子经常取笑她，说她“胖乎乎”的。她的一个朋友也对她说，如果她再瘦一点，可能会更受欢迎。她决定把甜点和糖果从她的饮食中去掉，希望可以让自己瘦掉几磅。在几个月的节食和加强锻炼之后，她开始从朋友和家人那里得到赞美与表扬。她的母亲很骄傲地带她买了一些漂亮的新衣服，她曾经喜欢的男孩开始邀请她出来约会。凯蒂对这些成果十分满意，又决定在自己的饮食中去掉面包和肉类，同时还将自己的锻炼计划从两天一次改成一天一次。在两年里，那些曾经的赞美和表扬逐渐被担心的表情替代。凯蒂有 5 尺 4 英寸高，但现在仅 85 磅重。[对她的身高来说，体重在 110—145 磅之间才是正常的。(Division of Nutrition, Physical Activity, and Obesity, National Center for Chronic Disease, 2011)]

凯蒂成绩拔尖，是优秀学生，她认为自己看起来棒极了，如果再瘦一点就更好看了。凯蒂觉得，那些担心她的体重和健康的人其实就是嫉妒她好看，还嫉妒她控制自己饮食的能力。她不断消瘦以及对锻炼的着魔，让她的父母开始担忧，但他们都以为她正在经历少女必经“阶段”，很快就会回归正常的饮食习惯。然而，当她去家庭医生处接受一年一次的体检时，医生询问她的月经情况。她很高兴地告诉医生，她已经超过一年没有来月经了。她的医生意识到，凯蒂的体重、她对情况严重性的否认、闭经（月经的停止）和抗拒体重的增加，实际上都可能是神经性厌食症的症状。医生将情况告知了她的父母，凯蒂开始了为期三个月的住院治疗，治疗目的主要是帮助她恢复体重，建立更健康的饮食习惯和体相认知。我们会在本章后面部分再次回到凯蒂的故事上。

凯蒂的想法代表了很多典型进食障碍患者的初衷——最开始他们只是想努力减轻一些体重。神经性厌食症多发于14—18岁，这一年龄段的青少年体内荷尔蒙水平波动很大，同时承受着很大的社会压力（APA，2000）。患神经性厌食症的人通常具有完美主义的个性特征，有较强的竞争心和较高的成就。他们将体重的减轻视为一种成功，逐渐着迷于减掉更多的体重，想要成为群体中最瘦的那一个。就像凯蒂一样，最初他们减重时经常会受到赞美，因而强化了这种行为。后来，他们逐渐迷恋上严格限制热量摄入、进餐仪式和过分锻炼，对自己的体形和外表有扭曲的认识，通常把自己看得比实际更胖且更没有吸引力（Farrel，SHafran，& Lee，2005）。

///趣味信息盒///

如何测量对体形的认知？

不同的研究者使用了不同的技术来评估被试对自己体形的认知。这些研究的结果都显示，患神经性厌食症的人都过分估计了自己的体形；与其他没有进食障碍的人相比，他们对自己的体形更不满意（如Fareel，Lee，& Shafran，2005）。在一项研究中，被试的照片被投影到他们面前，旁边则是一面全身镜，让他们可以同时看到实际倒影(Shafran & Fairburn, 2002);被试要指导研究人员,把面前投射的影像调整至与他们从镜子中看到的一样。与没有进食障碍的被试相比,有进食障碍的患者很明显将他们的实际体形估计得过胖。这项研究是首批让被试在估计自己体形时看到自己的实际倒影的研究之一,之前的大部分研究都仅让被试回忆自己的体形。

神经性厌食症可分为两种类型:限制型神经性厌食症,其特点就是严重且持续地限制热量摄入;暴食或催吐型神经性厌食症,其特点则是努力消除已经吃下的食物(包括自我引吐、过分锻炼、滥用泻药或利尿剂)。

神经性厌食症被认为是最严重的心理障碍,大约有15%—20%的患者在患病后的20年内死亡(Brimingham, Su, Hlynsky, GolDner, & Gao, 2005; Luca, Beard, O'Fallon, & Kurland, 1991)。自杀和心血管疾病是神经性厌食症患者的主要死因(Herzog et al., 2000)。之前讨论过,患有神经性厌食症的人很少对自己的体重或外表满意,与食物相关的问题会让他们十分痛苦,会回避朋友或家人不合自己心意的意见或担心的表情。他们还会很关注饮食,如研究食谱,为他人计划和准备食物,学会掩饰自己的少食与进食仪式,等等。一段时间后,他们会回避社交,这会引发孤独感、绝望和自我厌恶等。神经性厌食症患者通常也会同时患抑郁症和焦虑症(Silberg & Bulikc, 2005)。

与神经性厌食症相关的其他健康问题

与神经性厌食相关的其他问题和与绝食相关的症状是一致的(Ktazman, 2005)。当摄入的能量低于需求时,我们的身体就会开始节省能量消耗，以维持身体重要的功能，因而产生的问题包括：低血压、低心率与低体温；停经（应有经期的女性没有月经周期）；皮肤、头发与指甲干燥易裂；脸部和四肢出现胎毛（通常只会出现在6—9月大的胎儿身上）。体温的下降会使人对低温十分敏感，这也是一些神经性厌食症患者经常抱怨的（Brown，Mehler，& Harris，2000）。

厌食导致的闭经大多源于荷尔蒙（包括雌激素）水平的下降（Klibanski，Biller，Schoenfeld，Herzog，& Saxe，1995）。雌激素水平的高低与女性的骨密度有关联，水平过低会提高早期骨质疏松症的发病可能，而骨质疏松症与骨折和身高下降有关。雌激素紊乱也可能导致生育问题，甚至会不育。患神经性厌食症的人还可能出现电解质水平紊乱和心血管问题，尤其是经常使用呕吐剂、利尿剂或泻药等手段催吐、清泻的患者。电解质和体液的紊乱导致的心脏骤停可能使人突然死亡。神经性厌食症患者通常也会出现睡眠问题，这或许是因为他们体内血清素（一种与进食和睡眠的动态调节有关的神经递质）水平的紊乱，或出于对燃烧热量的渴望，在夜晚他们都想让自己忙碌起来（Haleem，2012）。

让我们回到凯蒂的故事中：在住院治疗以后，凯蒂仍然体重过轻，为了消耗吃下的食物，她依旧过度锻炼。她为进食和锻炼建立的例行程序变得愈发严格，这让她根本无法与他人建立亲密的关系。凯蒂现在已经35岁了，纤细的头发和蜷缩的身体（因为早发的骨质疏松）让她看上去比实际年龄老很多。凯蒂已经意识到，这些年来的节食给自己带来了不幸后果，但这些伤害大部分都无法挽回了。

通常，神经性厌食症症状存在得越久，就越难被治愈。与此相关的人格的僵化、对增重的恐惧，还有因厌食出现的其他健康问题，都让患者很难治愈并常常复发，就像凯蒂一样。对神经性厌食症的早期鉴别和治疗是康复的关键。

无法控制的恶性循环：神经性贪食症

神经性贪食症(bullimia nervosa，BN)比神经性厌食症更常见,有1%—3%的人口受到这种疾病的影响(神经性厌食症患者数少于总人口的1%；Hudson et al.，2007)。神经性贪食症的特点是暴食和自我引吐(将暴食期吃下的大量食物吐出来)。

暴食(binge)指在有限的时间内(少于2小时)吃下超量的食物(APA，2013)。它会导致不舒服的饱胀感,同时引发羞耻和罪恶感。患者会采取清除行为作为补偿,常见清除行为包括催吐、滥用泻药和利尿剂或灌肠剂、过度锻炼①等。

暴食通常会在独处时隐秘地进行。这种进食并非出于生理需求,饥饿并不是暴食行为的前提,心理原因如压力、寂寞或心情抑郁等,都可能引发暴食行为(Mathes，Brownley，Mo，& Bulik，2009)。暴食期所吃的食物通常口感柔软,需要的咀嚼比较少,很容易吞咽,如软曲奇、冰激凌、面包和三明治、奶昔、果汁和苏打水、饼干和蛋糕等。这些食物通常是甜味的,含有较高的热量和脂肪(Latner & Wilson，2000),对他们来说是“不应该吃的”。一次暴食吃下的热量通常至少会超过1 000卡路里;在大多数情况下,会超过4 000卡路里(Kaye et al.，1992)。换句话说,一次“就餐”或暴食,暴食者吃下的热量就可能超过医生建议的普通人一整天应吃的热量。

据暴食者描述,他们在暴食期间感觉麻木或快乐,甚至心满意足,但紧随着出现的是消沉。暴食过后,暴食者会有罪恶感、羞愧感、对长

---

① 过度锻炼是指不为娱乐目的,也不因为参与某个运动队或为了特定运动项目,甚至也不是为了健康而进行的锻炼,其目的只是为了消耗最近吃下的食物。这种锻炼背后的心理原因和其他为娱乐、健康或运动所做的锻炼有本质区别。

胖的担心，还通常会体验到自我厌恶和抑郁(Hayaki, Friedman, & Brownell, 2002)。暴食者很担心自己的外形，也十分害怕自己变胖。清除行为帮助他们减轻了这种不受控制的暴食带来的罪恶感和不适感，也减少了他们吃下的部分热量，但这种行为本身仍然会制造新的罪恶感和羞耻感。清除行为会让胃清空，当饥饿随之而来的时候，暴食行为和清除行为的循环就会继续发生(图 10.1)。

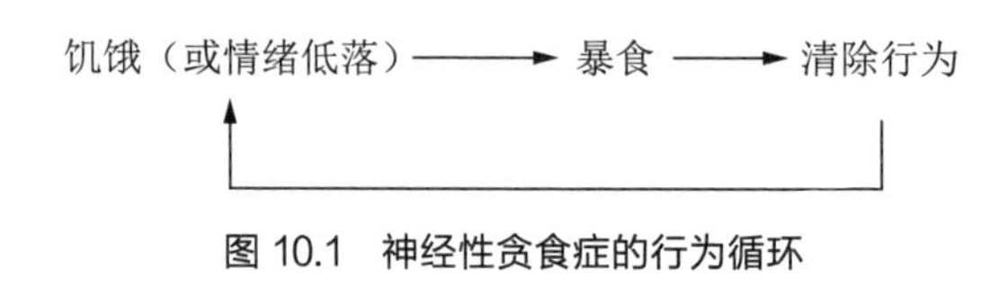

图 10.1　神经性贪食症的行为循环

依据暴食者的身高计算，其体重通常都在正常值或健康值的 10 磅范围内。很多人会认为，暴食者会体重较轻，因为清除行为"消除了"暴食期所吃的食物，但清除行为无法 100%地消除所有吃下的食物。例如，呕吐大概只能消除暴食所摄入的大约一半的热量(Latner & Wilson, 2000)。重复的清除行为会让身体调节饥饿感和满足感的能力越来越差，反而导致饥饿感更频繁地出现，从而改变对食物的消化和代谢。

在神经性贪食症的诊断标准中，暴食和清除行为至少要每周发生一次(表 10.2)，但这些行为通常会更频繁；对部分患者来说，暴食发生的频率可能会超过每周 30 次(Kaye et al., 1992)。

表 10.2　神经性贪食症的诊断标准

- 反复发作的暴食。
- 反复出现防止体重增加的不恰当的清除行为。
- 暴食和不适当的清除行为同时出现，3 个月内平均每周至少 1 次。
- 自我评价过度受体形和体重影响。

注：来自 APA, 2013。

与神经性贪食症相关的其他健康问题

与神经性贪食症相关的健康问题通常与清除行为的方式相关。将强迫性呕吐作为常用清除行为的暴食者，他们的牙齿、牙龈和食道可能会受损伤。胃酸会侵蚀牙釉质，让牙齿更容易有龋洞和蛀蚀。由牙医或牙科保健员最先发现贪食症状的情况并不少见（DeBate，Tedesco，& Kerschbaum，2005）。胃酸也可能会让食道出现溃疡，导致吞咽困难。频繁的强迫性呕吐可能会引发不必要的反射性呕吐（也叫“逆向蠕动”，reverse peristalsis）。滥用泻药和利尿剂会造成肾脏的损害、肠道控制问题和可能致命的电解质紊乱问题。

安德烈娅的故事

安德烈娅是一个聪明、上进的本科生，对歌剧、不同的语言等都很感兴趣，有一颗“拯救世界”的心。她能说一口流利的西班牙语，当时正在学德语，并且计划下一步攻克日语。她计划利用自己的国际经济与政治学的学习经历，去改善世界上其他人的生活。安德烈娅是一个孝顺的女儿、贴心的姐妹和热情的朋友，但不幸的是，她患了神经性贪食症。她的母亲在《安德烈娅的声音》（*Andrea's Voice*）中描述了她的美好，也分享了她在高中和大学期间所写的日记（Smeltzer，Smeltzer，& Costin，2006）。

安德烈娅的情绪波动、自我厌恶和挫败感在她与神经性贪食症斗争的几个月里不断增加。在她的日记里，她写下自己想要获得这场战争的胜利，也描述了当她受挫时感觉到的失望和怨恨。在一篇日记中她写道，她觉得自己必须停止这种进食消除行为（即呕吐），因为她感觉到，自己已经开始发生条件反射性呕吐，已经无法吃下食物了（逆向蠕动）。尽管在生活中她有无数成就和光明的未来，安德烈娅依旧感觉自己被一个名为“神经性贪食症”的牢笼囚禁了，她无比愤怒与孤独。不幸的是，在与神经性贪食症抗争了 13 个月后，电解质失衡使她的心脏停止跳动，19 岁的安德烈娅在睡梦中永远地离开了这个世界。

进食障碍的风险因素

患进食障碍的人是所有精神类病人中最具有共性的群体（Kate, Fudge, & Paulus, 2009）：大约 90%的神经性厌食症或神经性贪食症患者是女性；大多数是白人且来自中上阶层，年龄在 14—35 岁。不久以前，进食障碍还被认为是西方社会独有的问题，主要在北美或西欧的国家中出现。然而，进食障碍的患病率在世界范围内的工业化国家中不断上升。如在日本，日本文化特别崇尚纤细的体形，对女性来说尤其如此，在日本的青少年女性中进食障碍已经成为发展最迅速的精神类疾病（Pike & Borovoy, 2004）。进食障碍的患病率在拉丁裔、非裔美国女性，甚至年轻的白人男性中，也有同样的发展趋势，而在美国文化中，这些人群不久前还不崇尚极端的纤瘦（Gentile, RagHavan, Rajah, & Gates, 2005; Miler & Pumariega, 2001）。

进食障碍的平均发病年龄大约为 15—21 岁，处于青春期或成年早期。神经性厌食症的发病年龄一般比神经性贪食症更早（Hoek & Van Hoeken, 2003; Hudson et al., 2007）。抑郁、焦虑和药物滥用通常会与神经性厌食症和神经性贪食症共病（Hudson et al., 2007; Kaye, 2008），它们可能引发进食障碍的发病，或者它们可能是进食障碍的后果之一。最近有证据显示，其他因素，如人格、血清素不平衡、基因等，也对进食障碍和其他共病的障碍产生了影响（Kaye et al., 2009; Stice,

Burton & Shaw, 2004)。可以加快代谢并降低饥饿感的兴奋剂，如可卡因、麻黄碱和尼古丁，经常会被进食障碍患者滥用。神经性贪食症患者会比神经性厌食症患者更容易滥用酒精和大麻（因为这些可能会导致体重的增加；Root et al., 2010）。

神经性厌食症和神经性贪食症与不同的人格特点相关。之前我们讨论过，神经性厌食症患者通常是完美主义者，很善于自我控制，喜欢躲避危险，追求严格的“理想”身材（Kaye, 2008）。他们会对自己十分严苛，矛盾的是，虽然他们对食物和进餐仪式十分痴迷，但仍然坚定地为了减重而不吃东西。其中很多患者有强迫型人格障碍的症状，为了使进餐仪式不受到他人的负面关注，他们倾向于让自己孤立起来，可能表现出一些回避型人格障碍的症状（Diaz-Marsá, Luis, & Sáiz, 2000）。

神经性贪食症患者的控制性与限制性较神经性厌食症患者弱一些。他们更冲动，情绪波动、不稳定。有些患者会表现出一些边缘型人格障碍的症状，如情绪不稳定与行为非常冲动。神经性贪食症患者十分想要取悦他人，想拥有对他人的吸引力，而神经性厌食症患者更关注如何完成目标并坚持自己严格的标准。这些人格特征在不同程度上增加了患这两种精神障碍的可能（Tyrka, Waldron, Braber, & Brooks-Gunn, 2002）。

协同增效：进食障碍的生理、心理和社会文化解释

进食障碍主要出现在崇尚纤瘦外表的工业化社会中，媒体和市场营销也一起推动这种放大纤瘦身材的吸引力，使其过分理想化的流行时尚。20 世纪 60 年代，超瘦模特如崔姬（Twiggy）大放异彩。一些理

论家认为，这种理想化让人们，尤其是女性，以此为标准严格评判自己的体形，导致一些人开始限制自己的饮食，甚至发展出进食障碍。另一个发生在斐济的例子有力地证明了媒体的影响力。在1995年电视进入斐济之前，斐济很少出现进食障碍和体相问题（仅出现几例神经性厌食症）。但仅仅几年的媒体接触就明显提高了斐济人对自己身体的不满意度和障碍性进食行为的发生，尤其对青春期女孩产生了负面的影响（Becker, Burwell, Gilman, Herzog, & Hamburg, 2002）。

有一点需要我们进一步思考：包含理想化纤瘦体形形象的媒体信息无处不在，但仅有1%—3%的人被诊断为患有进食障碍。如果媒体或其他社会影响对进食障碍的产生负全部的责任，从理论角度来说，这个文化中的每一个人都应该患有进食障碍。显然，事实并非如此。

历史性调查让我们发现，障碍性进食行为在古希腊、古罗马和古埃及时期就已经出现，早期基督教兴盛和文艺复兴时期，这些行为通常是出于仪式或信仰（Miller & Pumariega, 2001）。例如，有可靠的纪录证明，在罗马的节日或活动中，有暴食和清除行为发生（特别是在富人中）。我们知道，早期基督教教徒会通过禁食表现自律和纯洁（他们的禁食行为背后的心理原因和神经性厌食症背后的心理原因有明显不同，但他们的行为看上去十分相似）。类似的自我限食的情况现在也会发生在西方文化之外的特定文化中（如佛教徒将禁食视为自制力的修行）。

尽管社会文化因素对人们扭曲的体相认知和进食行为产生了明显影响，但还有其他因素也参与其中。在这个部分，我们将尝试以一种生理、心理、社会模型来解释进食障碍。根据这个模型，生理、心理和社会因素都独立存在，但对个体患进食障碍的风险有叠加或协同增效的影响。

生理因素

进食障碍在家庭中发生的频率比在总人口中发生的频率更高，当亲属患有进食障碍时，与亲属的血缘关系越近，个体同样患上进食障碍的可能性就越高；即使成长环境完全不同，情况同样如此（Klump, Suisman, Burt, McGue, & Iacono, 2009）。对同卵双胞胎（单受精卵）和异卵双胞胎（双受精卵）的研究显示，基因对神经性厌食症或神经性贪食症的易患病性有 50%—80% 的影响（Bulik et al., 2006; Kaye, 2008; Kendler et al., 1991; Kendler et al., 1995; Klump, Millner, Keel, McGue, & Iacono, 2001）。有些人可能共有一些会导致进食障碍的遗传倾向。其中，与食欲、冲动控制、动机和奖赏相关的基因、神经递质和大脑回路引发了研究者很大的兴趣。

血清素

一些研究者发现，基因在进食障碍患者的神经递质血清素与其受体的合成过程中产生一定的作用（Haleem, 2012; Kaye, 2008）。血清素活动与满足感、情绪和抑制作用有关。神经性厌食症或神经性贪食症患者更可能患上共病性质的抑郁症，而抑郁症也与血清素活动不规律相关（Haleem, 2012）。然而，与神经性厌食症相关的血清素活动水平和与神经性贪食症相关的血清素活动水平似乎有所不同：神经性厌食症患者会实施非常严格的饮食约束与抑制，而神经性贪食症患者很难控制冲动性行为，这就意味着，后者大脑中的血清素水平可能较高，而前者大脑中的血清素水平较低。此外，神经性贪食症的症状通常会在服用可以提高血清素活动水平的抗抑郁药物后降低，但这些药物的治疗效果很不稳定(Ferguson, La Via, Crossan, & Kaye, 1999; Kaye, 2008)。这就进一步证明,神经性贪食症患者的血清素活动水平比正常值低,而神经性厌食症患者的血清素水平比正常值高。

神经性厌食症患者会出现大脑容量的下降,那些长期患者的大脑尤其如此。在研究患者大脑的特异性时,通常很难,甚至可以说几乎不可能推断这些大脑的特异性是导致他们患进食障碍的原因,还是他们患进食障碍的后果(Kaye et al., 2009)。对于患者,从低于正常量的进食再到体重减轻的循环只会让他们继续努力限制自身热量的摄入并减掉更多体重。有证据表明,神经性厌食症患者的血清素活动水平在他们的症状发作前就已经高于正常标准,这也促进了患者满足感的产生、对进食的焦虑和对纤瘦与完美的追求。此外,进食会进一步提升已经较高的血清素水平,而饥饿会在降低血清素的水平的同时稳定情绪。所以,患者可能通过回避食物来尝试降低自身的焦虑。①

多巴胺与内源性阿片系统

神经性厌食症患者会较难感觉到美味食物带来的愉悦感受,其他通常具有奖赏性或愉悦性的刺激所带来的愉悦感也会有所下降(Kaye et al., 2009),而神经性贪食症患者经常会表示他们在暴食期间感受到极度的愉悦。这两种进食障碍的不同情绪状态显示了大脑奖赏回路会以不同的方式回应食物的刺激。大多数人在看到或吃美味的食物时,大脑与奖赏相关的回路的神经活动就会增多;对那些神经性厌食症患者来说,这些刺激则会产生反效果,这就意味着他们的多巴胺系

---

① 我们推荐大家参考凯等人(Kaye et al., 2009)的研究,可以对厌食症的神经生理学基础有更深入的了解。

统产生了紊乱，这种情况可能会在症状消失后依然持续(Kaye, Frank, & McConaha, 1999)。多巴胺功能紊乱会导致神经性厌食症患者的大脑对进食相关刺激的奖赏性反应减少，进而导致摄食动力的下降。

神经性贪食症患者的暴食与奖赏回路(与多巴胺和内源性阿片相关)的反应增强有关。一些研究人员发现，纳洛酮(naloxone)，一种可以阻滞大脑中的阿片受体的药剂，能够使患有神经性贪食症(或有暴食问题)的人更少吃美味食物，对于体重正常或肥胖却没有暴食问题的人则没什么效果(Drewnowski, Krahn, Demitrack, Nairn, & Gosnell, 1995)。血清素活动的减少和奖赏回路的神经生物性改变，也许可以帮助我们解释与暴食行为相关的冲动控制问题和过食问题。

心理因素

进食障碍患者对体重与进食有扭曲的态度，他们对自己的外表和进食行为经常产生负面的看法。从认知心理学的角度，他们的这些不良适应且负面的想法会导致他们去尝试限制自己的饮食来减重。换句话说，即想法出现在行为之前。此外，负面想法的循环与不健康的进食行为的组合是具有强化性质的，个体会越来越坚信自己对体重和进食的扭曲想法，进食行为愈发具有强迫性。

心理动力学(psychodynamic perspective)的理论家认为，障碍性进食行为可能来源于儿童时期父母赋予食物错误的意义(Bruch, 1973; Zerbe, 2008)。父母有时候会把食物当作安慰孩子的方式，这可能会导致孩子和食物建立长达一生的情绪联结。被这样抚养长大的孩子学会将食物当作安慰自己的方式，而非作为营养的来源，这可能导致他们在长大后把暴食或厌食作为一种自我安慰或自我惩罚的方式。行为理论家也认为，这种对食物的早期经历具有一定影响力，因而儿童会模仿父母的进食行为，那些将进食作为一种安慰自己的方式的父母很可能在没有意识到的情况下将这种行为教给了自己的孩子。

社会文化因素

历史上，我们的社会曾经在食物匮乏中挣扎，体重较轻是因为无法获取足够的食物。在当时，比起体重轻的人，体重较重的人被认为更健康、更具有吸引力，且社会地位更高。在我们当下的社会中，情况完全相反。人们不断接触那些总是描绘理想化的纤细体形的媒体，久而久之就会对自己的身体不满意，有时引发障碍性进食行为（Stic, Shupak-Neuberg, Shaw, & Stein, 1994；Thompson & Stice, 2001）。社会文化影响，包括媒体、家庭和同伴，会对一个人对自己的身体满意度产生负面的影响，让那些从基因上来说更容易发展出进食障碍的人面临更大的风险。

严格限制饮食和强调减重的父母的孩子也更容易发展出障碍性进食行为（Baker, Whisman, & Brownell, 2000; Birch & Fisher, 2000）。此外，专制型父母的孩子有较低的热量需求调节能力（Johnson & Birch, 1994），更容易在不饿的情况下进食（Birch & Fisher, 2000）；女孩比男孩更容易受父母行为的影响，尤其容易受母亲的行为和态度的影响，那些十分注意体重、禁止或限制进食、鼓励女儿减重的母亲，她们的女儿更容易发展出障碍性进食行为（Francis & Birch, 2005）。鼓励健康饮食并解释健康生活方式的益处的父母，会为自己的孩子提供健康的选择，家庭成员一起吃饭，因而让孩子拥有更健康的饮食习惯（Patrick, Nicklas, Hughes, & Morales, 2005）。但需要注意，母女间或家庭内共有的障碍性进食行为也可能受环境和学习的影响，或者是源于共有的基因导致的完美主义或强迫型人格类型。

进食障碍患者的治疗

在进食障碍患者中，仅有很少一部分人接受了治疗，而其中更少的人完成了医生推荐的疗程（Halmi et al., 2005; Hudson et al., 2007; Noordenbos, Oldenhave, Muschter, & Terpstra, 2002）。神经性厌食症患者尤其抗拒治疗，原因有以下几种：他们不太可能自己寻求帮助，会否定这种进食障碍的严重性；拒绝改变进食行为，或拒绝增加体重、治疗的费用；障碍性进食行为的诊断率较低，等等（Walsh, Wheat, & Freund, 2000）。然而，对症状的识别、支持和治疗对进食障碍的康复来说至关重要。最先进的当代治疗技术包括：个体、团体和家庭治疗；营养咨询；药物治疗，尤其是患有与进食障碍共病的其他心理障碍时。

治疗神经性厌食症的第一步就是，帮助患者恢复体重。这个过程比听上去要难得多，尤其是那些长期患有厌食症的患者。他们的消化很缓慢，吃下比过去习惯的进食量更多的食物时，身体就会不适；对患者来说，体重的增加会导致痛苦，因为这是他们害怕并恐惧的东西。行为治疗策略通常是帮助他们增加体重的最有效方式（Kaye, Klump, Frank, & Strober, 2000）。当他们适当进食时，医护人员会用赞美、允许他们使用计算机或看电视等方式作为奖赏。患者可以在住院治疗中心或自己的家中接受治疗，后者一般需要家人的监护与支持。通常，营养学家或其他经过培训的专业人员会制定一个日常饮食计划，在几周的时间里逐步提高患者的热量摄入（在体重恢复正常之前，保持大约每周增加 1 000 卡的热量）。与一开始就强行喂食高热量饮食相比，这种治疗方式让患者在生理和心理上都更容易接受与忍耐。

神经性贪食症患者的体重通常处于健康范围内，他们一般能够在被诊断后立即接受心理治疗与药物治疗（Kaye et al.，2000）。最常见的处方药物就是选择性血清素再吸收抑制剂（selective serotonin reuptake inhibitor，SSRIs），它也是一种常见的抗抑郁药物，主要通过提高血清素神经递质水平发挥作用（Kaye，2008）。

认知行为疗法（cognitive behavioral therapy）是治疗进食障碍的最优心理治疗方法（Bulik，Berkman，Brownley，Sedway，& Lohr，2007；Walsh et al.，2000；Yager & Powers，2007）。它重视患者对食物和体重的适应不良的想法，同时强化患者的健康进食行为（Fairburn，1995）。辩证行为疗法（dialectical behavior therapy）是认知行为疗法的新形式，它被用来训练人们更好地调节自己的情绪。这对那些十分容易因为情绪原因而暴食的人来说特别有帮助（Telch，Argas，& Linehan，2001）。

个体治疗通常会配合家庭和团体治疗（family and group therapy），共同实施。家庭动力通常是障碍性进食行为产生的原因之一，让家庭成员能够了解自身的问题十分重要，这让他们能够为患者从进食障碍中康复提供一个具有支持性的环境（Wilson，Frilo，& Vitousek，2007）。团体治疗能够帮助患者意识到，他们并不是一个人。因为神经性贪食症患者倾向于隔离自己，还会偷偷地暴食和实施清除行为，这些痛苦的患者在了解到还有其他人也承受着同样的痛苦时，通常可以得到安慰。在团体治疗中，人们也可以分享他们发现的有帮助的技巧，在康复过程中彼此支持。不幸的是，团体治疗存在两个主要问题——不健康减重技巧的分享和团体成员开始竞争谁是最瘦的那个（这对神经性厌食症患者来说最成问题）。因此，团体治疗师会努力确保团体治疗是有利的，而非危险的。就像对进食障碍的长期康复来说，有效的社会与家庭支持十分重要。

治疗是否有效?

简单来说,治疗可能让患者的进食障碍症状减轻(Bulik et al., 2007; Shapiro et al., 2007; Walsh et al., 2000)。不幸的是,进食障碍患者通常会在中断治疗或症状消失后经历复发,长期的神经性厌食症患者尤其如此。

有关治疗的有效性与特定治疗方式的有效性的研究十分有限,因为样本太小,且大部分被试的脱落率很高(Bulik et al., 2007)。就像我们之前讨论过的,患有进食障碍的人通常会出现共病,患有其他心理障碍,这会让治疗的有效性变得难以确定。

其他有关治疗的问题包括治疗的花费和可获取性。回到我们之前讨论过的凯蒂身上,她在治疗机构待了 3 个月,这是大多数治疗师与精神科医生推荐的治疗期。在美国,进食障碍的住院治疗平均花费约为每月 3 万美元,而保险公司通常不会为此付钱。大多数人没有能力为 3 个月的治疗支付接近 10 万美元,花费如此长的时间不去工作或学习也会成为进食障碍患者在考虑治疗时面临的困难。

神经性厌食症和神经性贪食症的动物模型

由于寻求心理治疗时可能遇到的阻碍和高复发率,人们开始希冀药物治疗可以治愈进食障碍。为了测试潜在的治疗药物,动物模型被用来检验药物的效用。你可能会质疑,动物作为进食障碍的实验模型是否可行?除了非人类哺乳动物中可能存在的例外(为了这些哺乳动物的合理福祉考虑,这种类型的研究本质上不可能施行),动物并不被认为拥有成熟的自我觉察力，特别是关于自身体相的觉察力。因此，扭曲体相认知中的核心成分，特别是在神经性厌食症患者身上存在的扭曲体相认知，可能无法在动物身上被模拟出来。但某些动物模型拥有与神经性厌食症关键性质类似的特征：在实际可以获取食物的情况下，尽管自身体重已经大幅下降，却依然选择放弃进食。这些模型共有两类：其一是在自然中发生的情况，其二是由实验室操作程序诱发的情况。

让我们首先来看看自然模型。最著名的动物模型之一就是“孵卵期厌食症”(incubation anorexia)，它指很多种鸟类在巢穴中孵蛋时（尤其是仅有一种性别的鸟负责孵卵时）出现的食欲与体重下降（通常在10%—15%之间）(Mrosovsky，1990)。你们也许会想，其实这些鸟可能也在是为蛋保温并给予保护还是离开鸟巢寻找食物中矛盾挣扎。但实际上，这种现象甚至会出现在那些家养且鸟巢边放有充足食物的鸟类身上。研究者的观察结果不免让人得出一个结论，即孵卵期的鸟类体内可能发生了一定的生理性变化（可能是荷尔蒙的变化），而这种变化能够抑制饥饿并让鸟类维持“工作状态”。

这种模型不仅与动物自身的任务相关，同时因为鸟类是季节性进食者，所以也和与季节相关的特定日照时间长度[光周期(photoperiod)]存在联系。当然，还有其他的光周期因素也会影响动物的进食。很多物种在日照时间较短的冬天会减少进食，体重也会大幅下降（如下降20%；Iverson & Turner，1974）。但就像孵卵期的鸟类一样，即使食物十分容易获得，它们在冬天依然会出现同样的行为。在自然环境中，食物在冬天会逐渐变得稀缺，花费很多能量在失败的觅食行为上并不算是一种理想的生存策略。此时，对饥饿的生理性抑制就成为一种适应性功能。发情期的鹿也是一个很好的例子（Yoccoz，Mysterud，Langvatn，& Stenseth，2002)：在发情期，雄鹿的体重会下降约10%—

15%，就算身边有很多草，它们的体重也依然会下降；相反，发情期雌鹿的体重并不会下降。

不幸的是，通常来说，人类的觅偶行为或进食行为并不会受光周期的影响，但你可以观察到，那些容易受季节性情绪障碍影响的人可能显示出光周期的特点。有一个叫“活动性厌食模型”（activity-based anorexia，ABA；Epling，Pierce，& Stefan，1983）的无关光周期的实验室动物模型，在这个动物厌食实验的程序中，动物（通常为大鼠或小鼠）每天都会在固定的时间段被给予食物，这一时间段经常为 2—4 小时。大多数物种能够很好地适应这种进食时间的安排，尽管在这种情况下，它们吃下的食物没有全天自由进食情况下那么多，但它们依然会吃下超过平常食量的食物，以维持健康的体重。实际上，这种严格控制时间的进食计划在动物园和家庭宠物喂养中十分常见。在活动性厌食模型实验中，会给动物额外提供一个可以跑圈的轮子。令人惊讶的是，当它们的体重下降时，这些动物反而倾向于跑更多圈，因此消耗了更多的能量，但它们没有相应地吃更多的食物（实际上，可能还稍微少吃了点）。这些实验动物就开始陷入一个越来越严重的负能量平衡的循环，通常，当实验动物体重下降超过一定界限（如体重减少 15%），研究人员就会因人道主义原因不得不将这些动物从实验中撤走。

本文作者之一在一次小鼠实验中发现了另一种不涉及活动性厌食的动物模型（Atalayer & Rowland，2012）。在这个实验中，小鼠的进食时间同样被限制为每天 160 分钟，不同的是，这些时间被拆分为夜间的几餐或者几次进食机会（实验采取了 4、8 或 16 次等不同次数的进食机会，它们的时间长度分别为 40、20 或 10 分钟）。提供的食物是一种小型颗粒鼠粮，每粒 20 毫克，只有作出固定数量的回应时，实验鼠才能获取食物。几天后，获得同量鼠粮所需的反应次数提高了，即“价格”提高了，在这种情况下，进食情况受到很大的影响：当鼠粮“价格”为每粒需要 25 次反应时，实验鼠的进食量甚至低于“价格”最低(每粒需要 2 次反应)时进食量的 50%，此时，实验鼠的体重迅速下降。你可能会质疑，25 次反应才能获得一粒鼠粮，且总共只有 160 分钟能够获取食物，这些动物是不是没有足够的时间来获得更多的食物？对实验鼠在一次进食机会中获取鼠粮的时间进行分析后可以发现，就算体重在不断下降，实验鼠依然在每次进食时越吃越少，最终甚至会停止进食。总的来说，它们吃下的鼠粮量甚至不到它们可以利用全部时间进食的鼠粮量的一半。这一实验的关键点在于，当下的进食效率十分有限，因为实验鼠每吃一口或每吃一粒鼠粮就必须跑更多圈来获取食物。(通过更多咀嚼来减少进食速率已经被证实可以作为人类的食欲控制机制，这一点在本书的其他章节讨论过了。)这可能就是实验鼠为什么会在能够进食的情况下“主动”放弃增加进食机会。

对神经性贪食症来说，很多动物(特别是大鼠和小鼠)无法呕吐，所以这一病症的核心元素(包括体相认知)无法在动物模型中模拟出来。不过，研究人员成功发现了几种实验程序，能够让动物在短时间内吃下大量食物。这些实验程序大都使用了大鼠或小鼠作为实验对象，实验鼠可以没有时间限制地吃下口味相对平淡的食物(鼠粮)，实验人员偶尔会提供一些实验鼠喜爱的或很可口的补充食物。当这些补充食物每天都出现时，实验鼠会吃下很多补充食物，每天的进食量都维持在很高的水平，相应地，实验鼠每天吃鼠粮的总量出现了下降，总体热量摄入没有升高，体重也没有增加。如果这些补充食物每隔一天出现(或总的来说，出现时间难以预测)，实验鼠吃这些食物的量随着接触次数的上升而增加，最终大大超出每天都吃补充食物的对照组大鼠或小鼠。

这些动物模型能否帮助解释人类的神经性厌食症或神经性贪食症呢？我们将把这个疑问留给你来思考与辩论！无论如何，动物、婴儿和幼儿相对很少患进食障碍，这也证明我们的内在生理状态推动着我们去进食和生存，进食障碍却违背了这种人类与生俱来的驱动力。

结束语

进食障碍是一种严重且会危及生命的精神类疾病。生理、心理和社会文化因素都会让个体更容易出现或维持障碍性进食行为。认知行为疗法是当下治疗神经性厌食症和神经性贪食症疗效最高且最经常使用的心理治疗手段。不过，心理治疗的可获取性与患者的经济情况都会阻碍患者接受治疗。早期诊断与治疗的疗效最佳，在治疗期间如果联合家庭治疗和获得社会支持，就可以获得更好的疗效。

第十一章　“我的基因让我变胖”：基因、表观遗传学与肥胖

阅读完本章，你将：

- 能够列举出单基因肥胖和人类世界肥胖症流行的例子。
- 理解多基因肥胖，以及辨识相关基因面临的挑战。
- 了解表观遗传学及其在肥胖中的作用。
- 能够讨论与饮食有关的因素对肥胖易感性和抗胖性的影响。

有几种神经机制被认为在进食、能量消耗和一个人可观察的体重水平上起了作用。消化与代谢过程中的神经机制与潜在生理机制实际是在基因水平上运作的自然选择中出现的：只有最具适应性的生物才能存活下来，并将自己的基因传递给下一代。

“我的基因让我变胖”，是体重超出理想的 BMI 值的人使用的内在归因方式。这种说法有没有道理？如果有道理，解决方法是什么？本章主要讨论基因在能量平衡系统中所起的作用，以及这些基因的修正过程及功能性特征。你不需要成为一名遗传学家就能读懂本章的主要内容，但如果你完全不了解基因及其是如何运作的，先阅读一下附录 2 会是一个好主意。

目前主要有两种理论用来解释进食和肥胖，而这两种理论的支持者会互相竞争，以获取公众的关注与研究经费。这两种理论详见

图 11.1。

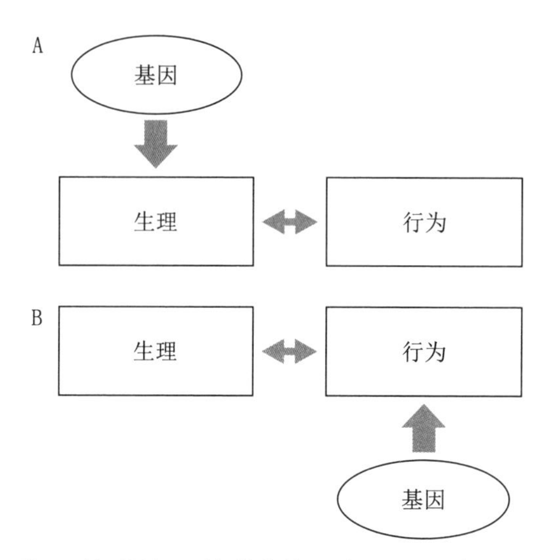

图 11.1　关于基因，特别是与肥胖相关的基因，如何影响进食与肥胖的两种理论①

早期研究驱动型行为的理论家发现了这两种理论之间的差别，并将这种差异归为驱动力（drive，这是一种假设的内在推动力）和外在激励（incentive，一种食物的外界吸引力）的概念的不同。基因组成的不同可能导致生理的改变（如引发代谢的改变，从而导致能量存储的上升）或行为的改变（如导致人格特质的改变，从而影响人与食物之间的互动），对某个基因与肥胖之间的关系的识别可能并不能告诉我们，这个基因是否对我们的生理或行为产生主要影响，但倒过来说，生理或行为的变化也很重要，它们必将同时互相影响。从表面来说（如体重），你可以反驳说，这两者之间的区别不重要，但如果希望利用这些基因信息来设计针对肥胖的干预与治疗，这两者之间的区别就至关重

① 在图 11.1A 中，基因直接对生理因素产生影响，间接导致进食行为产生反应性变化；在图 11.1B 中，基因直接对行为因素产生影响，间接导致生理产生适应性变化。

要了。当你阅读本章时，请记得要不断问自己这样一个问题："基因到底影响了生理还是行为，还是使两者都受到了影响？"

冰山一角：单基因肥胖

导致肥胖的单基因（单一的基因）变异所产生的影响是十分显著的，尽管在人类中很少见，但有关单基因肥胖（monogenic obesity）的动物模型研究可以帮助我们更好地理解进食行为和肥胖。动物模型研究的优势在于，它们让我们可以单独针对一种因素进行研究，这种理想化的实验方法几乎不可能在人类实验中实现。这些动物模型研究都对实验动物使用了基因干扰，时不时通过自发性或诱导性方式使动物的基因产生变异，因此实验动物会在异常基因的影响下活一辈子。当然，我们应该注意到，这种基因的变异实际上潜在允许了其他系统的补偿性运作或调整，在研究中观察到的基因对进食或肥胖的影响，可能会不可避免地小于仅因该基因变异而产生的独立或单一影响。

最先被研究的基因型肥胖（Ⅱ型糖尿病）模型就是 ob/ob 小鼠的变异，这种变异是一种基因退行性变异，存在这种基因变异的小鼠从父母那里遗传了两个 ob 基因[①]的缺陷性复本。ob/ob 基因表型的出现是由于个体 DNA 上的核苷酸碱基发生了点突变，导致基因转录过程提前终止（即因蛋白质链变短而无法发挥正常功能）。弗里德曼（Jeffrey Friedman）及其同事（Zhang et al., 1994）找到了这种基因在正

① 名称"ob"来源于拥有这种基因的后代通常很肥胖（英文为"obese"）。

常情况下合成的蛋白质，现在又被叫作“瘦素”(leptin)，来源于希腊语中代表瘦的单词“leptos”。这种变异的基因现在被称为“lep-/-”，因为这种瘦素基因存在两处缺陷(用两个减号表示)。这些小鼠在出生时体重正常，但在早期就开始逐渐变胖；当它们断奶后，过度进食和低水平的锻炼让它们的体重不断增加。这些动物也会发展出严重的Ⅱ型糖尿病。在鼠类中，瘦素基因的不同的点变异(point mutation)已经被发现，如楚克鼠(fa/fa)和克莱斯基鼠(f/f)，而这两种鼠也出现早发性肥胖与严重肥胖。

第二种鼠类基因变异有与ob/ob类似的表型，因为这种基因变异与糖尿病(diabetes)相关，所以这种基因表型又被叫作“db/db”，这是与ob/ob同时发现的一种基因表型。之后的相关研究发现，这种基因变异会导致瘦素某一受体亚型(LepRb)出现缺陷。就像ob/ob小鼠一样，这些db/db小鼠在断奶后很快变胖，它们吃得很多却动得很少，因此，它们(lepR-/-)的体重发展趋势很快就与没有携带缺陷基因两个复本的同伴产生很大的不同。

另一种肥胖基因变异就是那些体内分泌了太多刺鼠基因相关肽(AgRP)的刺鼠，这种刺鼠基因相关肽是一种针对黑皮质素(melanocortin, MC)受体的内源性阻滞剂或阻碍剂。大脑中的黑皮质素信号回路有很多，其中的主要回路之一与进食相关，这条回路通过下丘脑室旁核内的黑皮质素受体-4运转，黑皮质素受体-4会接收阿片促黑皮质素传递的信息，这个回路也包含很多位于弓状核的神经元。与刺鼠基因的肥胖表型一致，阿片促黑皮质素基因或黑皮质素受体-4基因的紊乱与鼠类出现的严重单基因肥胖有关。同样，在人类中发现的类似功能丧失性变异可能也与过度进食和早发性肥胖相关(Rmachandrappa & Farooqi, 2011)。黑皮质素受体-4的缺陷十分常见，这种缺陷可能导致大约不到5%的严重早发性肥胖。不那么乐观地说，与瘦素或黑皮质素受体相关的基因缺陷大约仅能为10%的儿童严重肥胖负责，这就意味着，这些单基因变异综合征其实只是肥胖症病因冰山中的极小一角。

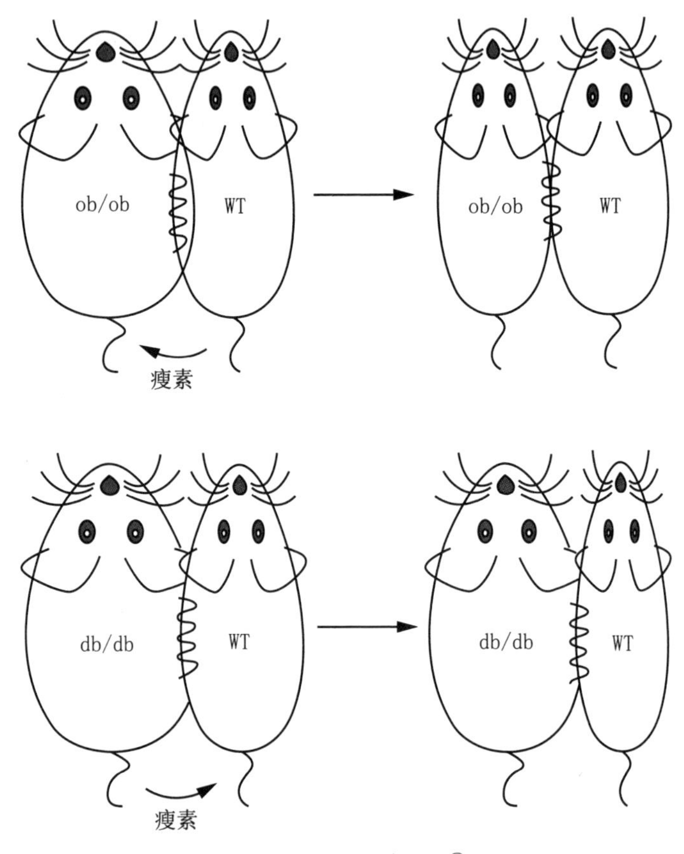

图 11.2 异种同生研究①

① 左图显示了实施接合手术时，ob/ob 小鼠(左上)或 db/db 小鼠(左下)与纤瘦体形的小鼠(野生鼠)结合时的状态；右图显示的是接合手术几周后两鼠的状态。图中已标明两鼠之间瘦素的传递过程。

///趣味信息盒///

基因变异鼠与恒脂假说有什么证据?

当ob/ob和db/db基因变异小鼠首次被发现时,我们还不理解产生这些变异的遗传学机制。因此,为了研究血源性因素是否导致了这些肥胖的表型,研究人员制造出异种共生配对,记录下在几周内发生的体重变化(Coleman & Hummel, 1969)。在异种共生实验中,研究人员通过手术将两只小鼠腹部的一侧连接在一起;在连接处会分布生长微型的血管,因此两鼠之间存在缓慢的血液共享,当研究人员将ob/ob成年小鼠(肥胖)、db/db成年小鼠(肥胖)和正常(非肥胖)成年小鼠分别结合后,最终实验结果如下(图11.2):

- 将ob/ob小鼠与正常小鼠配对时,ob/ob小鼠进食减少,体重下降,正常小鼠则未受到影响。
- 将db/db小鼠与正常鼠配对时,正常小鼠进食减少,体重下降,db/db小鼠依然处于肥胖状态。

这些数据为讨论体重调节的经典恒脂理论提供了实证支持,该理论认为,存在一种在体内循环的促进满足感产生的物质,抑制了个体的进食。在第一种配对中,ob/ob小鼠在与正常小鼠配对时出现了体重的下降。尽管ob/ob小鼠自身没有分泌瘦素,但它可以对正常小鼠血液中的瘦素产生反应,因此它们的体重下降了。在第二种配对中,db/db小鼠的体内分泌了瘦素,但因为自身存在缺陷性LepRb变异,db/db小鼠不能对这些瘦素作出回应。因为db/db小鼠分泌了过多瘦素,正常小鼠接触到的瘦素过高,反而导致正常小鼠出现过高的满足感和食欲的丧失。

叠加效应：多基因肥胖

在动物研究和其他研究的基础上，研究人员在筛查重度肥胖儿童的DNA的过程中，首次发现了一些与人类肥胖相关的靶基因。这种方法叫“候补基因法”（candidate gene approach），其背后的科学假设就是这种预先辨识出的基因会在肥胖者与非肥胖者身上出现不同。最近发表的一篇针对该类研究的综述（Walley，Asher，& Froguel，2009，p.343）认为，“很明显，候补基因联合研究提供的证据并非无懈可击，然而这些证据足以证明，很多基因的变异都可能对肥胖产生一定影响。”

在众多研究人类疾病包括肥胖的方法中，还有一种较古老且更传统的研究方法，它实际上就是针对丛生性家族疾病的连锁性研究。到2005年为止，研究者已经辨识出大约250处人类基因图谱中的潜在连锁位点（Rankinen et al.，2006），但这些研究结果通常很难被重复，针对这些研究的元分析研究（即对一些已经发表的研究进行分析）也没有找到很有力的证据来证明BMI指数和任何基因位点有关（Saunders et al.，2007），这也意味着，这些基因变异最多只对肥胖倾向产生微小的影响。

尽管候补基因研究与连锁性研究都无法识别出导致人类肥胖的单基因功能障碍缺陷，但已经有足够的证据证明，遗传与生活经验都影响了肥胖的流行。另一种研究思路则开始认为，更多人是一种多基因肥胖（polygenic obesity），即多种基因发生异常而导致发胖，每一个等位基因或变体都对肥胖产生了较小的影响。

算一算：基因与肥胖

让我们来做一个纯粹假设的练习，看看多基因疾病与候补基因研究的关系。

假设有100个基因，如果它们变异就可能让我们更容易变胖（也可以说，这些异常基因影响了我们的代谢效率，就看你怎么考虑这些问题）。再假设这些基因的每个等位基因都对肥胖有同等的影响，同时它们的影响都独立存在且都可以让BMI值上升1个单位。最后假设当所有的等位基因都不存在异常时，原始BMI值为22（即正常体重范围的中间值）。

当个体携带10个“致胖性”等位基因，他的BMI值将是32（即进入肥胖的范畴）；当个体携带20个异常的等位基因，他的BMI值将是42（即极度肥胖）。假设一个BMI值为42的人同意参与候补基因研究，并进行详细的DNA筛查，他的基因图谱中可能会出现20个致胖性基因。因为这个人仅携带100个潜在致胖性等位基因中的20个变异基因，所以他携带的另外80个基因就不会出现变异。然而，另一个BMI值为42的人可能有完全不同的20个致胖性等位基因。因此，对很多BMI值为42的人进行DNA筛查，可能仅有20%的概率找到任何特定的致胖性等位基因。

问题1：如果实际上携带了200个潜在致胖性等位基因，在这些极度肥胖的群体中，发现特定致胖性基因的可能性是多少？

问题2：依然将携带200个潜在致胖性等位基因作为例子，如果选择平均BMI值为32（严格来说不那么肥胖）的人作为基因筛查对象，在这些人中发现特定致胖性基因的可能性是多少？

某些致胖性等位基因也会在非肥胖人群中出现，所以科学家通常会使用比值比（odd ratio）①来解释基因数据，比值比就是在

① 又称“相对危险度”。——作者注

肥胖人群中观察到特定基因异常的可能性与在非肥胖人群中观察到该基因的可能性之比。

问题 3：如果正常体重人群的平均 BMI 值[①]和肥胖人群的平均 BMI 值分别为 24 和 32，特定肥胖基因的比值比是多少？（答案在本章最后）

如果实际上影响人类肥胖的是多种基因，我们又该怎么办？在针对人类的全基因组关联（genome-wide association）研究中，最常见的实验设计就是病例对照研究。在这类实验中，研究人员会针对具有特定特征的实验组个体与没有该特定特征的对照组个体（但有类似的其他特点，如性别、年龄、民族等）进行测试，以此测定这两组被试体内靶基因的等位基因出现频率是否具有统计学差异。在基因变异种类中最常见的就是单核苷酸多态性（single nucleotide polymorphism，SNP）变异，在这种情况下，DNA 编码链中的单个碱基出现了变异。全基因组关联研究并不能告诉我们因基因缺陷产生的细胞效应，它只能告诉我们基因的排序出现了异常。有一些基因变异会导致自身功能的全部丧失（即它们所编码的蛋白质丧失全部功能，如 lep-/-），而其他变异对蛋白质的功能产生的影响微乎其微，有时候甚至可能增加了蛋白质的功能。因此，尽管它们的确为我们的研究提供了一些分子层面的线索，但全基因组关联研究本身并不能告诉我们一切。

目前我们已经发现至少有 10 个基因位点的单核苷酸多态性变异可能是导致肥胖的风险因子（Walley et al.，2009）。其中至少有一种就位于我们曾经讨论过的黑皮质素受体-4 基因上，但它最多只能解释人类总体肥胖病因的 1%—5%。换句话说，仍然有 95%—99%的肥

---

① 此处不是指假设中的“原始”情况。

胖人群没有携带这种变异的基因。其他的候补变异基因单独产生的影响可能与这种基因变异产生的影响十分类似,但当这些基因结合在一起时,就可能出现一种叠加性风险。就像我们警告过大家的一样,辨别一种单核苷酸多态性变异本身并不能告诉我们这种变异是否造成了蛋白质的功能性改变。对这个领域的研究仍然处于萌芽阶段,所以在这里我们将不再详细说明每一项研究,而是告诉大家这些研究结果如何影响了基础科学。

我们想要说的第一项研究发现,在人类的基因位点(loci)中存在一种 Fto(代表人类脂肪质量和肥胖)基因。欧洲血统的成人中约有16%都有纯合性 Fto 基因的风险等位基因,他们比那些没有携带风险等位基因的成人平均重 3 千克(Church et al., 2010)。FTO 是 Fto 基因的蛋白质产物,它在 DNA 的去甲基化过程[①]中起一定作用。Fto 基因的比值比是目前发现的基因中最高的,高达 1.67,或者可以这么说,每出现 5 个携带 Fto 异常基因的肥胖者,相应地,仅会出现约 3 个携带该变异基因等位体的非肥胖个体。这些异常基因可能通过增加基因复制数量等方式被过度表达,为了研究 Fto 基因的作用,转基因小鼠被用来研究 Fto 基因的过度表达。正常小鼠拥有 2 个 Fto 基因的复制体,这些转基因小鼠则有 3 个甚至 4 个 Fto 基因的复制体。转基因成年雌鼠与雄鼠都展现出与基因"复制份数"成正比的体重增加,因此,生长到 20 周时(约相当于人类年龄的 15 岁),拥有 2 份、3 份和 4 份复制体的小鼠的平均体重分别为 23 克、26 克和 29 克(Church et al., 2010)。拥有 4 份复制体的小鼠会吃下更多的食物,它们的下丘脑所表达的刺鼠基因相关肽也出现多达 3 倍的增加量。不像 ob/ob 和 MC4R-/-基因模型,它们没有极度肥胖,但如果你将这些小鼠的相对

① 去甲基化过程是一种影响潜在基因表达的因素。

体重差异(即拥有4个复制体的小鼠比拥有2个复制体的小鼠约重25%)转化为人类的BMI值,这就是一个相当大的差异。

另一项研究来源于之前提过的MC4R-/-模型。对比成人的比值比为1.12,儿童的为1.30,此模型的比值比不算高(Loos et al., 2008)。下丘脑,包括其中的下丘脑室旁核都存在黑皮质素受体-4(MC4),但这些部位同时存在由另一个基因制造的MC3受体,两者共享内源性配体α-MSH。如果小鼠的MC3受体基因在胚胎期受到干扰(即变异为MC3R-/-),它们体重的增加会接近正常,但会有稍微高一些的体脂含量,它们体内就含有相对较少的瘦肌肉(Butler & Cone, 2001)。所以,尽管它们的"鼠类BMI值"与那些对照组的BMI值相同,但体内的脂肪含量会更高一些。然而,当MC3R基因缺失与会导致肥胖的MC4R-/-缺失共存时(即所谓的双基因缺失),小鼠表现出的肥胖情况比MC4R-/-缺失单独出现时更极端(Chen et al., 2000)。这就是两个风险变异基因共存时产生的叠加效应,甚至超越了叠加效应,这一研究证明,多个小型变异基因风险因子的结合可能使生物有患肥胖症的极大风险。

其他在全基因组关联研究中被识别出来的基因还包括一种与神经元生长相关的基因——脑源性神经生长因子,比值比为1.11,这种基因还可能与在早期发育过程中特别重要的其他因素相关(Walley et al., 2009),这也与目前儿童肥胖的增长趋势部分吻合。但是我们需要记得,肥胖仅在环境因素容易导致肥胖时出现。例如,让MC4R-/-基因型小鼠在长胖之前的幼年期接触跑圈器械,就完全可以防止这些小鼠出现过度进食与肥胖(Haskell-Luevano et al., 2009)。这种跑圈活动是自愿的,仅占据总体能量消耗的很小一部分(小于10%)。这个例子证明,少量锻炼对肥胖有预防作用。(评估锻炼是否可以改变鼠类现有的肥胖状态相对较难,因为大多数实验鼠在拥有较高BMI值时就变成"沙发鼠",不太愿意在跑圈器械中跑圈。)

你心中可能有很多疑问，其中一个也许是："我们如何利用这类基因信息，设计针对人类的新的治疗策略？"在前文有关单基因瘦素缺乏的讨论中，我们知道如果基因的产物——血源性荷尔蒙缺失，注射瘦素替代就是一个可行的策略，这种治疗方式也已经获得一些成功。但这是一种十分特别且罕见的情况。如果这种单基因肥胖是由于瘦素受体缺陷导致的，我们是否可以通过仅仅将瘦素受体注射入那些本应表达瘦素受体的细胞中来进行治疗？总的来说，这就是基因疗法(gene therapy)渴望达到，却在技术上很难达成的治疗方式。就算这些技术问题能够解决，其中仍存在一些伦理方面的问题。

///趣味信息盒///

基因疗法

基因疗法的目标就是将一个正常的基因(或基因的其他复制体)嫁接至DNA内。病毒是一种可以穿透细胞的天然介质，因此，病毒媒介(载体)是最有应用前景的基因传递装置。在2012年的电影《伯恩的遗产》(*The Bourne Legacy*)中，主角被注射了一种病毒载体，造成认知能力的永久增强，而该药效之前只能由一种药物维持。他(和其他被试)还接受了一种病毒治疗，让线粒体的呼吸效率提高了几个百分比，可以增强身体耐受力。在这场戏中当然存在对科学现实的艺术化延伸，但它其实距离现实并不远。当然，这种虚构的干预并非我们之前提及的"基因修正"治疗，而是一种为了创造出"超级人类"的"基因增强"治疗。这两者的区别可能会变得不那么清晰，例如，线粒体呼吸率的提高可能会导致热量消耗的增加与体重的下降(假设你也没有参与身体耐力活动)。更重要的是,到底是什么标准界定了哪些人可以接受基因治疗?这种治疗方式属于医疗保险的范围吗?还是它仅服务于一小部分特权人士?

回到更现实的研究中来,目前已经有研究结果证明,瘦素受体参与很多大脑功能的运作,一个针对缺陷型瘦素受体基因的完美"基因修正"治疗可能产生很多意想不到的效果。此外,从出生起基因突变对人体的影响就已经开始了,一直持续影响到接受"基因修正"治疗的年龄,它可能已经对大脑的发育产生了永久性影响,而这是基因疗法无法改变的。

永久影响:表观遗传学与发展性编码

表观遗传学是一门研究基于基因表达的可遗传性改变或研究那些不是由 DNA 碱基排序变化造成的性状改变的学科,因此这种变化并不会出现在我们迄今为止提及的 DNA 筛查过程中。目前,我们已经确认存在两种表观遗传学机制——甲基化机制与组织蛋白修正机制。

在甲基化过程中,甲基基团会被添加到一个 DNA 碱基中,在大部分情况下,甲基基团都会被添加到胞嘧啶中(最终生成 5-甲基胞嘧啶),从而干扰甲基化发生处的基因转录活动(图 11.3)。

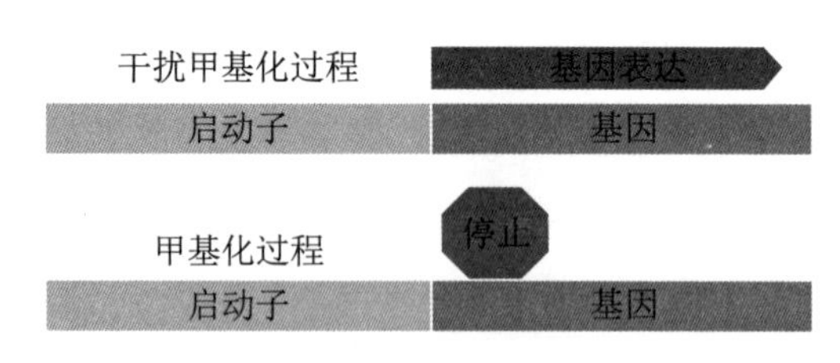

图 11.3 甲基化抑制基因转录

在不同位置发生的甲基化过程会导致人体内不同基因的转录率与其蛋白质产物出现不均,这种情况会使细胞的总体运作更“倾向”于某种方向。之前提及的 Fto 基因的功能之一就是移除特定基因位点的甲基基团,从而改变该细胞内其他基因的转录过程。

在表观遗传学机制的最新研究中,我们对不参与编码过程的 RNA 分子(即它们不会参与特定蛋白质的生成)具有的功能有了更多的发现。现在我们了解到,在人类进化复杂性提高的同时,人类基因组中不具备编码功能的 RNA 的数量在不断增加,因为大脑是一个转录活动高度活跃的人体组织,RNA 对人类大脑来说尤其重要(综述详见:Qureshi & Mehler, 2012)。这些非编码性的 RNA 分子在编码基因的转录过程中有不同的修正功能。尽管目前我们没有发现与摄食或肥胖相关的特定 RNA 分子,但不断涌现的最新研究结果证明 RNA 在神经发育和可塑性中起了重要的作用。

最初研究表观遗传学对肥胖的影响的想法起源于对荷兰健康记录的观察:出生于 20 世纪 40 年代早期(第二次世界大战)荷兰大饥荒时代的人,在中年时比那些幼年时期没有经历过食物饥荒的人要重好几千克(Eckel, 2008)。这个发现让研究者纷纷开始做起动物对照实验,以测试早年热量摄入的限制是否会导致成年实验鼠更容易在食物丰富时吃得更多或体重增加过多。这些实验研究的结果与发育编程大概念提出的观点一致,即早期环境对基因表达有长期或永久性影响,从而改变个体的行为与健康(Remmers & Delemarre-Van de Waal, 2011)。发育编程通过某种机制影响了从弓状核投射至室旁核(下丘脑内的一个区域)的神经元的发育和该神经元的最终数量,从而对大脑进食回路产生了影响。与此相反,同样也是现代西方社会中更常见的情况,即胚胎期营养过剩(即孕妇超重)可能会产生有害的影响(Chen, Simar, & Morris, 2009)。鼠类研究发现,孕期营养过剩可能对成年后代的体重没有影响或让后代的体重增加得更多。这就是说，营养过剩与营养不良可能对体重有类似的表观遗传学影响。这是一个不断被探索的领域，而当更多的研究结果出现后，这个结论几乎必然会被改写。有一点可以肯定，婴儿的异常营养状态，不论是营养不良还是营养过剩，都有可能对人类大脑的发育、基因表达以至健康与寿命产生永久的影响。

自由进食环境中的饮食性肥胖

远在肥胖流行、肥胖基因鼠模型与奖赏系统概念出现之前，人们就已经知道，吃太多可能会导致人类和动物的肥胖。兽医们现在也发现了家养宠物中肥胖的流行程度可与人类相提并论，有时甚至更严重。我们强加于宠物的生活方式通常与我们自己的生活方式相似，这种同时出现的"肥胖化"流行可以帮助我们弄明白人类目前到底处在什么状况(Klimentidis et al., 2010)。尽管人们可能将自己的肥胖归咎于自身不幸的基因遗传，但他们一般不会用同样的逻辑对待自己的宠物！

体重定点理论或稳态理论认为，美味的食物或高能量的膳食造成体重的增加，事实上，这也是这两种理论比固定体重值模型更受欢迎的重要原因之一。高脂膳食确实会导致肥胖，在动物研究中，很多垃圾食品版本的动物膳食也被设计用来模仿人类西方形式的饮食。

在肥胖的大多数临床前期研究(即动物实验研究)中，食物会被无限制提供给实验中的动物，它们可以在任何时间想吃多少就吃多少，这种自由喂食实际上也可以视为大部分人生活的方式。在动物实验研究的对照组中，实验鼠吃下的鼠粮仅含有10%左右的脂肪，实验鼠除了鼠粮也没有其他选择,每次吃下的鼠粮都是口味相对平淡的老牌鼠粮。如果给它们提供更美味、热量更高或品种更丰富的膳食,实验鼠会吃下更多食物,乃至变得相对更胖,这完全不稀奇。但这种实验条件无法完全模拟人类实际的肥胖问题,因为人类的肥胖通常是在几十年间缓慢形成的。

大多数人并不是生活在一个食品口味单调乏味的世界中。我们面对的食物琳琅满目,其中很多都是美味且高脂的食物。大鼠和小鼠在面对更丰富的选择时都会吃下更多食物,也变得更胖,人类就更别提了。图 11.4 显示的是一项研究的结果,在这项研究中,一组小鼠以鼠粮为食物,而另一组小鼠在 4—5 个月内(相当于人类生命的 20 年)

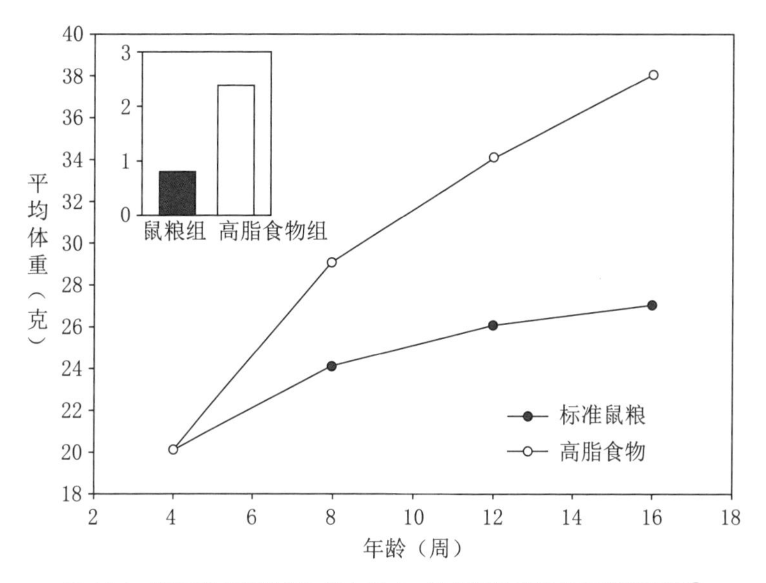

图 11.4 吃低脂或高脂食物的小鼠 4—16 周龄的典型体重增长趋势①

① 本图内嵌入的小图显示了 16 周龄时鼠粮组与高脂食物组小鼠被解剖时主要皮下脂肪垫的平均重量(以克计算)。

以自由进食的方式随意吃下高脂食物。最终，高脂食物喂养组的小鼠比鼠粮喂养对照组的小鼠的体重高了 50%，而（在死亡后解剖获取的）脂肪垫部分显示，这些小鼠的体脂含量比对照组小鼠的体脂含量高出的比例甚至超过了 50%。

在大多数美国家庭中，家庭成员可以随意、自由地取用很多种食物，而这些食物的脂肪含量平均达 30%。对小鼠来说，没有额外的社会或经济压力迫使它们进食，但我们看到，仅仅让它们在高脂膳食的条件下无限制地自由进食就足以让肥胖流行症出现，在从青年期进入中年期的过程中，它们的体重逐渐从正常变为超重。

不同基因型的小鼠或大鼠对饮食导致的肥胖有不同的易感性（West，Boozer，Moody，& Atkinson，1992）。如经常在基因研究中使用的 C57BL/6（B6）基因型小鼠，就比较容易因饮食而肥胖。不过，在外表相同的 B6 小鼠群体中，科扎等人（Koza et al.，2006）注意到，群体中的小鼠的肥胖易感性存在巨大的个体差异。他们推测，这种差异一定是因为个体表观基因编码的不同，他们对此进行了研究，发现肥胖易感性不同的小鼠的脂肪组织与大脑中特定基因的表达也有所不同。研究人员还发现，大鼠对高脂膳食的肥胖易感性是一种可遗传的特性：从一批最常使用的鼠类（Sprague-Dawley）身上，莱文及其同事（Levin et al.，1997）注意到，在适度脂肪含量的喂食条件下，一些实验鼠比其他实验鼠增重更多。之后，他们将增重较多的雄鼠与雌鼠交配，最终在几代内就可以发现大多数后代都表现出对饮食性肥胖的易感性（即易胖性）。相反，将增重较少的雄鼠与雌鼠交配几代后，大多数后代在相同的进食条件下体重增长十分有限，这种情况被称为“抗胖性”（obesity resistant）（Levin，Dunn-Meynell，Balkan，& Keesey，1997）。

///讨论话题///

对你来说，无限制自由获得食物的机会大概有多少？什么时候你无法获得食物？当你感觉饥饿的时候，你会放弃忍耐，马上去寻找食物吗？这种情况出现的频率大概是多少？你觉得为什么有那么多人觉得，长时间坚持只吃一种食物是很难的事情？如果你同意自由进食可能会导致不恰当的过度进食，你会采取什么举措来防止这种情况的发生？

抗胖性的概念为基因和肥胖领域研究打开一道新的大门。所有之前提及的单基因和全基因组关联研究方法都旨在寻找人类或动物肥胖和/或易胖性的等位基因或基因突变。这些方法都有一个假设的前提条件，即人类的"原始状态"是不肥胖的。但如果肥胖实际上是对我们的进食环境的一种正常生理反应，抗胖性才是一种非正常状态呢？从这个角度来说，对之前提及具有抗胖性鼠类的关注可能意义重大。(除了莱文等人发现的易胖性与抗胖性研究中的鼠类，很多种类的大鼠或小鼠对高脂膳食都有不同程度的肥胖易感性。)那些难以变得肥胖的动物可能是感觉高脂膳食并非特别可口，也可能是通过代谢过程或行为调节(即身体活动)消耗了更多的能量。除此之外，人类还有额外的潜在认知阻抗机制，包括身相认知和刻意地限制饮食等。

算一算的答案

携带 100 个等位基因时，可能性为 20%(20/100)；携带 200 个等位基因时，可能性为 10%(20/200)。

如果 BMI 均值为 32，将出现平均 10(32—22)个肥胖等位基因，概率会是5%(10/200)。

对正常对照组人群来说,平均2(24—22)个肥胖等位基因将会有1%(2/200)的出现概率。对肥胖人群来说,概率是5%(如题目2),因此比值比为5。

第十二章　漫漫长路：肥胖的治疗

阅读完本章，你将：

- 了解减肥药及其药效作用机制。
- 能够识别并辩证地思考获得认证的减肥药物和出现在柜台上的食物补充剂。
- 理解最先进的减重手术，及其对健康的潜在益处和需要考虑的因素。
- 了解针对减肥和保持健康体重的最优行为治疗类型。

对当今世界肥胖流行的讨论贯穿本书始终。肥胖不仅仅是有关外形的问题，它还会导致生活质量下降、心理问题以及诸多健康问题，包括心脑血管疾病和中风、Ⅱ型糖尿病、癌症和过早死亡等。此外，超重和肥胖会造成各种直接（如医疗）的损失和间接（如病假）的损失。在美国，2008 年因肥胖造成的损失据估计大约为1 470 亿美元（Finkelstein, Trogden, Cohen, & Dietz, 2009），换句话说，每人（包括男性、女性和儿童）每年会因肥胖遭受约 500 美元的损失。这个数据不断上升，可能已经上升到 1 000 美元了。肥胖对个人健康来说是一个很严重的问题，对一个国家的经济健康也有不良影响。在本章，我们将探索几种治疗肥胖的最优方式——药物、手术和行为治疗。

减肥药：绝非灵丹妙药

减肥药通常有两种作用机制：减少能量摄入，或增加能量消耗。但迄今为止，还没有出现任何一种灵丹妙药；最有效的药物可以减重5%—10%（通常会比安慰疗法多10—15磅）。虽然这些药物都有一定效果，但对于那些超出应有健康体重值50%—100%的肥胖者，这样的效果只能算九牛一毛。此外，药物治疗可能十分昂贵，还有一定的健康风险与副作用。

减肥药主要通过中枢系统（即大脑）和身体外围系统（即胃肠道等）发挥作用，不同的药物有不同的药效机制。

减少能量摄入的减肥药物

减肥药物主要通过抑制食欲或干扰食物吸收来达到降低能量摄入的目的。据历史记载，人类使用的第一种用来钝化食欲的天然物质就是南美洲土著人咀嚼的古柯叶。古柯碱又名“可卡因”（cocaine），是一种有效的食欲抑制剂，但也具有很高的成瘾性。从20世纪开始，人们广泛地将古柯碱的化合物苯异丙胺（amphetamine），还有很多有相似结构的化合物作为处方药物使用，直到20世纪60年代，这些药物导致的成瘾成为公认的问题后，它们才慢慢退出人们的视线。这些药物主要作用于大脑中的多巴胺神经终端，提升了多巴胺信号的生成量。多巴胺，就像其他章节讨论的一样，与大脑中的奖赏区相关；这些药物就像食物一样，成为一种强化物，在实际层面代替食物起强化作用。

在此之后，药物公司希望能够找到与苯异丙胺相似，却不具有潜在成瘾性的合成物，作为新的减肥药。约在 20 世纪 70 年代，研究者制造出一种可以提高大脑血清素水平的药物——氟苯丙胺（fenfluramine，又名“芬氟拉明”，带轻微镇定性）（Colman，2005）。人们开始广泛服用这种药物，但这种药物的减重效果不太明显（6 个月的减重效果为 10—20 磅）；停止服用药物后，体重会重新上升。20 世纪 90 年代，开始流行不按药物说明书将芬氟拉明与苯丁胺（phentermine，一种类似苯异丙胺的兴奋剂）混合服用，这两种药物的混合被叫作“芬酚”（两类药物名称首音节“fen-phen”的音译）。但是在发现芬酚的使用与几例肺动脉高血压（一种可能致命的疾病）和心瓣膜问题有关后，90 年代后期，芬氟拉明就在市场上消失了。

1997 年，美国食品与药物管理局（Food and Drug Administration，FDA）批准了西布曲明（Sibutramine）的上市，其贩售药品名为“梅里迪亚”（Meridia）。这种药物有双重化学作用，可以同时提升血清素（像芬氟拉明一样）和去甲肾上腺素的水平（Campfield，Smith，& Burn，1998）。但研究显示，该药物导致的心脏病与中风的风险远大于减重产生的收益后，也于 2010 年撤出了市场。

人们对减肥药的风险与效用的担忧不断增加，到 2012 年，FDA 都没有批准其他通过中枢系统起作用的减肥药上市，此时距离 1997 年西布曲明的发售已经过去了 15 年。奇斯米亚（Qysmia）在未获 FDA 批准之前叫“奇奈克萨”（Qnexa），是一种含苯丁胺与托吡酯（Topiramate）的复合药物（Cooke & Bloom，2006）。其成分之一托吡酯的药物单品名为“妥泰”（Topomax），是一种治疗癫痫和偏头痛的抗痉挛药物，但该药物存在产生副作用的风险，它可能与其他药物产生交互反应，还可能造成新生儿先天缺陷。氯卡色林（Lorcaserin）的市场药品名为贝尔维奇（Belviq），同样在 2012 年通过了 FDA 的批准，进入市场。氯卡色林就像芬氟拉明一样，能够通过提高人体血清素水平引发满足感，但其作用机制主要针对人体内特定的血清素2C受体。奇斯米亚和氯卡色林都在2010年被FDA以存在健康风险为由驳回了上市请求。因此，只有医生才能通过处方将这些新药开给肥胖患者或BMI值超过27且同时伴有其他健康问题(如高血压或Ⅱ型糖尿病)的患者。

目前,唯一一种通过身体外围系统生效的处方药物就是奥利司他(orlistat),又称赛尼可(Xenical),在1999年由FDA批准上市。奥利司他能够抑制人体中可以分解脂肪的肠道酶的分泌,部分阻止人体对脂肪的吸收(Campfield et al., 1998; Cooke & Bloom, 2006)。总的来说,你可以吃很多高脂食物,让脂肪穿肠而过却不被吸收!实际上,那些服用这种药物的人会倾向于吃低脂食物,因为摄入大量脂肪会导致很多令人厌恶的反应(如放屁和排泄失禁等),这种药物通过这种"间接"的方法降低了人们对热量的摄入。我们现在还没有发现奥利司他会导致任何严重健康风险,所以一种被称为"阿利"(Alli)的奥利司他低剂量配方药物已经成为在柜台上贩售的药品(非处方药)。但这类药物不太受人欢迎,因为减重效果不明显,还伴有很多令人生厌的副作用。

表12.1　减肥药总览

药　物	效　果	产生作用的神经递质	FDA批准状态
苯异丙胺	兴奋剂与食欲抑制剂	多巴胺兴奋剂	管制药物
芬氟拉明	食欲抑制剂	血清素兴奋剂	撤出市场
苯丁胺	兴奋剂与食欲抑制剂	去甲肾上腺素兴奋剂	批准上市
西布曲明	食欲抑制剂	血清素兴奋剂和去甲肾上腺素兴奋剂	撤出市场
奇斯米亚(苯丁胺+托吡酯)	兴奋剂与食欲抑制剂	去甲肾上腺素兴奋剂	批准上市
氯卡色林	食欲抑制剂	血清素兴奋剂	批准上市
利莫那班	食欲抑制剂	大麻素阻滞剂	未获批准
奥利司他	抑制脂肪吸收	通过外围系统工作	批准上市

大麻素受体阻断剂(cannabinoid receptor blockers)对大脑与身体外围系统都产生影响,这种物质也被作为一种可能的减肥药物做了研究。我们都知道,大麻素系统的激活(如吸食大麻)会引发饥饿感(Kirkham, 2009),这个系统的反作用(阻滞剂)就应该可以阻止饥饿感的产生(Xie et al., 2007),但是部分大脑奖赏回路会受到大麻素系统的协调。你觉得这种阻止了大麻素系统的药物可能产生什么副作用? 你是否想到了情绪变化? 如果是,那你的思路就没错。这类药物的确可能导致一些精神类问题的出现,其中包括抑郁与自杀的念头等,那些曾经想研究大麻素阻滞剂,将其作为减肥药的公司也中止了研究(Le Foll, Gorelick, & Goldberg, 2009)。

增加能量消耗的减肥药物与补充剂

尽管如苯丁胺类药物的确除了抑制食欲之外也促进了身体的代谢,但在食品与药物管理局批准上市的减肥药中,并没有主要通过增加能量消耗达到减肥效果的药物。然而,很多膳食产品或草药类补充剂(supplement)会声称自己能够提高能量消耗,有减重效果,以此作为营销手段。那些被标为补充剂的药物既没有药品执行管理局(Drug Enforcement Administration, DEA)注册药物的安全与药效证明(注册管制药物的必须证明),也不需要经过食品与药物管理局的预批准。食品与药物管理局只会在补充剂进入市场后,监管补充剂的安全性,以及该补充剂市场营销时的真实性。因此,补充剂与其成分通常会随时间而变化。例如,在柜台上销售的膳食补充剂盐酸苯丙醇胺制剂(Dexatrim)所含成分与过去的配方不同,这是因为食品与药物管理局现在已经禁止了原始配方中一些化合物的使用。

大多数草药减肥疗法既没有经过科学实验与安慰剂对比来测试

药效，也没有接受过安全性测试，同时不接受官方对主要成分的含量与疗效的监管（即成分表的准确性不需要遵守严格的药品标准）。例如，最近很流行的减肥补充剂是一种南非仙人掌的萃取物，声称这种仙人掌（Hoodia）是卡拉哈里（Kalahari）的丛林居民们在捕猎时咀嚼，用来抑制食欲的食物。这种仙人掌的有效成分是什么？它是如何运作的（通过大脑还是外围系统等）？更重要的是，它实际上是否真的抑制食欲？就算咀嚼仙人掌可以让猎人在没有食物时感觉不到饥饿，难道这就意味着在有食物的时候，尤其当这些食物十分美味时，它可以帮助超重的人吃得少一些吗？迄今为止，仅有一项研究测试了这种仙人掌对人类减肥的有效性。研究人员发现，与安慰剂相比，它对能量摄入、体重或体脂没有明显的影响；与服用安慰剂的被试相比，服药被试还出现了更多的抱怨和不良反应（如头痛、恶心等）（Blom et al., 2011）。因此，购买要慎重！

人工甜味剂和油脂替代品能帮助减肥吗？

热量替代品从理论上来说为我们提供了一种不需药物或补充剂的减肥方法，它能够在不减少进食量的情况下降低热量摄入。糖精（saccharin）经常打着低热量甜味剂的旗号销售，是第一种真正的无卡路里人工甜味剂，人们希望它可以降低大众对热量的摄入。不幸的是，它没有做到这一点（Slavin, 2012; Swithers & Davidson, 2008）——糖精有一种微苦的后味，仅被零星使用。

阿斯巴甜（aspartame）通常被叫作“代糖”（equal）或“保健糖”（nutrasweet），在30年前被引入食品中，现在它被用在很多食物和低糖饮料中，很大程度上代替了糖精的使用。尽管阿斯巴甜的使用十分广泛,人们摄入的热量依然持续增长。你已经目睹了这类情形:超大号快餐配上低糖可乐,人们将这种低糖标签作为一种可以吃更多食物的许可证。有趣的是,有研究显示,对糖分替代品的生理性反应(如胰岛素分泌的提升)可能解释了为什么这些产品无法让体重降低(Swithers & Davidson, 2008)。

三氯蔗糖(sucralose)作为"善品糖"(Splenda)销售,是一个较新的代糖品种。它是一种蔗糖的衍生物,可能也是三种甜味剂中最具真实糖味的一种(Quinlan & Jenner, 2006)。由于阿斯巴甜在降低热量上遭遇滑铁卢,我们怀疑三氯蔗糖会像阿斯巴甜一样,无法有效地降低热量的摄入。

奥利斯特拉油(Olestra)是一种油脂替代品,它的化学结构和脂肪分子相似,却无法被分解,因此也不能被人体吸收。它能够让食物具有像高脂食物一样令人满足的"口感",主要在烹饪时使用。在针对奥利斯特拉油的实验研究中,人类被试吃下了用真油脂做的高热量早餐或用"假油脂"做的低热量类似早餐(Rolls, Pirraglia, Jones, & Peters, 1992)。被试一整天的进食都接受监控。假油脂组的人表示,在晚上感觉更饿,吃下了更多的晚餐,因而在日热量摄入上与另一组被试没有区别。人体对"常态"能量水平的补偿机制似乎降低了任何热量替代品的作用,这就部分解释了为什么通过节食或使用热量替代品来减肥如此困难。

///讨论话题///

你是否尝试过任何热量替代品,如低糖可乐或低糖酸奶?你可以尝出同样食品用糖调味与用甜味替代品调味的差别吗?你是否注意到当你使用甜味替代品时自身食欲或体重的变化?

减肥手术：少数人的慎重选择

因为批准上市的药物都难以取得令人满意的效果，一些人开始寻求手术治疗肥胖的可能性。减肥手术或减重手术可能对一些人，特别是那些极端肥胖且无法通过节食和锻炼减肥的人来说极其有益。手术平均能够导致100磅左右的体重下降（Higa，Boone，& Ho，2000），同时减轻Ⅱ型糖尿病和高血压的症状（Sugerman，Wolfe，Sica，& Clore，2003），提高生活质量（Dymek，le Grange，Neven，& Alverdy，2002）。

减肥手术通常仅允许在BMI值超过40或更高（拥有这类BMI值的人被认为已极度或病理性肥胖）的人群，或BMI值在35—39.9之间，同时有与肥胖相关的严重健康问题（如Ⅱ型糖尿病或高血压）的人群身上实施。手术前还需要额外的心理和生理评估，以确认申请人是否合适做手术。

胃旁路手术和胃束带手术

胃旁路手术（gastric bypass）和胃束带手术（gastric banding）是两种最常用的减重手术。与开腹手术相比，这两种手术都可以通过胃腔镜进行，都能够将手术侵入性、术后并发症和因手术死亡的可能性降到最低（手术致死率已经低于1%；Bushwald，Estok，Fahrbach，Banel，& Sledge，2007）。胃旁路手术也叫“胆管空肠吻合术”（Roux-en-Y surgery），这种手术能够减少参与胃部消化的部位。手术将胃的下部分割出去并缝合起来，形成一个小型的胃囊袋，这个囊袋又与小肠的上部连接起来(图 12.1)。胃部体积的减小让患者仅仅吃下少量食物就产生饱腹感(甚至有时会有疼痛的感觉)。

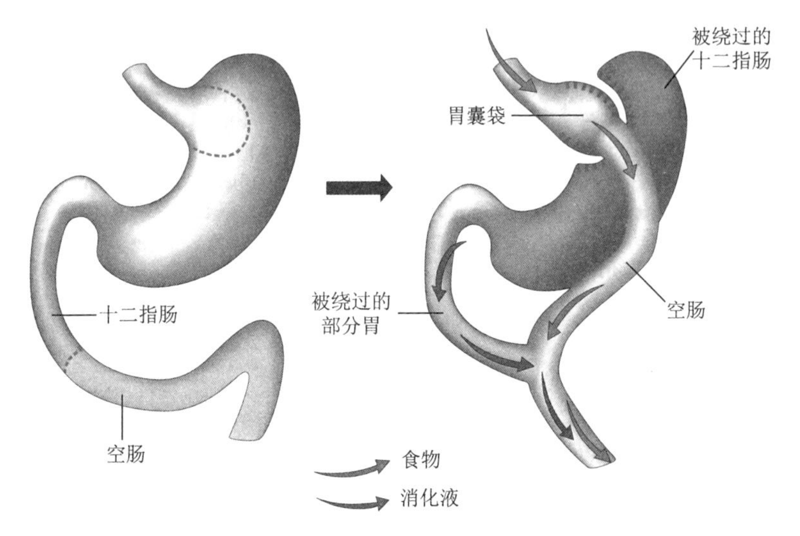

图 12.1 胆管空肠吻合胃旁路手术

胃束带手术则是将一个合成绑带绑住胃部上端入口处,直接减少了能通过胃部的食物。这种程序不那么具有侵入性,在有需要或必要的时候更容易被还原或调整(图 12.2)。这两种手术都被认为很有效且安全,特别是现在,手术通常会通过腹腔镜进行,降低了风险。然而,这两种手术导致的胃容量减低都要求患者在一定时间内仅吃下很少量的食物,还要在膳食中补充维生素补充剂(胃容量与肠道的减少会干扰维生素的吸收,因此人体需要摄入比正常量更高的维生素)。研究证明,接受胃束带手术的患者对手术的抱怨与术后产生的问题更少,但胃旁路手术长期来说效果更佳(Nguyen, Slonel, Nguyen, Harman, & Hoyt, 2009)。

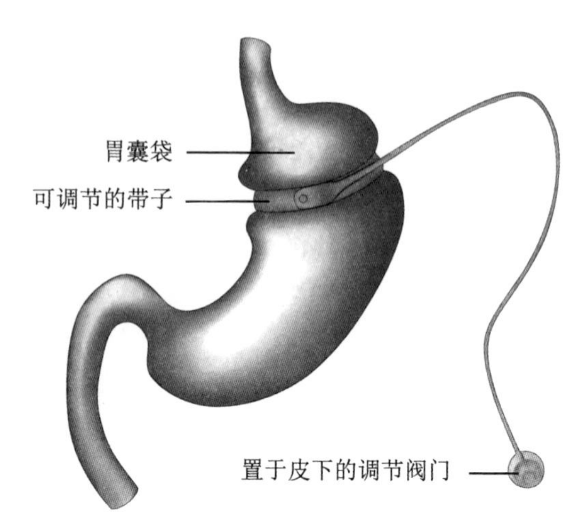

图 12.2 可调节的胃带（胃束带）

手术的生理性影响

就像之前提及的，大部分患者在减重手术后减去了超过自身理想体重之外重量的 70%。与预期的一样，因为这种减重手术减的是脂肪，术后患者血浆中脂肪细胞分泌的饱腹荷尔蒙瘦素（已在其他章节中详细讨论过）的浓度可能会下降。但饥饿素，这种由胃部分泌，有促进食欲功能的荷尔蒙又会有什么变化呢？研究发现，没有做过手术的肥胖者比控制组正常体重者有更低的饥饿素水平，而胃束带手术让患者体内饥饿素的水平变得更低，胃旁路手术的效果明显更佳，但那些被完全移除胃部的人（并非因减肥手术）甚至有更低的饥饿素水平（Cummings et al., 2002; Leonetti et al., 2003）。此外，减肥手术之后，患者的饥饿素水平比通过节食瘦下同样体重的人更低（Leonetti et al., 2003）。饥饿素的分泌通常会与进食行为同步进行，胃束带手术或胃旁路手术大量减少了饥饿素的分泌。我们并不清楚这些荷尔蒙的改变是否会影响某些功能。不过，这个视角可能也帮助解释了与节食减肥相比，为什么减肥手术能够让患者长期维持较低的食欲与减重的状态。

与减重手术相关的显著健康益处之一就是可以减轻Ⅱ型糖尿病患者的症状(Cummings, Overduin, & Foster-Schbert, 2004)。很多糖尿病患者在手术出院后停止使用药物，甚至早在体重实际减轻之前就可以停止药物；除了减重本身之外，还有其他因素促进了患者体内血糖代谢的改善。就像本书其他部分讨论过的，与肥胖相关的Ⅱ型糖尿病最常见的病因就是人体对胰岛素的抗性。减重手术似乎可以重新恢复人体对胰岛素的敏感性，因此患者的身体很快就能恢复对血糖的适当调节功能。术后饥饿素水平的下降也促进胰岛素发挥作用(Cummings et al., 2004)。

手术需要考虑的因素

目前，人们已经意识到，对于患者，术前与术后的高度医疗支持与心理支持是他们康复的关键因素之一。医生如何甄别患者的情况尤其重要：如果患者的病史显示，他们不会试着去维持减重手术后的体重，或患者无法理解手术后身体需要接受的限制，医生仍然为这些患者施行手术就是违反伦理的。患者必须做好心理准备，因为手术让他们不得不改变自己的进食行为，同时不得不适应手术后身体改变带来的心理影响。社会支持(家庭、同伴或支持小组)是保证手术长期疗效的关键因素，这种支持也能够提高患者术后的生活质量。波士顿医保系统的医疗心理学服务中心制定了一种标准化会谈流程，以确保能全面评估患者是否为手术做好了准备，同时帮助患者了解术后程序与所需的行为调整(Sogg & Mori, 2004)。这种会谈关注七个方面：

- 体重、饮食和营养史：患者是否经历过失败的节食？
- 患者目前的进食行为：通常会吃什么食物？是否存在暴食行为？等等。
- 医疗史：是否存在其他医疗问题或最近是否经历过手术？
- 确保患者了解手术的步骤与风险：患者是否表现出对手术的“最低限度的理解”？
- 动机与期待：患者是否了解手术的现实目标，是否愿意为此努力？
- 人际关系与社会支持：患者的家人是否愿意帮助患者减肥？
- 精神类并发症：是否存在一些心理障碍需要接受治疗？

青少年与减肥手术

在过去的20年间，极度肥胖的青少年人数急剧增长，他们可能有所有成年人出现的不良健康症状，包括较差的生活品质和低自尊等，这些问题很可能被减肥手术缓解（Capella & Capella，2003）。问题在于，青少年能不能接受胃旁路手术与胃束带手术？如果能，在什么年龄或什么情况下是被允许的？显然，有必要设立年龄指导方针、BMI标准和排除性因素，如滥用药物，还要考虑动机、支持系统等一系列在上文讨论过的索格与莫里（Sogg & Mori，2004）面谈单中提及的因素。

///趣味信息盒///

一个名人经历的与体重的抗争和减肥手术

威尔逊（Singer Carnie Wilson）十分坦率地公开了她与体重长

达一生的抗争。她在1999年接受了胃旁路手术，减掉了超过自身体重一半的重量，在一年半里，她的体重从300磅减到了150磅。然而，因两次怀孕与她承认无法坚持健康的生活方式，减掉的体重大部分都涨了回来。她在2012年接受了第二次减肥手术（胃束带手术），再次决定维持一种更健康的饮食与锻炼习惯。

家喻户晓的电视名人与天气预报员洛克（Al Roker）也同样与食物和体重做着艰难的抗争。在他的新书《永不回头》（*Never Goin' Back*）中，洛克承认，接受胃旁路手术后他减掉的体重曾经涨回来一半。但那之后，他重新减掉了这些体重。现在，通过坚持严格的饮食和健康的锻炼日程，他一直维持着健康的体重。洛克和威尔逊都认为，减肥手术是一种辅助方法，对肥胖来说，它不是一劳永逸的万灵药。

手术的费用

减肥手术通常会花费2万—3万美元，如果患者出现了术后并发症，这个数字可能会更高。医疗保险对于这类手术的覆盖已经在不断扩大，尽管费用高昂，绝大多数分析师却表示，肥胖带来的风险与费用远远超过了手术的费用（Salem, Devlin, Sullivan, & Flum, 2008）。大部分公司并不会为自己的雇员购买覆盖减肥手术的保险，且大部分保险公司，包括美国的联邦医疗保险计划（Medicare）和医疗补助计划（Medicaid），都仅覆盖了特定机构，这些机构大多都位于城市，这些保险通常也不会完全覆盖所有医疗与后继治疗的费用。

尽管西方的各个社会经济阶层都会出现肥胖，但病态性肥胖大多出现社会经济阶层较低的人群与乡村社区中（Livingston & Ko, 2004）。

与城市相比，乡村手术的花费与可执行手术医院的匮乏让许多有很高风险出现肥胖相关健康问题的人无法接受减肥手术。

术后体重的反弹

大多数体重的减轻发生在接受减肥手术后的 18 个月内（Buchwald et al.，2007；Magro et al.，2007），这之后患者体重出现一定的反弹也十分常见。那些 BMI 值非常高（>40）、有暴食障碍并（或）缺乏一定社会支持的患者，最容易在术后发生反弹；如果他们无法坚持足够多的复诊和参与支持性小组活动，体重反弹就更容易发生了（Magro et al.，2007）。

节食、锻炼和行为治疗

如果将饮食改变和锻炼结合在一起，目前为止讨论的所有减肥方式都会变得更有效。很多人尝试用改变行为来替代药物、补充剂或手术，避免这些减肥方式可能产生的副作用与花费。大家可能都熟悉"减肥王"（The Biggest Loser）一类的电视节目，在这些节目中，肥胖的人通过大量的锻炼与改变饮食减掉了很多体重。大量健身培训师、营养学家、医师和其他减重专家都提供不同的膳食和锻炼计划，都宣称他们的计划才是最有效的。实际上，没有任何一个减肥计划被科学地证明比其他计划更好，减肥结果通常也不尽如人意（Tsai & Wadden，2005）。很重要的一点是，他们都通过锻炼来消耗热量，增加活动量并调整行为。此外，就像低社会经济阶层的人难以就医和接受减肥手术一样，很多商业减肥项目和健身培训课程对大多数肥胖者来说，在经济上难以承受。

减肥是行为治疗(behavioral therapy, BT)的主要目标,但其他心理问题也能通过行为治疗来解决(如抑郁症)。行为治疗的目标就是希望让患者拥有一组可以维持一生的新进食习惯(例如,重新学习应该在什么时候吃什么)。不幸的是,大多数行为治疗项目长期效果并不显著。根据温和费伦(Wing & Phelan, 2005)的研究,大多数参与实验的人在6个月行为治疗减肥项目的标准化治疗中减掉了7%—10%的体重,但在12个月后,体重几乎重新涨了减掉重量的50%。他们的研究表明,大约20%的节食者成功维持了长期的减肥效果。他们也报告了6种可以帮助长期维持减肥成果的策略:“参与高水平的身体活动;维持低热量和低脂肪的膳食;吃早餐;有规律地自我监控体重;维持一个一致性较强的进食模式;在体重增加前注意到长胖的苗头。”(p.225S)

在尝试预测行为治疗的长期效果时,佩里等人(Perri et al., 2001)将两种为期1年的长期行为治疗,即复发预防培训(relapse prevention training, RPT)和问题解决治疗(problem-solving therapy, PST),与标准化、无延长疗程的行为治疗团体进行比较。复发预防培训的参与者学习了如何预期会诱导复发(即过度进食)的方法,并学会在这些情况下计划另一种应对机制或行为。问题解决治疗则将由一位医疗保健人士帮助参与者解决治疗期间的个人管理问题包含在内。在他们的学习过程中,所有团体都接受了为期5个月,每周2个小时的团体治疗,包括自我监控、设定目标、低热量/低脂膳食、走路回家等。在这些治疗的最后,所有参与者都减掉了(预期中的)9%的体重。

仅含行为治疗的标准化团体不包含任何其他附加治疗,但在6个月和12个月时会有随访。复发预防培训小组在后面的12个月中,每两周有一次团体治疗。治疗的内容包括辨别风险、认知上的应对、长期的计划等。问题解决治疗也在后续的12个月中，讨论最后一次治疗后出现的特定问题，并提供指导，帮助成员解决具体问题。

具体研究结果请看图12.3。它显示了在研究的不同时期成员最后的减重百分比。如预期的一样，在后面的一年中，标准化行为治疗团体的成员体重反弹幅度约为原来减掉体重的一半；复发预防培训也没有比标准化行为治疗团体好多少；问题解决治疗团体在维持减重效果上表现最佳。在这种治疗方法中，同伴的支持与问题讨论似乎尤其有益。

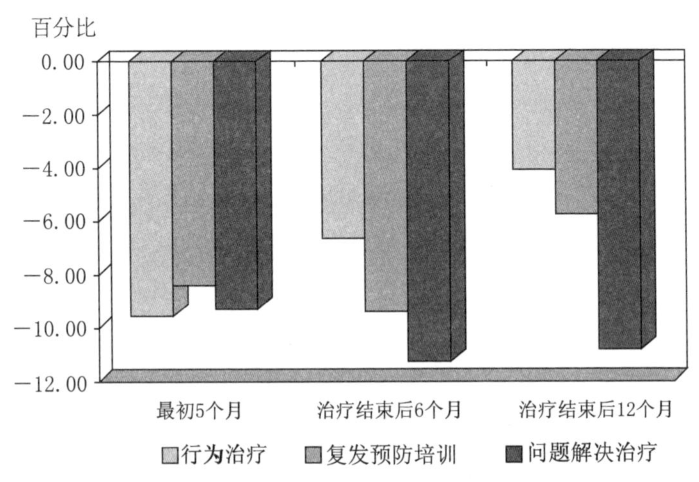

图12.3 接受三种减重行为治疗的患者在最初5个月、治疗结束后6个月和12个月后的平均减重百分比

结束语

肥胖会给身体健康和心理健康带来很多风险。目前就算是最先进的治疗也存在风险，且十分昂贵。一旦体重增加过多，减肥就变得

十分具有挑战性;从长期角度来说,通常也难以成功。最好的方法还是预防,预防保健的概念在医疗保健专业人士、保险公司和政治领域(因为它与医保支出相关)日益受到关注。尽管在世界范围内,许多国家的人口肥胖问题越来越严重,但现在还没有任何经过研究并成功验证效果(Swinburn, Gill, & Kumanyika, 2005)的国家性肥胖预防或减重项目问世。

预防肥胖重要吗?肥胖治疗或预防是否应该成为国家或全球关注的问题?目前已经有大量的证据证明关注这个问题的必要性,这类项目对健康的益处(如生活质量的提高、工作产量的提升和健康消费的下降)远超预防性或减重项目的花费。然而,这类项目仍然存在一些问题,包括到底应该让谁来资助这些项目,谁应该是目标人群,这些项目应该做什么,等等。有几项以学龄儿童和青少年为目标的研究发现,预防项目成功地降低了肥胖率,长期来说性价比较高(Taylor et al., 2007; Wang, Yang, Lowry, & Wechsler, 2003)。我们依然乐观地认为,预防意识的增加、对肥胖的关注,以及证明了预防有效性的实证研究,都会让大众更积极努力地提高当代人与未来几代人的健康状态。

第十三章　接下来我们应该怎么做？

阅读完本章，你将：

- 能够评估正常进食和非正常进食的差异。
- 能够讨论企业、政府与个人在当前的肥胖流行中所起的作用。
- 能够量化锻炼和节食在抵制肥胖中的作用。
- 能够评估教育项目的潜在影响，包括对改变食物标签的作用等。

肥胖与病理性肥胖

并非所有人都认为肥胖是一种疾病，或认为肥胖是一种需要接受治疗的情况。与某些癌症、心血管疾病或中风不同，肥胖并不会直接导致死亡，但它的确与这些影响寿命的痛苦疾病有密切联系。本书从始至终都在强调，导致肥胖的原因的确就是在较长时间内人体摄入的能量大大超过消耗的能量。进食行为和因其导致的肥胖，从某种程度上都受意志的控制，举个例子，你当然可以节食减肥。现在人们越来越普遍地认为，进食或过度进食的行为中存在与成瘾或药物滥用相似的特征。在《精神疾病诊断与统计手册（第五版）》中，物质成瘾的诊断标准要求个体必须符合 11 个标准中的至少 2 个标准。我们选取了物质成瘾诊断标准中的 5 个，并将其中的“物质”或“物质使用”改为“食物”或“进食”：

- 渴求或有强烈的欲望，或急迫地想要进食。
- 将大量时间消耗在获取食物、进食或从食物的影响中恢复过来上。
- 实际进食的量或时间通常会远超原计划进食的量或时间。
- 尽管知道进食会导致或恶化目前自身反复出现的生理或心理问题，却依然持续这种进食行为。
- 不断想要或尝试减少进食行为或控制进食，却最终失败。

///讨论话题///

大部分人可能都经历过上面至少两项诊断标准提及的内容，按照诊断，你可能得了食物滥用障碍！你怎么看这种诊断描述？如果不同意，你会如何改变或修改这些定义？按照这些诊断标准，我们的狩猎采集者祖先算不算患了食物滥用障碍呢？

这些标准提出了一个更难回答的问题：“到底在什么条件下，(药物或食物)正常的使用会变成一种异常的行为？”虽然药物并不像食物那样是人类生存的必需品，但可以说，几乎每个人都尝试过一种或多种药物。这些药物很容易获取，但至少对酒精与烟草来说，只有少数人会使用危险的高剂量。食物同样如此，不是所有人都会过度进食或变得肥胖，当然，这可能是因为人们都存在一定的自控能力。病理性肥胖主要是因为人们无法自控，应该更准确地被定义为一种冲动控制障碍吗(Best et al.，2012；Schag，Schonleber，Teufel，Zipfel，& Fiel，

2013)？这种区分十分重要，过度进食是一种控制能量平衡系统失衡造成的疾病，还是一种恰巧以食物为目标的冲动问题？这两种不同的观点必定会影响我们对肥胖采取的干预措施。

无论诊断和干预具体是什么，专业治疗需要的费用是人们要面临的第二个问题。表 13.1 记录了最近的医疗支出与出生时的寿命预测，以估测医疗保健投入的有效性。尽管肥胖与其相关疾病，如糖尿病、心脏病、中风、关节炎等，都分别仅占医疗支出中的一小部分，但当这些疾病合并在一起，就占据了不低的比例，何况这些比例还在不断

表 13.1　医疗保健支出与世界范围内的总体国民预期寿命

国　家	每人每年的医疗保健支出（美元）①	医疗保健支出占国内生产总值（gross domestic product，GDP）的百分比②	总体国民预期寿命（年）③
美　国	7 164	15.2	78.0
挪　威	5 207	8.5	80.4
加拿大	387	9.8	80.5
德　国	3 922	10.5	79.4
瑞　典	3 622	9.4	80.9
英　国	3 222	8.7	79.5
澳大利亚	3 365	8.5	81.4
以色列	2093	8.0	80.6
俄　国	985	4.8	67.8
巴　西	875	8.4	72.4
沙特阿拉伯	831	3.6	73.3
中　国	265	4.3	72.8
印　度	122	4.2	64.2

①② 数据来源于 2008 年的世界卫生报告，是经过购买力平价计算修正后的数据。
③ 数据取男性与女性预期寿命的平均值，来源于 2010 年的联合国人口发展报告。

提高。全世界国家可以被分为不同类别,底层国家每人每年医疗支出的中位数少于 1 000 美元,国民预期寿命为 72 岁;中层国家每人每年医疗支出的中位数约为 3 500 美元(总体医疗保健支出占 GDP 的 8%—10%),国民预期寿命为 81 岁。将底层国家与中层国家相比,你可以发现,医疗支出投入得越多,国民预期寿命就越长。但是请注意美国的数据:健康保险与支出超过 7 000 美元,几乎是中层国家的两倍,然而国民预期寿命比中层国家的国民预期寿命更短。就算你不是经济学家,也可以感觉到这里存在很严重的问题。这种趋势意味着,在过去的 10 年里,美国的总体医疗保健支出(不考虑政府投入与私人资金的比例)占据 GDP 的 20%,其他国家的支出也在快速上涨(Garber & Skinner, 2008)。总的来说,这种趋势是不可持续的。

锻炼就是良药?

我们提到的每一个专业减肥干预方式,包括节食、药物或手术,医生都会同时附加一个"加强锻炼"的建议。尽管减少热量摄入肯定会对减肥有益,但增加能量消耗会让减肥更有效。从汽车到电梯,再到自动门和遥控器等,现代生活中充斥着能够减少我们个人能量消耗的便捷装置。致胖的不仅仅是我们生活中的食物,还有这些经过特意设计,使我们的能量消耗最小化的环境。

让我们看一看锻炼中消耗的能量。锻炼消耗的能量会随体重、锻炼强度和锻炼时间增加而增加。为了抵消因体重产生的不同,能量输出通常会用锻炼的代谢当量(metabolic equivalent of task, MET)单位来表示,1 MET 的定义即 1 千卡/千克体重/小时。对一个 70 千克(154 磅)的人来说,1 MET 等于 70 千卡/小时;而对一个 140 千克(308

磅)的人来说,1 MET 等于 140 千卡/小时。静止代谢率(即基础代谢率)仅比 1 MET 少一些,简单地说,一种活动的代谢当量就是基础代谢率的成倍增加。表 13.2 显示了不同身体活动的 MET 估值。

你可能还记得,我们在前文中提到觅食成本的计算方式,表 13.2 中的 MET 值与它有一些相似之处,但现在我们会从体育科学的角度来解释这个术语。在回答"算一算"的问题时,你应该注意几个事项。首先,想要利用低强度的锻炼让人体的代谢消耗在接下来的 24 小时内明显提升,就必须坚持较长的时间。其次,就算一个人坚持进行一种对平常人来说很高强度的锻炼,吃热量普通的零食或喝一些常见的饮料就能够填补你的能量消耗。锻炼是一个很好的方法,因为除了燃烧热量之外,它还带来其他益处,但把锻炼当成解决肥胖的万灵药可能不是一个好主意。很重要的一点是,就算在很长时间内进行少量运动都可能对人体有好处,这也是为什么现代人开始采取一些在工作环境中可以使用的运动策略,如使用站立办公台、锻炼球座椅或不时伸展走动一下。静坐,如坐在沙发上,是最糟糕的!最近有一项研究显示,仅通过在广告时间起来走动或活动一下就可以让看电视期间消耗的能量加倍(Steeves, Thopson, & Bassett, 2012)!

表 13.2 不同身体活动的 MET 估值

身 体 活 动	MET 值范围
睡觉、看电视	0.9—1.0
典型文书工作、轻松的家务、慢走	1.5—2.5
轻快地走路、繁重的家务、打高尔夫(走)	3.0—5.0
快走/慢跑(5 英里/小时)、锻炼/平地自行车、娱乐性运动	5.5—7.5
高强度活动或上坡运动、重体力活	8—11
专业运动员在最高强度时的发挥	>20

算一算能量消耗

假设你的基础代谢率是 1 MET，而你在 24 小时内没有做任何事情。以 MET - 小时为单位来计算，你的总能量消耗是多少？（1 MET - 小时 = 1 千卡/千克）

第二天，你打算起床后散步一个小时（代谢当值为 4 MET），然后在剩下的 23 小时里仍然躺在沙发上，现在你一天的总能量消耗是多少？

有一天，你打算将散步的时间延长到 2 小时，现在你一天的总能量消耗是多少？

过了几天，你起床后以 7 英里/小时的速度跑了 1 个小时（代谢当值为 2 MET）。现在你的总能量消耗是多少？

一段时间后，你找到了一份工作——典型文书工作（8 小时的代谢当值为 2 MET），然后需要 1 小时的交通来回（1 小时代谢当值为 2 MET），剩下的 15 个小时你还是什么事都不做，这次的总能量消耗是多少？

再过了一段时间，你仍然做着这份工作，但在回家的路上你会去健身房进行 1 小时的中强度锻炼（代谢当值为 8 MET），现在的总能量消耗是多少？

最后，假设你的体重是 150 磅，为了简单计算，让我们假设 1 MET = 75 千卡/小时。在健身房内设有一个果汁吧，里面贩卖一种 20 盎司含 300 千卡热量的奶昔（这是较常见的饮料规格及所含热量），你无法抵御诱惑，买了一杯喝。现在，你需要在健身房多锻炼多少时间来消耗奶昔带来的热量？（答案在本章最后）

///讨论话题///

很多人同意锻炼是一个好主意，但似乎都不能或不愿将想法付诸实践。为什么对他们来说锻炼如此困难？有多少人想要坚持走路或慢跑，但最终悄无声息地放弃了？有多少件家用锻炼器材躺在地上吃灰？有多少张健身房会员卡静静过期？你能够找到一些相关的数据或谈谈类似的自身经历吗？

对人们来说，锻炼本身存在一个问题：锻炼的很多即时性特点会阻碍人们继续锻炼的努力。锻炼需要投入时间，它会让人气喘吁吁、身体酸痛、挥汗如雨，或导致其他不雅外观问题，等等，更让人讨厌的是，锻炼几乎没有任何立即可见的益处或回报。从理想化角度来说，锻炼应该是自主发生的，这对那些相对少见的热忱锻炼者来说的确如此，但大多数人都需要外界的强化，如家人或朋友的称赞，以及社会性强化，如从属于一个社会团体，或者制度性强化，如为了达到一个目标。最近的一项研究发现，在长达一年的研究期间，金钱激励与被试持续的减肥有关联。参与研究的被试通过达成减肥目标能够赚钱，但如果他们不能达到目标，他们在参与项目前不得不投入到红利基金中的钱就会打水漂(Mayo Clinic, 2013)。

团体归属感是另一种十分强大的驱动力与社会性强化物，从那些在小区附近散步或慢跑的团体到组织非营利性活动的运动社团，再到营利性组织如健身俱乐部或健身房，如果你哪天没有出现，很可能就会有人联系你，督促你下次参加活动。然而，有一些人(通常包括那些最胖的人)会认为周围的环境让他们不能锻炼或他们没有钱去参加活动，这种行为叫“自我阻碍”(self-handicapping)。对于这类人，社会有必要利用不同的方式鼓励他们锻炼，包括为他们提供廉价的鞋或衣物，建立社区保障体系，等等。长远来说，社会应该建立一个能够鼓励人们锻炼的环境，如在主要入口处设立阶梯而不是电梯，开拓可以容纳团体活动的场地，等等。商业性健身房长久以来就对如何让会员持续健身有很大兴趣，而最有效的方式或许就是针对出席率和/或达到合理健身目标给予金钱奖励。企业也希望雇员能够加强自身的锻炼，这通常可以转化为更少的病假天数和更高的工作效率。大型企业可以通过设立员工可以锻炼的时间与空间来做到这一点，但对小型企业来说，想做到会比较困难。在下一部分，我们会讨论个人和民众如何面对锻炼与饮食。

义不容辞：政府和食品企业应承担的责任

萨满是人类文化中最早出现的治愈者，他们通常使用混合草药作为药方，依托灵性来指导病人。萨满就像其他学识渊博的人一样，受到人们的尊敬，得到自身部落的物质支持，这可能是社区医疗健康消费或支出的第一种形式。到了现代社会，人们必须决定哪些消费必须优先考虑，而这通常决定了政策的取向。在不影响其他关键功能如国家安全、基础建设和教育等的条件下，我们可以将多少资金放到医疗保健上？一个政府应该保障全部公民的健康，还是不需要保障任何人的健康，又或仅仅保障付得起医疗费的人的健康？表 13.1 直观地显示了不同国家对这个问题的不同解决方式。不论总体费用和政治情况，对政府和其他医疗费用承担者如保险公司来说，最希望的就是保障乃至进一步提高公民的健康与安乐水平。

人们通常都会同意，比起治疗，预防的性价比要高得多，但大多数资金依然花在治疗上。我们可以说，肥胖是一种很容易被预防的状况，而这种预防也将为治疗节省很多资金，更不必说还能够降低肥胖者承受的痛苦（如行动能力的提高、身体与心理健康的提高）。世界卫生组织（WHO，2008）在公众健康的背景下，提出了以下几点意见：

- 政府应该承担起架构国家卫生系统的根本责任。
- 国家干预的合法性应该有经济行为者的参与，包括医疗器械行业、医药行业与专业人员等。
- 与其他所有富有的国家相比，美国在卫生健康、医疗质量、就医难易程度、医疗有效性与平等性等方面的表现并不令人满意。

在这里，我们想要表达的一点是，在过去的100年里，政府已经与日俱增地承担了保护自身国民的责任，如果没有很多利益相关者的参与，这一点根本无法实现。政府和商业主要可以通过两种途径，即教育与奖励来影响国民总体健康水平，尤其是影响国民的肥胖问题。

首先让我们考虑一下教育。到底是什么导致了肥胖，怎样才可以让公众了解它带来的风险，是否有可能利用这些信息改变公众的行为？包括美国在内的很多国家都有很多由政府、学校或私人企业、商业机构资助的公众信息与教育项目（Walkerfield，Loken，& Hornick，2010）。它们面临的挑战是，让更多个体更活跃地参与行为改变或维持的项目，其中包括让参与者吃得更少，吃得更健康，进行更多的锻炼，等等。大多数行为改变的模型强调，需要针对不同人群调整所传递的健康信息。对年轻人来说，我们需要帮助他们避免超重；对于已经很胖且正在寻找减肥方法的人，我们需要采用不同的方式，传递的信息包含体重与年龄相关的变化等。在不同年龄层面上，还存在如何以适宜所属文化的方式干预的问题：许多不同民族的群体以进食为核心发展出多样的烹饪方式与社会文化，我们需要保持对文化的敏感性，调整或改变这些文化下的行为。

除了关于个体健康的教育，提供有关食物本身的信息也十分重要。有很多公共资源或营利性资源都为人们提供有关特定食物所含成分与热量的信息，在本书中我们也讨论过食物的营养成分与标签。

尽管食品标签上有很多信息，但信息呈现的方式并不能让那些处于匆忙状态的消费者快速了解食物的成分。首先，标签上的字体很小，视力不好的消费者甚至可能不看那些标签。其次，就算人们会阅读标签，他们会将自己在商店购入的所有食物的各类能量（热量、盐的含量等）加起来，或在家吃饭时计算一餐的热量吗？事实可能并非如此。大多数情况下，很少有人去看食物标签上都写了什么。几个欧洲国家正在施行一种叫作“红绿灯标签”（traffic light labeling）的创新性解决方式（Sacks，Veerman，Moodie，& Swinburn，2011）：标签的颜色（红、黄或绿）反映了不同食物成分含量的健康水平（图 13.1）。

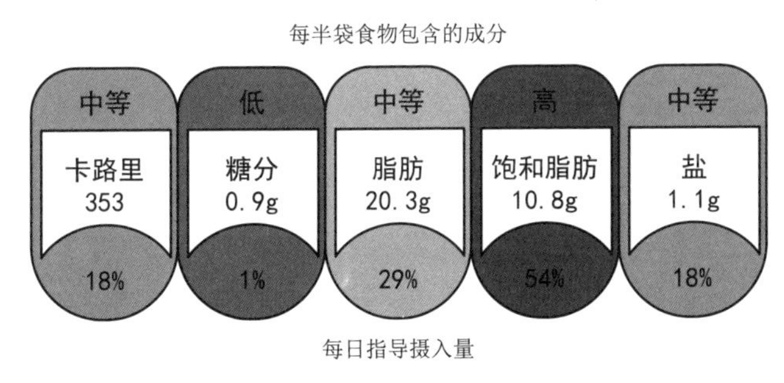

图 13.1　红绿灯标签①

对营养学家来说，这种分类并不如我们想象的那么科学，但它们的确将容易理解的食品健康信息传递给消费者。此外，为什么特定的

① 图片来源：食品标准局与网站 bbca.co.uk。

成分让一种食物比另一种“更不健康”，仍然存在争议——谁设定了分类标准，这些标准又基于哪些数据？方便消费者理解的重要性可能已经远超过分简化带来的坏处，不过，结合传统细节与颜色标签的双重或混合标签的方式可能更令人满意！

另一种方式就是使用金钱或其他实际的好处来影响公众的行为，就像我们之前提及的梅奥临床研究一样。一种可能的方式就是通过健康保险费或其他直接的健康花费来达到影响公众的目的。让我们回到都市生活保险公司发布的身高体重表，他们基于预估健康风险设立了保险费用，肥胖被视为一种事先存在的情况，尽管对一种事先存在的情况进行惩罚会在政治上引发争议，但相反的情况就不会如此：与汽车保险类似，如果一个人持续性拥有健康的 BMI 值（或其他通用的指数），他们的健康保险费是否可以下降？大部分为自己的员工支付健康保险的大型雇佣公司可能因此开始通过改善餐厅饮食供给和提供员工锻炼机会来改善员工的肥胖问题。

在进食方面也有一些创造性方式可以影响人们的购买模式。如每一种食品或每一类食品可以在结账时编码，产生一个总体的“健康购物分数”，如果购物者达标，就可按一定比例返现或给予其他奖励。当然，要实行这一方案需要食品制造业与零售业的配合（Chandon & Wansink, 2012）。另一种方案则是改变健康食品和垃圾食品的相对价格。现在，大多数低热量食品的价格和同类型高热量食品的价格相同，有时甚至更高，这部分是因为消费者的需要，但它并不是决定价格的唯一因素。我们应该让低热量食品更廉价，这种价格变化需要大部分产业达成广泛一致，关键是政府要对这些行业有财政上的扶持。当下，有少量国家与自治区域已经开始对可能造成肥胖和代谢疾病的食物征收销售税，包括富含脂肪与糖类的食物。但在反对税收的国家，如美国，这些策略没有产生效果，反而引发强烈的公众抗议。来看另一个例子:烟草和酒精(两种最广泛使用的药物)的销售价格中很大一部分就是销售税;主要法令都禁止我们的青少年接触这些药物;不断有健康相关的媒介信息传递着过分摄入这些物质带来的危害,包括这些药物的制造者,也被法律要求宣传这些信息。总而言之,这些环境性策略能够有效地降低,却无法消除美国国内的酒精与烟草的滥用。

///讨论话题///

食物的分量更像一种影响人们进食的危险因素,还仅仅是一份食物所含的量而已?在一罐常见的罐装速食汤上,标识说明一罐是两人的分量,但一旦你打开了这罐汤,你又该怎么处理剩下的另一半汤呢?你还可以找到其他有同样问题的食物(或饮料)吗?你认为是否有必要将每一袋食物的分量降至仅含一人份的量,就算这意味着每一份食物的价格可能变得更高?这种解决问题的方法有哪些优势和劣势,或者有哪些不足?另外,谁最有意愿实施这一变化?

在家吃、在外吃与随时随地吃

贯穿本书,我们讨论了在家用餐的例子(如购买食物)和在外用餐的例子(如餐馆食物的分量)。美国人每年在餐馆吃饭的次数约为200次,到2006年,在外用餐带来的饮食开销在人均总饮食消费中所占的百分比一直在稳固地上涨;2006年以后,则一直稳定地保持在49%左右(Economic Research Service, 2011)。当然,不同年龄和不同社会经济阶层的人群会有很大的不同，他们在外用餐的频率不同，餐馆类型也会不同，但粗略统计发现，在人们所有的进餐中，约20%的进餐（假设一天三餐）并非由自己或同伴烹饪的。人们吃下的食物中，零食所占的比例在不断上升（Ford, Slining, & Popkin, 2013），这意味着进食结构的丧失，或就如本节的名称，“随时随地吃”。

归根结底，想让人们更好且更合理地控制自己吃什么或吃多少，我们就需要将进食的这三个方面放在一起讨论。首先让我们讨论零食吧，因为以某些方式来说，它们最容易被统计。我们将区分吃零食的四种情况，当然，这四种情况肯定有一些重合：

- 计划性零食，如你可能带到办公场所或学校的晨间零食。
- 社会性零食，如拜访某人的家或在商业场合吃的零食。
- 冲动性零食，如路过自动贩售机或商店时吃的零食。
- 散漫性零食，如在家看电视或学习时吃的零食。

零食的热量无法被随后进餐量的下降所抵消，所以几乎所有被我们当作零食吃下的食物都会让我们摄入的热量超标。想要让人们尽量降低吃零食的次数可能比较困难且不太有效；对政府和企业来说，控制零食热量的高低更容易些。在前文中我们已经讲过，在过去的20年间，食物（包括零食）的分量以及它们所含的热量上升了一倍。假如社会所有成员都期望改变这种情况，它就很容易改变。作为零食的食物类型也可以改变，而我们已经听到了很多基层涌现的声音，鼓励人们将水果作为零食（Wansink, Shimizu, & Brumberg, 2013）。然而，要想成为一种成功解决肥胖的策略，水果就必须成为我们最经常或最想要吃的零食，即成为新的社会常态。零食通常会为人们的饮食增加多样性，提高了人们的食量（Epstein et al., 2013）。零食供应者，从供应自动贩卖机的企业到为朋友的拜访准备零食的主人，都需要接受这个观点：零食应该包含更多的水果或其他健康的成分。从功能性角度分类，含热量的饮料就是零食，让零热量或低热量饮料代替高热量饮料成为社会常态也是十分重要的。

再让我们谈谈在外用餐和食物分量。尽管现在很多餐馆的确提供低热量或较小分量的食物，但被送上客人餐桌的食物通常并不是这些食物。要让这种策略生效，我们需要说服消费者更多地选择较小分量的食物。这可以通过教育和对价格的重构来实现，但这些干预只有在低热量或其他健康食物成为食品业和消费者的选择常态时才可能有效。如果一个人吃一道健康的前菜只是为了弥补之后吃高热量的甜点，就无济于事。因此，餐馆甜点的分量，还有只卖甜点的零食店，都需要被鼓励去促销小分量或低脂的甜点。这可能需要对整个食品产业定价策略进行彻底的改革，但这件事目前连影儿都没见到。

对于在家用餐，我们可以鼓励大众去买低热量、更健康的食物，但我们无法保证这些购买的食物就是人们在家烹饪或吃下的食物，那些没有被食用的新鲜的水果或蔬菜最终会被丢弃。一些传统的烹饪方式会使用很多脂肪，而坚持使用“奶奶的配方”更像一种情感需求，而非理智的选择。想改变这些选择的可能手段是教育，而非经济。像之前讨论过的那样，教育手段之一是可以给零售食品还有餐馆的菜单贴上简单的分类标签（Ellison，Lusk，& Davis，2013）。

///讨论话题///

你能够想出一些可以激励食品制造者与销售者尽可能只制造与贩售低热量零食，或激励消费者购买健康食物的方法吗？

致未来

现在，我们对饮食心理的探索之旅到此为止。作为教育者，我们希望读者对影响健康与不健康行为的因素有了更深的理解，也希望自己提出了一些值得读者寻找答案的问题。你可能已经学到一些与饮食相关的知识，可以运用到自己的生活中，也有可能你已经决定开始运用这些知识帮助其他人。我们也许已经提供了一些如何帮助别人的新点子，特别是如何在这个让控制饮食和体重变得日益艰难的环境中坚持自己。现代社会中，与饮食相关的问题的答案并不仅仅存在于基因、发展心理学、社会、政治或商业之中，还存在于所有因素的协同工作之中。

算一算的答案

情况 1：24 小时静止 = 24×1 = 24 METs/日。

情况 2：23 小时以 1 MET 为代谢当值 + 1 小时以 4 MET 为代谢当值 = 27 METs/日（12.5%的增长）。

情况 3：22 小时以 1 MET 为代谢当值 + 2 小时以 4 MET 为代谢当值（共 8 MET）= 30 METs/日（25%的增长）。

情况 4：23 小时以 1 MET 为代谢当值 + 1 小时以 8 MET 为代谢当值 = 31 METs/日（29%的增长）。

情况 5：15 小时以 1 MET 为代谢当值 + 9 小时以 2 MET 为代谢当值 = 33 METs/日（37.5%的增长）。

情况 6：14 小时以 1 MET 为代谢当值 + 9 小时以 2 MET 为代谢当值 + 1 小时以 8 MET 为代谢当值 = 40 METs/日（67%的增长）。

情况 7：奶昔包含 300 千卡 = 300/75 = 4 METs。以 8 MET（每小时）进行中等强度锻炼，将需要多花 30 分钟消耗奶昔的热量。

附录 1　神经元与大脑结构概述

附录 1 的目的在于简单地介绍或复习大脑是如何运作的。大脑与其他器官一样，是由细胞组成的，主要构成大脑的两种细胞是神经元（neurons）和神经胶质细胞（glia）。神经胶质细胞通常（但也可能是错误地）被认为是为神经元提供“服务”的，因此，我们不在此进一步讨论。

大脑拥有十分密集的血管网络（主要输入动脉为颈动脉和椎动脉），这些血管网络为大脑提供持续的营养和氧气（与血红蛋白结合）补给。对成人来说，大脑尽管只占体重的约 2%，却占人体总能量消耗和总氧气消耗的约 20%。此外，大脑的内外都受脑脊液（cerebrospinal fluid，CSF）的缓冲保护；脑脊液产生于大脑内部被叫作“脑室”的四个充满液体的腔体（图 A1.1）。除了为大脑提供缓冲，脑脊液内还存在特定的化学信号分子，并将这些分子传输至大脑各处。

人类大脑包含大约 1 000 亿（10^{11}）个神经元和 100 万亿（10^{14}）个神经突触（也可称“神经元联结”）。神经元就是整合大脑中某一点的信息，并将信号传达至大脑或身体另一部分的细胞，它们通过突触与其他神经元交流。根据早先的预估，每个神经元平均拥有大约 1 000 个突触。我们事先声明，所有神经元绝对不是完全相同的，所以“典型的神经元”是一个想象的结构。在这个前提下，我们在图 A1.2 中显示了一个典型神经元的草图。

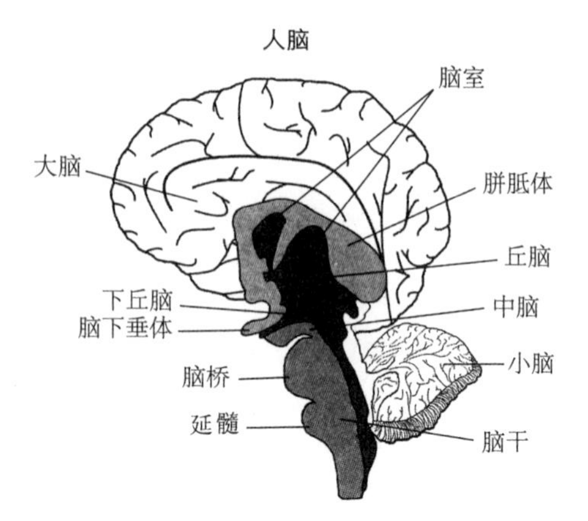

图 A1.1 大脑的正中矢状面（从中剖开到底）简图①

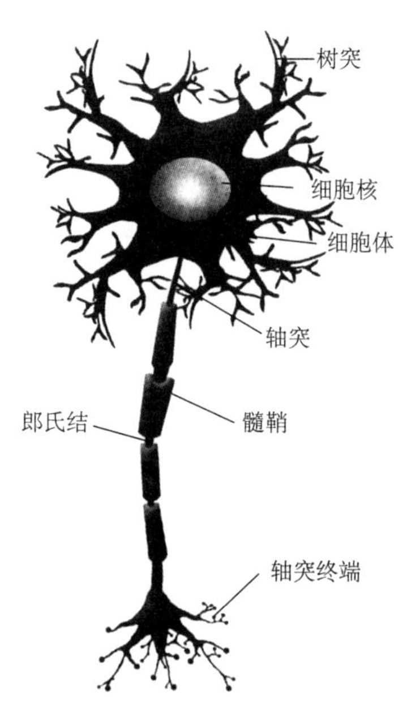

图 A1.2 典型神经元的简图②

① 前端或前半部分位于图的左侧。人类是二足动物，我们的大脑是“向下弯曲”的，因此大脑的尾（后）部——脑干部分——是向下的。

② 图中神经元的不同部分没有按实际比例绘制。

这个典型的神经元由含有细胞核的细胞体组成，而相应的细胞核内包含了染色体（见附录2）。整个神经元充满了一种名为细胞质（cytoplasm，cyto-有细胞的意思）的液体。由细胞体延伸出来的分支中有一个轴突（axon）和（通常情况下）很多树突（dendrites）。就像一棵树一样，树突通常会有大量分支，分布着很多可以从其他细胞那里接收信息的受体。轴突的长度通常是细胞体直径的上千倍（因此并不像草图所画的那样短），具体长度则由神经元所处的解剖学位置与功能决定：可能很短，也可能长达几十厘米。较长的轴突通常被髓鞘（sheath of myelin）覆盖，这种物质是一种可以让动作电位加速的“绝缘体”（见后面的讨论）。在细胞体最终端或最远端，轴突通常会发出很多分支，形成轴突终端区域（或者说“轴突按钮”）。全部或大部分终端都会与另一个细胞联结形成突触，它们通常联结的是另一个神经元细胞的树突。部分突触是单向且具有化学性质的：神经递质（neurotransmitter）会将突触前神经元传来的信号传达至突触后神经元内。

就像我们的皮肤将我们与环境隔离开一样，一层由纤薄的双层脂质或脂肪膜组成的薄膜将所有细胞，包括神经元，在胞外液中隔离开。很多具有不同特定功能的蛋白质都可以刺穿这层薄膜（图A1.3）。

其中一种多见于神经元树突的蛋白质家族就是神经递质受体。特定神经递质的分泌大多发生在突触上，在大多数情况下，突触前神经元的终端会分泌特定的神经递质，从而激活突触后细胞的相应受体。行为神经生物学的目标之一就是希望理解哪些特定的神经递质与突触控制了哪些特定的行为，如觅食或进食。

突触终端分泌的神经递质通常以小包或囊泡的形式出现，并按照互补的形状与不同的受体结合，以此激活该受体，这个过程就和钥匙与锁的匹配差不多（图A1.4）。受体位于神经元外部表面的部分就相当于一把锁，它必须形成一个对这个突触的特定神经递质来说或多

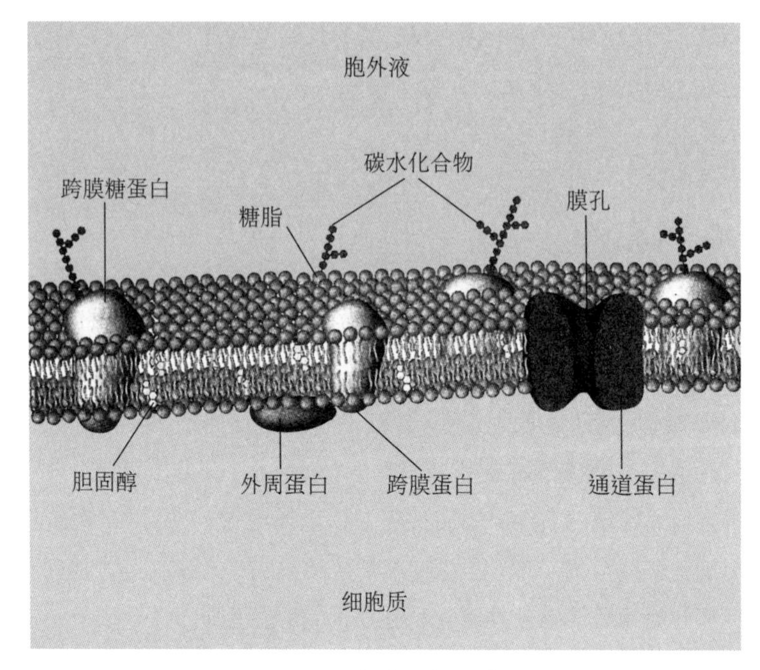

图 A1.3　细胞膜的结构①

或少算特定的三维结合口。这就类似于不同气味与不同嗅觉受体结合的过程。每一种神经递质(或荷尔蒙)都拥有至少一种特定的受体。很多神经递质有几种受体,它们被称为“受体亚型”(receptor subtypes),但每一种受体亚型的结合口必须有类似的形状,因为它们都需要与同种内源性神经递质结合。

受体是神经元以及其他很多种细胞的主要信息输入装置。一旦一个受体与一个神经递质结合,在与神经递质分离之后,受体很快就会在突触后神经元中产生区域性效应。这种效应可能有两种:其一是离子

① 本图为细胞膜的部分结构,图中的两层脂质间存在不同种类的相关蛋白质,其中一些可以通过细胞膜。

通道效应（ionotropic effect），作为一种直接且快速的机制，受体会在细胞膜中打开一个微型通道，让带电荷的粒子（离子）通过，就像图 A1.3 中显示的孔一样；其二是促代谢型效应（metabotropic effect），这种效应的发生速度较缓慢，但细胞内的第二信使能够在神经元内引发一波波持久的反应。大多数代谢型受体都属于 G 蛋白偶联受体家族，图 A1.4 为其中一种受体的示意图。无论什么时候，一个神经元都将受到很多化学信号的冲击，但到了下一刻，可能就是完全不同的另一组信号。根据每种特定信号的工作方式，这些信号中的一些被称为“兴奋性信号”，另一些则被称为“抑制性信号”，我们所说的兴奋或抑制到底指什么？

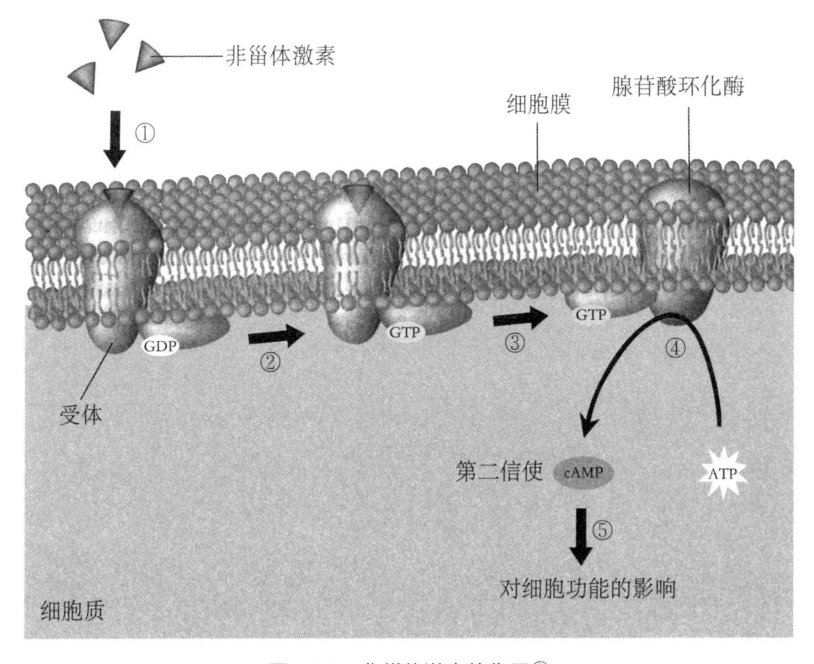

图 A1.4　非甾体激素的作用①

---

① 神经递质（或荷尔蒙）与特定形状（在本图中为三角形）的受体产生交互反应。本图显示的受体是 G 蛋白偶联受体在细胞中发生的一系列反应。

由于细胞膜与内部通道的存在，像神经元这样的细胞通常处于两极化状态——细胞内外有不同的电荷，这种电荷的不同就形成细胞膜电位。在神经元静止时，细胞膜电位大约在－70毫伏(mV)左右，“－”的意思是相比外部，细胞内部电位为负电荷。当神经递质与受体结合并发生反应后，离子就会穿过通道，跨越细胞膜(如图A1.3中的细胞膜孔)，导致静止膜电位(resting membrane potential)产生轻微的改变。兴奋性信号会让细胞内正电荷发生净增加，导致细胞内负电荷电位轻微下降；相反，抑制性信号会让细胞内负电荷发生净增加，导致细胞内负电荷电位增加。当微兴奋事件积累的净兴奋值足够多时，一个神经元就达到阈值(threshold)并产生一个动作电位(action potential)，这是一个简单(通常发生时间少于千分之一秒)却相当强烈的电干扰(约100毫伏)。动作电位通常首先由轴突的头部开始，离开细胞体并以一种自我更新式过程通过轴突，一直到达轴突终端位点。神经递质被包裹在终端位点内囊泡中，当动作电位抵达轴突终端时就会引发一系列事件，最终引发神经递质的分泌。神经递质在突触之间弥散，它们会对突触后受体产生兴奋或抑制效应。因此，动作电位是一种具有全或无特性的电子信号，该信号最终可以将一个简单的化学信号传递给下一个细胞。

大脑的结构从后到前分别为后脑/脑干、中脑和前脑(图A1.1)。从进化角度来说，后脑是脊椎动物脑中最古老的一部分，基本上就是位于脊髓顶端的一个突起，在进化过程中，这一部分逐渐被更大、更复杂的大脑结构覆盖。人类的前脑，特别是前脑皮层，是所有陆栖哺乳动物中演化得最发达的。感觉信号通过颅脑神经，包括味觉和内脏信息的神经，进入大脑，其中大部分信息都进入脑干。我们无法合理地解释前脑如何在不考虑后脑结构和功能的情况下，统合所有感觉器官，而后脑又如何与前脑联结。

在本书中,我们介绍了脑干、下丘脑与大脑皮层中与进食相关的机制,因为实际原因,人们通常会分开研究这些大脑的不同部位,但它们的功能必定是密切相关的。哺乳动物的进化基本上是由脑干为基础向上发展的,但这并不意味着新的结构取代了旧的结构;我们反而应该以对尾段大脑的分析作为基础,将更晚进化的大脑结构分析作为一种补充。

附录 2　基因学

基因是一组从父母传递到后代的指令。它们由一股股螺旋形的脱氧核糖核酸（deoxyribonucleic acid，DNA）以双螺旋形态配对缠绕，在染色体上连续地排列在一起。人类有 23 对或者说 23 个双倍体染色体，一个基因的两条染色质链可能相同，也可能不相同。这些双倍体基因叫“等位基因”（alleles），它们可能含有人类可见表型特征（基因表达出的性状）的基因编码，如眼睛的颜色或肤色等。在两种可能存在的等位基因 A 和 B 中，实际可能出现三种组合，即 AA、AB 和 BB。AA 和 BB 叫“纯合型”（homozygous），会分别体现出 A 或 B 的表型特征；AB 叫“杂合型”（heterozygous），会体现出显性的表型特征。例如，如果 A 对 B 来说是显性特征，就会体现出 A 的表型特征。如果一种非显性（隐性）的表型特征要显现出来，该个体就必须拥有纯合型隐性基因来表现出隐性的表型特征。

这些配对的染色体中的每一条都包含上千个基因，这些基因组成一个个体的基因组（genome）。尽管我们拥有如此多的基因，但每一条 DNA 都仅由 4 个组块构成，它们都被叫作“核苷酸碱基”（nucleotide bases），它们可以用四个字母（A = 腺嘌呤，G = 鸟嘌呤，T = 胸腺嘧啶，C = 胞嘧啶）表示。如果将这些分子以不同形式和序列组成长串，序列的数量可能比现有基因表现形式多很多，就如我们可以用 26 个拉丁字母组成比现有语言中实际词汇更多的序列。“基因”（gene）是含有编码信息的一段 DNA 片段，相当于一整篇文章中的一个段落。除了编码区域，每一个基因还会存在一个调控区域，让它可以被打开或关闭。就如你躺在床上，灯光或电子阅读器就是让你能够阅读这本书的开关。这些编码基因结合在一起（那些被叫作“非编码区”的 DNA 片段也参与其中，这些片段实际上组成所有人类 DNA 的绝大部分）后，就形成染色体（相当于文章的一个章节或一个部分）。因此，每一组染色体都包含很多基因，这些基因通常根据自身在染色体内所处的位置来命名。染色体一般成对出现，而人类通常有 23 对染色体。这些染色体在细胞核中聚集，与它们结合在一起的是一种在细胞核内四处蜿蜒生长的球形蛋白，即“组蛋白”（histones）。

DNA 是两条脱氧核苷酸链以双螺旋结构互相缠绕构成的（图 A2.1）。DNA 中的一条脱氧核苷酸链就是我们前文中提到的编码链，另一条脱氧核苷酸链是互补链，可以在有需要的情况下提供修补或重造编码链的功能。互补在这里的意思是，螺旋交缠的两条脱氧核苷酸链由微弱的化学键联结在一起，具体来说，A 通常与 T 相连，G 通常与 C 相连。掌握了这个规则之后，你就可以在知道编码链序列（假设是

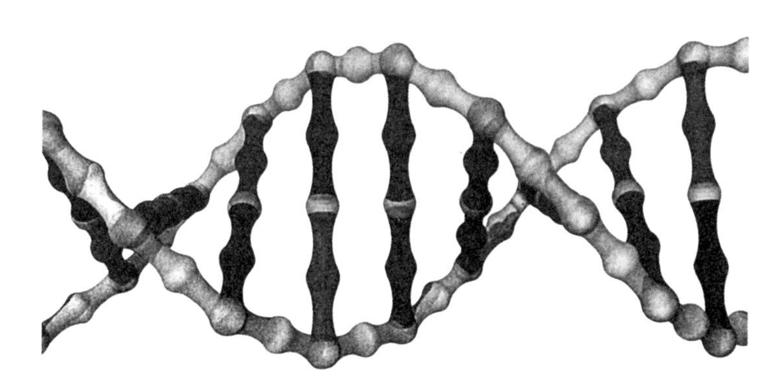

图 A2.1　DNA 的双螺旋结构①

① 在这个模型中，双链之间的桥接代表了互补碱基配对之间的链接。

ATTTGCTCGA)的情况下，写出互补链的序列(TAAACGAGCT)。

转录，就是基因的双链DNA片段被复制成单链的信使核糖核酸的过程。一种在基因螺旋结构上"游走"的DNA聚合酶，能够像打开拉链一样，一点点打开基因的双螺旋结构。被打开的双链中的一条作为模板链参与复制过程，形成一条新的单链。这条单链是核糖核酸链(RNA)，它由四种核糖核苷酸组成：腺嘌呤核糖核苷酸(A)、鸟嘌呤核糖核苷酸(G)、胞嘧啶核糖核苷酸(C)、尿嘧啶核糖核苷酸(U)(见图A2.2)。

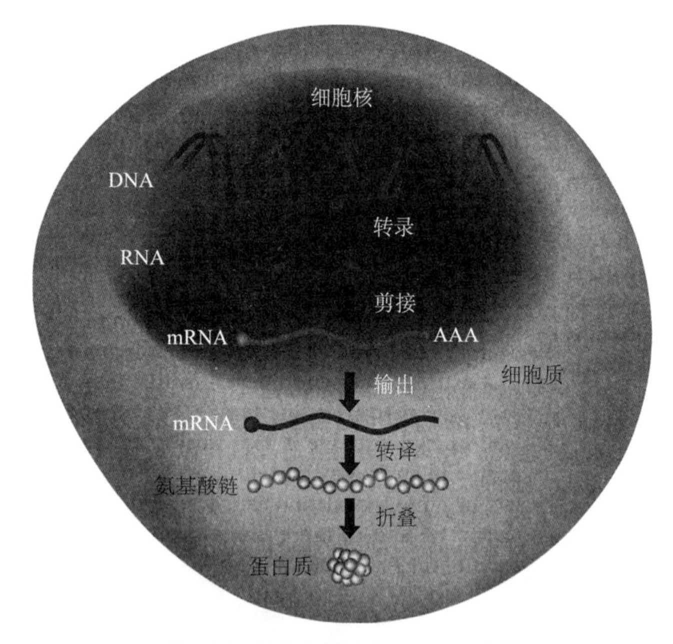

图A2.2 转录与转译(translation)①

① 一个基因的一条脱氧核苷酸链接受"复制"，并形成一条单链RNA分子，然后就可以经过"编辑"形成一条信使RNA(mRNA)。这条信使RNA链会离开细胞核进入细胞质中，它会依附上核糖体，然后再被"转译"为氨基酸链。在这个模型中，双链之间的连接处代表了互补碱基配对之间的链接。之后，这条氨基酸链就可能被折叠，形成一种三维蛋白质。

什么决定了哪些基因以何种数量被转录呢？就像之前提及的，基因有两个主要区域——调控区与编码区。迄今为止，我们谈论的都是编码区。调控区很像一个开关，在编码区的“上游”工作——就像本书有开始、有结束一样，基因也有自己的方向性。许多被叫作“转录因子”(transcription factors)的化学信号可以与调控区域的基因结合，导致它们打开或关闭。转录因子存在越多，转录活动就会越频繁，或维持时间就会越长。总的来说，基因可以被打开或关闭，而特定 mRNA 的存在数量就可以显示在那段特定时间内转录发生的数量。

被转录而成的副本信使 RNA 会再次接受剪切和编辑，这很像本书的初稿被分割成许多大块或小块的段落！一旦最终的信使 RNA (mRNA)制作完成，它就会从细胞核内移动到细胞质中，核糖体(ribosomes)直接将 mRNA 上决定一个氨基酸的三联体核苷酸残基序列(叫作“密码子”)转译成一种特定的氨基酸，这些氨基酸结合成一条氨基酸链。4 种碱基一共有 64 种可能的“三字母组合”(密码子，AAA，AAU，一直到 UUU)，而大约存在 20 种天然的氨基酸。相对较短的氨基酸链叫“肽”，这些肽包括荷尔蒙，如胰岛素、瘦素和神经递质 NPY、饥饿素等。长链的氨基酸是细胞中的关键蛋白质。其中一些蛋白质，如神经递质的受体嵌入细胞膜中间，而另一些蛋白质是细胞内指挥化学反应的酶。

基因突变就是在基因转录或转译过程中会导致遗传决定的核苷酸序列发生改变。术语“突变”经常有负面的意味，但事实并非总是如此。蛋白质就是具有三维形态的长链氨基酸，这种形态让它们可以识别并执行特定任务，如作为神经递质或嗅觉受体中特定形态的“锁”，但并不是整个蛋白质都参与神经递质或嗅觉受体“锁”机制的运作过程。打个比方，假设你给自家的前门配了一把钥匙，但不知道为什么，配锁的人在你的钥匙上多刻了一道凹槽，这个失误是否会让你的钥匙失去作用完全依赖这多出来的凹槽的位置。例如，如果这个凹槽位于钥匙柄，这个错误可能无足轻重；也可能这多出来的凹槽让你的钥匙成为一把万能钥匙。而从生物学角度来说，突变可能提高生物的适应性。因此，仅有一些基因变化或多态性(polymorphisms)会对物种产生负面影响或导致特定功能的丧失。

表观遗传学

细胞的 DNA 序列并不能决定一切。实际上，我们身体内的所有细胞都包含同样的染色体 DNA，然而，我们是由很多类型且功能各异的细胞组成的。每一种类别的细胞也有不同的分类，如存在于不同脑区(如弓状核和皮层)的神经元会拥有不同的联结性与不同的神经递质(如 POMC、NPY/刺鼠基因相关肽)。胚胎细胞是全能的，可以成为任何种类的细胞，它会发育成什么完全取决于之后的一系列活动或选择定点，这些活动或选择定点被统一叫作"分化"(differentiation)。

与此相似，一个新生的人类的生活轨道有几乎无限种可能，但这些可能的轨道会随着一系列生活影响或个体作出的选择而逐渐变得有限起来。很多细胞中的分化因素都取决于它们在整个胚胎发育期间出现的时间和在发育的胚胎中的位置。即在细胞成熟的过程中，一个细胞发育的区域环境对这个细胞的选择性基因表达有根本的影响，如胃肠道细胞不可能被"重造"成为脑细胞；分化的选择一旦作出，几乎是不能变更的。除了区域性的化学因素或组织性因素，很明显，外界或环境因素也可能产生了一些影响，它们可能对整个人体系统进行了一些微调。举一个众所周知的例子，当动物或人类在一个社会接触或刺激源有限的环境中成长，个体的大脑中脑细胞的存活率会下降，大脑某些部分的神经联结也十分有限，甚至可能造成个体患上某些极难治愈的行为功能障碍。宽泛地说,基因表达同时取决于个体的经历和所处的环境,这就是表观遗传学研究的领域。

基因的转译部分由基因所处的区域性化学环境决定。我们先前提及的染色体并不仅仅简单地在细胞内四处游荡,它们会紧紧包裹住细胞核内一种被叫作“组蛋白”的蛋白质。DNA 与组蛋白都会受化学物质的调节,影响它们互相包裹的紧密程度,从而进一步影响 DNA 被解旋与被 DNA 聚合酶复制的难易程度。此外,基因也可能受额外的甲基基团(甲基化,methylation)的影响,尤其当 C(胞嘧啶)残基在启动子区域(promoter region)时,基因的可转译性就会下降。同样,组蛋白也可能在乙酰化(aceylation)或甲基化过程中改变;通常来说,额外的乙酰基团(乙酰化)会让包裹着组蛋白的染色体变得松散,因此增加了基因表达。有一些食物成分会对这些影响基因表达的调控因子产生影响,如绿茶含有一种名为多酚的复合物,这种复合物可以降低 DNA 的甲基化过程;葡萄含有一种名为“白藜芦醇”的物质,这种物质会影响组蛋白的乙酰化过程。禁食也会产生这种影响。重要的是,尽管这些表观基因性状的改变并没有改变基因本身或基因的产物,却仍然可以被一代代传递下去。

性状的可遗传性

我们从父母那里获得了遗传基因:我们的每一个特定的基因,父母都贡献了一个等位基因或另一种基因。就像之前提到的,如果两个等位基因相同,这个基因和它所编码的功能或性状(显性的表达,expressed phenotype)就是纯合性的。如果等位基因不相同,这个基因就杂合性的,而常染色体(autosomal)中的显性性状会被表达出来。家族性高胆固醇血症(高胆固醇水平会导致心血管疾病的风险)的病因是,由于低浓度脂蛋白(lipoprotein, LDL)基因发生了显性突变，在正常情况下原本能够清除血液中的低浓度脂蛋白(lipoprotein, LDL)无法工作，这种情况在人类身上发生的概率大概是1/500。镰状细胞疾病(血红蛋白的变异会导致不同的症状，最终导致了寿命的降低)是由一种常染色体隐性基因导致的；这种疾病通常在非洲土著人中发生，随着全球化移民的过程，它在欧洲和美洲国家发生的概率大约为1/2 000。

上面提及的疾病都是单基因遗传或单一基因表型或性状的例子，大多数性状都是多基因遗传的，因此这些性状会受到多对非等位基因的控制。瞳色就是一个很好的例子，最开始，棕色被认为是显性性状，而蓝色是隐性性状，但我们现在知道，几种在虹膜内与虹膜附近表达的基因共同决定了瞳色的遗传。实际上，大多数人并不拥有纯粹棕色或蓝色的眼睛！

术语“多态性”(polymorphisam)主要有两种含义：其一是指在物种内共存的两种(或以上的)表型，性别二型性(sexual dimorphism)就是男性与女性之间的差别，它可能是最常见的例子；其二是指基因型(genotype)的另一种形式，如单核苷酸多态性(single nucleotide polymorphism, SNP)就是一种DNA排序中单个碱基的突变，如果在一个编码区域发生单个碱基的突变，就会改变被转译的蛋白质的功能有效性。

索　引

G蛋白偶联受体/G-protein coupled receptors(GPCR)，37，271

阿片促黑皮质素/pro-opiomelanocortin (POMC)，177，183，185，186，219

氨基酸/amino acids，20，21，37，44，149，276，277

必需氨基酸/essential，21

鼻后嗅觉 retronasal olfaction，39，51

鼻腔(嗅觉)上皮组织/nasal(olfactory) epithelium，38

表观遗传学/epigenetic，106，216，228—230，279

补偿指数/compensation index，119

哺乳，见奶粉喂养；母乳喂养/suckling. See Bottle Feeding；Breast feeding，6，101，107，108，211，272，273

菜系/cuisine，101，132—136，140，141，145

肠道内分泌细胞/enteroendocrine cells，56

肠道神经系统/enteric nervous system，55—57，110

成瘾/addiction，102，147，148，153，154，156，157，159—165，167，168，236，237，252，253

传染定律/law of contagion，144

纯粹接触效应/mere exposure effect，89，90，120，124

雌激素/estrogens，183—185，198

刺鼠基因相关肽/agouti-related peptide (AgRP)，177—179，184，185，190，219，225，278

达成行为/consummatory behavior，4

大麻素/cannabinoids，154，166，167，238，239

代谢/metabolism，12，15—19，27—32，59，63，67—70，80，96，124，138，177，181，185，194，200，203，216，217，223，233，245，256，257，262，266，271

代谢当量/metabolic equivalent of task (MET)，255，256

代谢率/metabolic rate，16，28—30，63，67，80，96，124，256
基础代谢率/basal metabolic rate（BMR），28—31，67，68，257
单醣/monosaccharide，175
单位价格/unit price，70，71，190
胆囊收缩素/cholecystokinin（CCK），57，58，181
蛋白质/protein，15—18，20，21，25，37，46，94，107，114，117，135，136，149，154，177，218，219，224，225，229，269，270，276，277，279，280
淀粉/starch，19，20，22
定点理论/settling point，230
动机/motivation，15，99，101，143，165—169，188，205，246
稳态/homeostasis，67，69，74，175
动物源食物/animal source foods（ASF），64，66，78
动作电位/action potential，39，41，46，49，56，176，269，272
都市生活保险公司/metropolitan life insurance company，8，9，262
锻炼/exercise，28，31，88，131，172，195—199，219，226，242，247，248，252，255—259，262，266
多巴胺/dopamine，88，151，152，154，160，162—164，166，167，187—189，192，206，207，236，238
额叶皮层/frontal cortex，41，49，102，192
岛叶皮层/insular，41，51，102
眶额皮层/orbitofrontal cortex，41
二糖/disaccharide，19
发育编程/developmental programming，229
肥胖/obesity，2—3，8，10—12，15，67—68，104—108，111，114，124—125，129—131，142，158，163—164，168，174，178，182—183，216—251，252—253，260—264
肥胖流行症/epidemic obesity，11，172，174，232
单基因肥胖/monogenic obesity，216，218，219，227
多基因肥胖/polygenic obesity，216
分量大小/portion size，181
风险/risk，10，12，13，26，67，100，111，114，125，131，138，139，143，159，167，194，204，208，224—226，236—238，243，246—250，260，262，279
伏隔核/nucleus accumbens，101，160，162，165，167，187，189，191
复合碳水化合物/complex carbohydrate，

16，19
腹侧被盖区/ventral tegmental area(VTA)，187
功能性磁共振成像/functional magnetic resonance imaging(fMRI)，50，183
共同进食/commensal food consumption，142
孤束核/nucleus of the solitary tract(NST)，45，48，49，56，57，102，169，191
光遗传学/optogenetics，178
广告/advertising，33，127—129，256
海马回/hippocampus，100，101，126
含糖饮料/sugary beverages，13
黑皮质素/melanocortin，177，178，183—186，219，220，224，226
宏量营养素/macronutrients，15，16，18，23，24，86，131，137，141，146，148，149，152，156
呼吸商/respiratory quotient，29
活动，*见锻炼*/activity，*See exercise*，13，16，17，25，28—32，41，58，67—69，80，92，101，129，131，132，145，149，154，156，162—166，168，172，177，178，182，184—186，190，204—207，213，226，228，229，233，248，256，258，259，277，278
饥饿/hunger，1，5，6，31，35，41，58，65，69，86，92，96，97，99，107，116，123，124，130，150，153，166，169—171，173—175，179—181，183，199，200，203，206，212，233，239，240，277
饥饿感/hungry，6，96—97，123，130，150，166，169—171，173，179—181，200，203，239
饥饿素/ghrelin，58，97，244，245
机会主义进食者/opportunistic eater，68
基因/gene，
基因疗法/gene therapy，227，228
极后区/area postrema，56，57，184
家庭和团体治疗/family and group therapy，210
减肥手术/bariatric surgery，242，244，246—248
减肥药物，*见食欲抑制剂*/anti-obesity drugs，*See appetite suppressant drugs*，235，236，239
健康保险与支出/Health insurance and costs，255
健康饮食/healthy eating，13，104，128，131，139，208
教养风格/parenting style，122
接近成本/access cost，71—73
进餐/meals，73，77，78，97，115，

132，135，137，140，142，146，179—181，196，203，264
进化/evolution，3，7，50，60—62，64—66，78，101，134，157，160，175，186，229，272，273
进食行为的发展/development of feeding，104
进食障碍/eating disorders，2，12，123，130，168，193，194，196，197，202—211，215
经典条件反射/classical conditioning，81—83，100
酒精/alcohol，105，111，165，203，253，263
抗胖性/obesity resistance，216，232，233
可代谢能量/metabolizable energy，16，67，69
可口度/palatability，53，54
渴求/craving，141，147，152—156，158，159，161，163，164，166，253
恐新性/neophobia，87，89，112，114
垃圾食品/junk food，13，107，108，123—125，130，150，152，158—160，164，166，188，262
酪酪肽/peptide YY，57
类胰高血糖素肽-1/glucagon-like peptide-1(GLP-1)，57
联结式学习/associative learning，50，51，81，82，84，85，91—95，100，129，143
味道—味道的联结式学习/flavor-flavor associative learning，91，94
味道—营养的联结式学习/flavor-nutrient associative learning，92，94，95
零食/snacking，13，71—73，75，83，98，115，120，121，126，128，129，139，151，153，154，166，167，175，181，256，264，265
满足感/satiety，6，58，95，96，114，123，130，163，169—171，173，179—181，191，200，205，206，221
媒体，*见广告*/media. *See advertising*，84，104，105，122，129，138，203，204，208
美国疾病控制与预防中心/centers for disease control(CDS)，11
迷走神经/vagus nerve，45，56—58
觅食/foraging，60，66—69，71，74，79，80，167，169，175，190，192，212，256，269
免疫系统/immune system，100
母乳喂养，*也见哺乳*/breast feeding，*See also suckling*，90，112，114，118
母体营养不良/maternal malnutrition，105

奶粉喂养/bottle feeding，90，112—114，118
内啡肽/endorphins，88
内感喜恶转换/alliesthesia，53，54
内源性阿片系统/endogenous opioid system，164—165
能量/energy，3，5，15—18，20—28，32，55，60，63—71，74，78，80，88，93，95—96，104—108，114—120，122，124，126—128，134—136，151—152，168，173—174，186—187，191—192，198，212—213，216—217，226，230，233，236—239，241，252，255—257，261
能量平衡/energy balance，15，27，67，173，216，254
能量密度/density of energy，18，23，93，95，96，115，126—128
能量单位/energy units，16，65
柠檬酸循环/citric acid cycle，17，18
葡萄糖/glucose，17—20，173，185
葡萄糖恒定假说/glucostatic hypothesis，173
气味/odorant，34—36，38—44，50，51，56，87，89，93，98，99，104，109—111，155，156，270
巧克力/chocolate，75，88，92，129，148，153—158，160，164，166
情境性线索/contextual cues，98—99
驱动力/drive，5，215，217，258
全基因组关联研究/genome wide association(GWA)，224，226，233
热量测定仪/calorimetry，29
热量替代品/calorie substitutes，240，241
认知行为疗法/cognitive behavioral therapy，210
乳糖不耐症/lactose intolerance，19，134，138
三磷酸腺苷/adenosine triphosphate(ATP)，16，25，185
色氨酸/tryptophan，21，149，152，154
膳食补充剂/dietary supplements，239
社会经济阶层/socio-economic status，124，125，247，248
社会影响/social influences，204
身体质量指数/body mass index(BMI)，8，121
神经肽/neuropeptide Y(NPY)，177，178，184，185
神经性贪食症/bulimia nervosa，2，153，193，194，199—203，205—207，209，214，215
神经性厌食症/anorexia nervosa，2，193，194，196—199，202—207，209—212，214，215

失嗅症/anosmia，43
食材/ingredients of food，78，133—136，141
食品标签/food labeling，22，23，261
食品经济学/economics of food，69
食品企业/food industry，259
食物的烹饪方式/preparation of food，133
食物的生热效应/thermogenic effect of food，28，32
食物的药物效应/medicine effect of food，88，92，149
食欲过盛/hyperphagia，176
食欲素/orexin，165—167，191
食欲抑制剂/appetitive suppressant drugs，186，236，238
嗜钠/sodium appetite，26，52，54
嗜糖癖/carbohydrate craving，149
狩猎—采集者/hunter-gatherer，7，66
瘦素/leptin，106，114，174，182，185，219—221，228，244，277
双核模型/dual center model，177
双重标记水/doubly labeled water，29
碳水化合物/carbohydrates，15—19，22，117，149，154，156，167
糖尿病/diabetes，11，12，19，59，106，114，131，218，219，235，238，242，245，254
天生/innate，52，82，85，88—91，94，100，105，110，115—117，135，137，141，143，162
微量营养素/micronutrients，22，25，86，116，131，154，156
盐/salts，15，22，24—26，44，46，47，50，52，54，105，107，110，152，158，165，188，239，261
维生素/vitamins，15，18，24，27，87，91，92，117，155，243
味道/flavor，34—36，39，41，42，44—53，56，81，84—95，99—101，104，109—112，114，121，128，130，133—135，137，143—145，155，156，165，182
味觉/gustation，34，35，44—52，55，56，81，84—87，91，92，95，100—103，108—111，129，140，145，148，162，164，168，182，192，272
慰藉食物/comfort food，116，148，150，152
稳态应变/allostasis，169，171，173，175
喜恶函数/preference-aversion function，54
下丘脑/hypothalamus，103，150，165，167，176—178，184，186，219，225，226，273

下丘脑—垂体—肾上腺轴中枢/hypothalamo-pituitary-adrenal（HPA） axis，151
下丘脑腹内侧核/ventromedial hypothalamus，VMH，176
下丘脑弓状核/arcuate nucleus of the hypothalamus，177
膳食纤维/dietary fiber，20，24
纤维素/cellulose，20
线粒体/mitochondria，17，227
杏仁核/amygdala，41，101—103
嗅觉/olfaction，34—44，48—51，97，110，111，165，192，270，277
嗅球/olfactory bulb，39，42
嗅小球/olfactory glomeruli，39，40
嗅觉受体/olfactory receptors，36—39，42，270，277
血清素/serotonin，148，149，152，154，186，198，202，205—207，210，237，238
血糖指数/glycemic index，18，19
压力/stress，26，30，31，139，147，148，150—152，182，199，232
炎症/inflammatory disorder，174，182，183
胰岛素/insulin，59，96，99，149，152，181，182，185，245，277
胰高血糖素/glucagon，57
异种共生/parabiosis，221
饮食性肥胖/dietary obesity，232
有氧代谢/aerobic metabolism，16，17
预期寿命/life expectancy，2，254，255
欲求行为/appetitive behavior，4
杂食动物悖论/omnivore's paradox，142
蔗糖/sucrose，19，50，165，241
脂肪/fats，10，13，15—18，21—24，27，32，48，66—68，70，74，92—96，107，108，116—118，121，122，124，125，130，136，139，140，142，148—151，153，154，156，166，167，169，173，174，176，181，183，184，199，225，226，230，232，238，241，244，249，262，265，269
恒脂假说/lipostatic hypothesis，173，174
脂肪酸/fatty acids，17，21，22，48，139
饱和脂肪酸/saturated fatty acids，21
不饱和脂肪酸/unsaturated fatty acids，21，22
脂肪组织/adipose tissue，22，70，169，173，174，183，232
治疗/treatments，3，12，59，86，100，149，165，166，182，193，194，196，198，206，209—211，215，217，

227, 228, 235—237, 242, 246, 247, 249—252, 254, 259, 260
治疗进食障碍/treat eating disorders, 210
治疗肥胖/treat obesity, 166, 182, 235, 242
致胖性环境/obesogenic environment, 13, 67, 158
自然选择,*见进化*/natural selection. *See evolution*, 60—62, 64, 216
自我阻碍/self-handicapping, 258
宗教信仰/religion, 135
最优觅食理论/optimal foraging theory, 67, 69, 74, 175

参考文献

第一章

Alessi G. (1992). Models of proximate and ultimate causation in psychology. *American Psychologist*, *47*, 1359—1370.

Arsenault, B. J., Beaumont, E. P., Despres, J. P., & Larose, E. (2012). Mapping body fat distribution: A key step toward the identification of the vulnerable patient? *Annals of Medicine*, *44*, 758—772.

Barkeling, B., King, N. A., Naslund, E., & Blundell, J. E. (2007). Characterization of obese individuals who claim no relationship between their eating pattern and sensations of hunger or fullness. *International Journal of Obesity*, 31, 435—439.

Bolles, R. C. (1967). *Theory of motivation*. New York: Harper & Row.

Brownell, K. D., Farley, T., Willett, W. C., Popkin, B. M., Chaloupka, F. J., Thompson, J. W., & Ludwig, D. S. (2009). The public health and economic benefits of taxing sugar-sweetened beverages. *New England Journal of Medicine*, *361*(16), 1599—1605.

Capaldi, E. D. (1996). *Why we eat what we eat: The psychology of eating*. Washington, DC: American Psychological Association.

Finkelstein, E. A., Trogdon, J. G., Cohen, J. W., & Dietz, W.

(2009). Annual medical spending attributable to obesity: Payer- and service-specific estimates. *Health Affairs*, *28*, w822—w831.

Flegal, K. M., Carroll, M. D., Kit, B. K., & Ogden, C. L. (2012). Prevalence of obesity and trends in the distribution of body mass index among US adults, 1999—2010. *Journal of the American Medical Association*, *307*(5), 491—497.

Hull, C. L.(1943). *Principles of behavior: An introduction to behavior theory*. New York: Appleton-Century.

Hudson, J. I., Hiripi, E., Pope, H. G., & Kessler, R. C.(2007). The prevalence and correlates of eating disorders in the National Comorbidity Survey Replication. *Biological Psychiatry*, *61*(3), 348—358.

Logue, A. W.(2004). *The psychology of eating and drinking*, 3rd ed. New York: Brunner-Routledge.

Luppino, F. S., de Wit, L. M., Bouvy, P. F., Stijnen, T., Cuijpers, P., Penninx, B. W., & Zitman, F. G.(2010). Overweight, obesity, and depression: A systematic review and meta-analysis of longitudinal studies. *Archives of General Psychiatry*, *67*(3), 220—229.

Ogden, J.(2010). *The psychology of eating: From healthy to disordered behavior*, 2nd ed. Malden, MA: Wiley-Blackwell.

Vartanian, L. R., Schwartz, M. B., & Brownell, K. D.(2007). Effects of soft drink consumption on nutrition and health: A systematic review and meta-analysis. *Journal Information*, *97*(4), 667—675.

Wagner K.-H., & Brath, H.(2012). A global view on the development of noncommunicable diseases. *Preventative Medicine*, *54*(suppl.), S38—S41.

Weinstein, N. D.(1984). Why it won't happen to me: Perceptions of risk factors and susceptibility. *Health Psychology*, *3*, 431—457.

White, L. A.(1959). *The evolution of culture: The development of civilization to the fall of Rome*. New York: McGraw-Hill.

第二章

Denton, D. A.(1982). *The hunger for salt*. New York: Springer-Verlag.

Foster-Powell, K., Holt, S. H. A., & Brand-Miller, J. C.(2002). International table of glycemic index and glycemic load values: 2002. *American Journal of Clinical Nutrition*, *76*, 5—56.

Siri-Tarino, P. W., Sun, Q., Hu, F. B., & Krauss, R. M.(2010). Meta-analysis of prospective cohort studies evaluating the association of saturated fat with cardiovascular disease. *American Journal of Clinical Nutrition*, *91*, 535—546.

Tordoff, M. G., Shao, H., Alarcon, L. K., Margolskee, R. F., Mosinger, B., Bachmanov, A. A., Reed, D. R., & McCaughey, S. (2008). Involvement of T1R3 in calcium-magnesium taste. *Physiological Genomics*, *34*, 338—348.

第三章

Cernoch, J. M., & Porter, R. H.(1985). Recognition of maternal axillary odors by infants. *Child Development*, *56*, 1593—1598.

Chaudhari, N., & Roper, S. D.(2010). The cell biology of taste. *Journal of Cell Biology*, *190*, 285—296.

Collings, V. B.(1974). Human taste response as a function of locus of stimulation of the tongue and soft palate. *Perception & Psychophysics*,

16, 169—174.

Craven, B. A., Paterson, E. G., & Settles, G. S.(2010). The fluid dynamics of canine olfaction: Unique nasal airflow patterns as an explanation of macrosomia. *Journal of the Royal Society Interface*, 7, 933—943.

Frank, R. A., & Byram, J.(1998). Taste-smell interactions are tastant and odorant dependent. *Chemical Senses*, *13*, 445—455.

Gautam, S. H., & Varhagen, J. V.(2012). Retronasal odor representations in the dorsal olfactory bulb of rats. *Journal of Neuroscience*, *32*, 7949—7959.

Gottfried, J. A.(2007). What can an orbitofrontal cortex-endowed animal do with smells? *Annals of the New York Academy of Sciences*, *1121*, 102—120.

Hevezi, P., Moyer, B. D., Lu, M., Gaeo, N., White, E., Echeverri, F., ... Zlotnik, A.(2009). Genome-wide analysis of gene expression in primate taste buds reveals links to diverse processes. *PLoS ONE*, *4*, e6395.

Howard, J. P., Plailly, J., Grueschow, M., Haynes, J.-D., & Gottfried, J. A.(2009). Odor quality coding and categorization in human posterior piriform cortex. *Nature Neuroscience*, *12*, 932—938.

Mayer, E. A.(2011). Gut feelings: The emerging biology of gut-brain communication. *Nature Reviews Neuroscience*, *12*, 453—466.

Mesholam, R. I., Moberg, P. J., Mahr, R. N., & Doty, R. L. (1998). Olfaction in neurodegenerative disease: A meta-analysis of olfactory functioning in Alzheimer's and Parkinson's diseases. *Archives of Neurology*, *55*, 84—90.

Mombaerts, P. (1999). Molecular biology of odorant receptors in vertebrates. *Annual Review of Neuroscience*, *22*, 487—509.

Moran, T. H. (2000). Cholecystokinin and satiety: Current perspectives. *Nutrition*, *16*, 858—865.

Pritchard, T. C., Nedderman, E. N., Edwards, E. M., Petticoffer, A. C., Schwartz, G. J., & Scott, T. R. (2008). Satiety-responsive neurons in medial orbitofrontal cortex of the macaque. *Behavioral Neuroscience*, *122*, 174—182.

Quignon, P., Rimbault, M., Robin, S., & Galibert, F. (2012). Genetics of canine olfaction and receptor diversity. *Mammalian Genome*, *23*, 132—143.

Rolls, B. J. (1985). Experimental analyses of the effects of variety in a meal on human feeding. *American Journal of Clinical Nutrition*, *42*, 932—939.

Rouquier, S., & Giorgi, D. (2007). Olfactory receptor gene repertoires in mammals. *Mutation Research*, *616*, 95—102.

Roussin, A. T., D'Agostino, A. E., Fooden, A. M., Victor, J. D., & DiLorenzo, P. M. (2012). Taste coding in the nucleus of the solitary tract of the awake, freely licking rat. *Journal of Neuroscience*, *32*, 10494—10506.

Running, C. A., Mattes, R. D., & Tucker, R. M. (2013). Fat taste in humans: Sources of within- and between-subject variability. *Progress in Lipid Research*, *52*, 438—445.

Sakai, N., & Imada, S. (2003). Bilateral lesions of the insular cortex of the prefrontal cortex block the association between taste and odor in the rat. *Neurobiology of Learning and Memory*, *80*, 24—31.

Sbarbati, A., & Osculati, F.(2005). The taste cell-related diffuse chemosensory system. *Progress in Neurobiology*, *75*, 295—307.

Sclafani, A., & Ackroff, K.(2012) Role of gut nutrient sensing in stimulating appetite and conditioning food preferences. *American Journal of Physiology Regulatory Integrative and Comparative Physiology*, *302*, R1119-R1133.

Small, D. M., Voss, J., Mak, Y. E., Simmons, K. B., Parrish, T., & Gitelman, D.(2004). Experience-dependent neural integration of taste and smell in the human brain. *Journal of Neurophysiology*, *92*, 1892—1903.

Sternini, C., Anselmi, L., & Rozengurt, E.(2008). Enteroendocrine cells: A site of "taste" in gastrointestinal chemosensing. *Current Opinion Endocrinology*, *Diabetes and Obesity*, *15*, 73—78.

Thorpe, S. J., Rolls, E. T., & Maddison, S.(1983). The orbitofrontal cortex: Neuronal activity in the behaving monkey. *Experimental Brain Research*, *49*, 93—115.

Treesukosul, Y., Smith, K. R., & Spector, A. C.(2011). The functional role of the T1R family of receptors in sweet taste and feeding. *Physiology and Behavior*, *105*, 14—26.

Van Toller, S.(1999). Assessing the impact of anosmia: Review of a questionnaires findings. *Chemical Senses*, *24*, 705—712.

Varney, N. R., Pinkston, J. B. & Wu, J. C.(2001). Quantitative PET findings in patients with post-traumatic anosmia. *Journal of Head Trauma Rehabilitation*, *16*, 253—259.

Wren, A. M. & Bloom, S. R.(2007). Gut hormones and appetite control. *Gastroenterology*, *132*, 2116—2130.

Young, A. A.(2012). Brainstem sensing of meal-related signals in energy homeostasis. *Neuropharmacology*, *63*, 31—45.

第四章

Allen, J. S. (2012). "Theory of food" as a neurocognitive adaptation. *American Journal of Human Biology*, *24*, 123—129.

Andrade, A. M., Greene, G. W., & Melanson, K. J.(2008) Eating slowly led to decreases in energy intake within meals in healthy women. *Journal of the American Dietetic Association*, *108*, 1186—1191.

Atalayer, D., & Rowland, N. E.(2011). Structure of motivation using food demand in mice. *Physiology and Behavior*, *104*, 15—19.

Collier, G., Hirsch, E., & Hamlin, P.(1972). The ecological determinants of reinforcement in the rat. *Physiology and Behavior*, *8*, 705—716.

Epstein, L. H., Dearing, K. K., Paluch, R. A., Roemmich, J. N., & Cho, D.(2007). Price and maternal obesity influence purchasing of low- and high-energy-dense foods. *American Journal of Clinical Nutrition*, *86*, 914—922.

Foltin, R. W.(2006). "Tasting and wasting" behavior in non-human primates: Aberrant behavior or normal behavior in "times of plenty." *Physiology and Behavior*, *89*, 587—597.

Hansen, B. C., Jen, K.-L. C., & Kalnasy, L. W.(1981). Control of food intake and meal patterns in monkeys. *Physiology and Behavior*, *27*, 803—810.

Houston, A. I., & McNamara, J. M.(1989). The value of food: Effects of open and closed economies. *Animal Behaviour*, *37*, 546—562.

Kessler, D. A.(2009). *The end of overeating: Taking control of the insatiable American appetite*. New York: Rodale.

Rolls, B. J., Roe, L. S., Halverson, K. H., & Meengs, J. S. (2007). Using a smaller plate did not reduce energy intake at meals. *Appetite*, *49*, 652—660.

Rowley-Conwy, P.(2001). Time, change and the archaeology of hunter-gatherers: How original is the "Original Affluent Society"? In C. Panter-Brick, R. H. Layton, & P. Rowley-Conwy(eds.), *Hunter-gatherers: An interdisciplinary perspective*(pp.39—72). New York: Cambridge University Press.

United Nations.(2010). World population prospects. Retrieved from http://esa.un.org/wpp/

Wansink, B., & Kim, J.(2005). Bad popcorn in big buckets: Portion size can influence intake as much as taste. *Journal of Nutrition Education and Behavior*, *37*, 242—245.

Wansink, B., van Ittersum, K., & Painter, J. E.(2006). Ice cream illusions bowls, spoons, and self-served portion sizes. *American Journal of Preventive Medicine*, *31*, 240—243.

Yeomans, M. R., Gray, R. W., Mitchell, C. J., & True, S.(1997). Independent effects of palatability and within-meal pauses on intake and appetite ratings in human volunteers. *Appetite*, *29*, 61—76.

第五章

Ackroff, K., & Sclafani, A.(2006). Energy density and macronutrient composition determine flavor preference conditioned by intragastric infusions of mixed diets. *Physiology & Behavior*, *89*(2), 250—260.

Andresen, G. V., Birch, L. L., & Johnson, P. A. (1990). The scapegoat effect on food aversions after chemotherapy. *Cancer*, *66*, 1649—1653.

Beauchamp, G. K., & Mennella, J. A. (2009). Early flavor learning and its impact on later feeding behavior. *Journal of Pediatric Gastroenterology and Nutrition*, *48*, S25—S30.

Benoit, S. C., Davis, J. F., & Davidson, T. L. (2010). Learned and cognitive controls of food intake. *Brain Research*, *1350*, 71—76.

Berridge, K. C., Ho, C. Y., Richard, J. M., & DiFeliceantonio, A. G. (2010). The tempted brain eats: Pleasure and desire circuits in obesity and eating disorders. *Brain research*, *1350*, 43—64.

Birch, L. L. (1999). Development of food preferences. *Annual Review of Nutrition*, *19*(1), 41—62.

Birch, L. L., McPhee, L., Sullivan, S., & Johnson, S. (1989). Conditioned meal initiation in young children. *Appetite*, *13*(2), 105—113.

Booth, D. A. (1985). Food-conditioned eating preferences and aversions with interoceptive elements: Conditioned appetites and satieties. *Annals of the New York Academy of Sciences*, *443*(1), 22—41.

Boggiano, M. M., Dorsey, J. R., Thomas, J. M., & Murdaugh, D. L. (2009). The Pavlovian power of palatable food: Lessons for weight-loss adherence from a new rodent model of cue-induced overeating. *International Journal of Obesity*, *33*(6), 693—701.

Bornstein, R. F., & D'Agostino, P. R. (1992). Stimulus recognition and the mere exposure effect. *Journal of Personality and Social Psychology*, *63*(4), 545—552.

Broberg, D. J., & Bernstein, I. L. (1987). Candy as a scapegoat in the prevention of food aversions in children receiving chemotherapy. *Cancer*, *60*(9), 2344—2347.

Capaldi, E. D., & Privitera, G. J.(2008). Decreasing dislike for sour and bitter in children and adults. *Appetite*, *50*(1), 139—145.

de Montellano, B. R. O.(1978). Aztec cannibalism: An ecological necessity? *Science*, *200*(4342), 611—617.

Drazen, D. L., Vahl, T. P., D'Alessio, D. A., Seeley, R. J., & Woods, S. C. (2006). Effects of a fixed meal pattern on ghrelin secretion: Evidence for a learned response independent of nutrient status. *Endocrinology*, *147*(1), 23—30.

Drewnowski, A. A. (1997). Taste preferences and food intake. *Annual Review of Nutrition*, *17*(1), 237.

Drewnowski, A., Kurth, C., Holden-Wiltse, J., & Saari, J. (1992). Food preferences in human obesity: Carbohydrates versus fats. *Appetite*, *18*, 207—221.

Drucker, D. B., Ackroff, K., & Sclafani, A.(1993). Flavor preference produced by intragastric polycose infusions in rats using a concurrent conditioning procedure. *Physiology and Behavior*, *54*, 351—355.

Exton, M. S., von Auer, A. K., Buske-Kirschbaum, A., Stockhorst, U., Göbel, U., & Schedlowski, M.(2000). Pavlovian conditioning of immune function: Animal investigation and the challenge of human application. *Behavioural Brain Research*, *110*(1), 129—141.

Ferriday, D., & Brunstrom, J. M. (2008). How does food-cue exposure lead to larger meal sizes? *British Journal of Nutrition*, *100*, 1325—1332.

Galef, B. G., & Henderson, P. W.(1972). Mother's milk: A determinant of the feeding preferences of weaning rat pups. *Journal of Comparative and Physiological Psychology*, *78*(2), 213—219.

Galef, B. G., & Sherry, D. F.(1973). Mother's milk: A medium for transmission of cues reflecting the flavor of mother's diet. *Journal of Comparative and Physiological Psychology*, *83*(3), 374.

Garcia, J., & Koelling, R. A. (1966). Relation of cue to consequence in avoidance learning. *Psychonomic Science*, *4*(3), 123—124.

Gustavson, C. R., Kelly, D. J., & Sweeney, M.(1976). Prey-lithium aversions I: Coyotes and wolves. *Behavioral Biology*, *17*, 61—72.

Johnson, S. L., McPhee, L., & Birch, L. L.(1991). Conditioned preferences: Young children prefer flavors associated with high dietary fat. *Physiology & Behavior*, *50*(6), 1245—1251.

Jordan, H. A., Wieland, W. F., Zebley, S. P., Stellar, E., & Stunkard, A. J.(1966). Direct measurement of food intake in man: A method for the objective study of eating behavior. *Psychosomatic Medicine*, *28*(6), 836—842.

Lucas, F., & Sclafani, A.(1989). Flavor preferences conditioned by intragastric fat infusions in rats. *Physiology & Behavior*, *46*(3), 403—412.

Menella, J. A., Johnson, A., & Beauchamp, G. K.(2001). Prenatal and postnatal flavor learning by human infants. *Pediatrics*, *107*(6), 88—97.

Nicolaus, L. K., Cassel, J. F., Carlson, R. B., & Gusysvson, C. R. (1983). Taste-aversion conditioning of crows to control predation on eggs. *Science*, *220*, 212—214. doi: 10.1126/science.220.4593.212

Pérez, C., Ackroff, K., & Sclafani, A.(1996). Carbohydrate- and protein-conditioned flavor preferences: Effects of nutrient preloads. *Physiology & Behavior*, *59*(3), 467—474.

Reilly, S., & Bornaovalova, M. A.(2005). Conditioned taste aversion and amygdala lesions in the rat: A critical review. *Neuroscience and Biobehavioral Reviews*, *29*, 1067—1088.

Rozin, P.(1969). Adaptive food sampling patterns in vitamin deficient rats. *Journal of Comparative and Physiological Psychology*, *69*(1), 126—132. doi: 10.1037/h0027940

Rozin, P., Dow, S., Moscovitch, M., & Rajaram, S.(1998). What causes humans to begin and end a meal? A role for memory for what has been eaten, as evidenced by a study of multiple meal eating in amnesic patients. *Psychological Science*, *9*(5), 392—396.

Rodgers, W., & Rozin, P.(1966). Novel food preferences in thiamine-deficient rats. *Journal of Comparative Physiological Psychology*, *61*(1), 1—4.

Rozin, P., & Zellner, D.(1985). The role of pavlovian conditioning in the acquisition of food likes and dislikes. *Annals of the New York Academy of Sciences*, *443*(1), 189—202.

Schafe, G. E., & Bernstein, I. L.(2004). Taste aversion learning(in Capald, pp.31—51).

Sclafani, A.(2004). Oral and postoral determinants of food reward. *Physiology & Behavior*, *81*(5), 773—779.

Stunkard, A.(1975). Satiety is a conditioned reflex. *Psychosomatic Medicine*, *37*(5), 383—387.

Sullivan, S. A., & Birch, L. L.(1990). Pass the sugar, pass the salt:

Experience dictates preference. *Developmental Psychology*, *26*, 546—551.

Sullivan, S. A., & Birch, L. L.(1994). Infant dietary experience and acceptance of solid foods. *Pediatrics*, *93*, 271—277.

Volkow, N. D., Wang, G. J., Maynard, L., Jayne, M., Fowler, J. S., Zhu, W., ... Pappas, N.(2003). Brain dopamine is associated with eating behavior in humans. *International Journal of Eating Disorders*, *33*, 136—142.

Wardie, J., Herrera, M., Cooke, L., & Gibson, E.(2003). Modifying children's food preferences: The effects of exposure and reward on acceptance of an unfamiliar vegetable. *European Journal of Clinical Nutrition*, *57*(2), 341—348.

Weingarten, H. P.(1984). Meal initiation controlled by learned cues: Basic behavioral properties. *Appetite*, *5*(2), 147—158.

Werner, S. J., Kimball, B. A., & Provenza, F. D.(2008). Food color, flavor, and conditioned avoidance among red-winged blackbirds. *Physiology & Behavior*, *93*(1—2), 110—117.

Wisse, B. E., Frayo, R. S., Schwartz, M. W., & Cummings, D. E. (2001). Reversal of cancer anorexia by blockade of central melanocortin receptors in rats. *Endocrinology*, *142*(8), 3292—3301.

Woods, S. C.(2009). The control of food intake: Behavioral versus molecular perspectives. *Cell Metabolism*, *9*(6), 489—498.

Yamamoto, T.(2006). Brain regions responsible for the expression of conditioned taste aversions in rats. *Chemical Senses*, *32*, 105—109.

Yamamoto, T. (2008). Central mechanisms of roles of taste in reward and eating. *Acta Physiologica Hungarica*, *95*, 165—186.

Yamamoto, T., Shimura, T., Sako, N., Yasoshima, Y., & Sakai,

N.(1994). Neural substrates for conditioned taste aversion in the rat. *Behavioural Brain Research*, *65*, 123—137.

Zajonc, R. B.(1968). Attitudinal effects of mere exposure. *Journal of Personality and Social Psychology Monographs*, *9*(2 p2), 1.

第六章

Addessi, E., Galloway, A. T., Visalberghi, E., & Birch, L. L.(2005). Specific social influences on the acceptance of novel foods in 2—5-year-old children. *Appetite*, *45*, 264—271.

Arenz, S., Ruckerl, R., Koletzko, B., & Von Kries, R.(2004). Breast-feeding and childhood obesity—a systematic review. *International Journal of Obesity Related Metabolic Disorders*, *28*, 1247—1256.

Bayol, S. A., Farrington, S. J., & Stickland, N. C.(2007). A maternal "junk food" diet in pregnancy and lactation promotes an exacerbated taste for "junk food" and a greater propensity for obesity in rat offspring. *British Journal of Nutrition*. Doi: 10.1017/S0007114507812037

Beauchamp, G. K., Cowart, B. J., Mennella, J. A., & Marsh, R. R.(1994). Infant salt taste: Developmental, methodological, and contextual factors. *Developmental Psychobiology*, *27*(6), 353—365.

Beauchamp, G. K., Cowart, B. J., & Moran, M.(1986). Developmental changes in salt acceptability in human infants. *Developmental Psychobiology*, *19*, 17—25.

Beauchamp, G. K., & Mennella, J. A.(2009). Early flavor learning and its impact on later feeding behavior. *Journal of Pediatric Gastroenterology and Nutrition*, *48*, S25—S30.

Birch, L. L.(1980). Effects of peer models' food choices and eating behaviors on preschooler's food preferences. *Child Development*, *51*, 489—496.

Birch, L. L. (1999). Development of food preferences. *Annual Review of Nutrition*, *19*(1), 41—62.

Birch, L. L, Birch, D., Marlin, D. W., & Kramer, L. (1982). Effects of instrumental consumption on children's food preference. *Appetite*, *3*, 125—134.

Birch, L. L., & Fisher, J. O. (2000). Mothers' child-feeding practices influence daughters' eating and weight. *The American Journal of Clinical Nutrition*, *71*(5), 1054—1061.

Birch, L. L., Fisher, J. O., & Davison, K. K. (2003). Learning to overeat: Maternal use of restrictive feeding practices promotes girls' eating in the absence of hunger. *American Journal of Clinical Nutrition*, *78*(2), 215—220.

Birch, L. L., Johnson, S. L., Andresen, G., Peters, J. C., & Schulte, M. C. (1991). The variability of young children's energy intake. *The New England Journal of Medicine*, *324*(4), 232—235.

Birch, L. L., Johnson, S. L., Jones, M. B., & Peters, J. C. (1993). Effects of a nonenergy fat substitute on children's energy and macronutrient intake. *The American Journal of Clinical Nutrition*, *58*(3), 326—333.

Birch, L. L., McPhee, L., Steinberg, L., & Sullivan, S. (1990). Conditioned flavor preferences in young children. *Physiology & Behavior*, *47*(3), 501—505.

Black, B. E., Allen, L. H., Bhutta, Z. A., Caulfield, L. E., de Onis, M., Ezzati, M., ... Rivera, J. (2008). Maternal and child undernutrition: Global and regional exposures and health consequences. doi: 10.1016/S0140-6736(07)61690-0

Centers for Disease Control and Prevention(2007). 2007 National Diabetes Fact Sheet. Retrieved from http://www.cdc.gov/diabetes/pubs/figuretext07.htm

Centers for Disease Control and Prevention(2009). Breastfeeding report card—United States, 2009. Retrieved from http://www.cdc.gov/breastfeeding/pdf/2009BreastfeedingReportCard.pdfON

Cripps, R. X., Martin-Gronert, M. X., & Ozanne, S. X.(2005). Fetal and perinatal programming of appetite. *Clinical Science*, *109*(1), 1—12.

Crystal, S. R., & Bernstein, I. L.(1995). Morning sickness: Impact on offspring salt preference. *Appetite*, *25*, 231—240.

Curtis, K. S., Krause, E. G., Wong, D. L., & Contreras, R. J.(2004). Gestational and early postnatal dietary NaCl levels affect NaCl intake, but not stimulated water intake, by adult rats. *Journal of Physiology—Regulatory, Integrative and Comparative Physiology*, *286*, 1043—1050.

Davis, C.(1939). Results of the self selection of diets by young children. *The Canadian Medical Association Journal*, *41*, 257—261.

Field, C. J.(2005). The immunological components of human milk and their effect on immune development in infants. *The Journal of Nutrition*, *135*(1), 1—4.

Fisher, J. A., & Birch, L. L.(1995). Fat preferences and fat consumption of 3- to 5-year-old children are related to parental adiposity. *Journal of the American Dietetic Association*, *95*, 759—764.

Fisher, J. O., Liu, Y., Birch, L. L. & Rolls, B. J.(2007). Effects of portion size and energy density on young children's intake at a meal. *American Journal of Clinical Nutrition*, *86*, 174—179.

Fisher, J. O., Rolls, B. J., & Birch, L. L.(2003). Children's bite size and intake of an entrée are greater with large portions than with age-appropriate or self-selected portions. *American Journal of Clinical Nutrition*, *77*, 1164—1170.

Fomon, S. J., Filmer, L. J., Thomas, L. N., Anderson, T. A., & Nelson, S. E.(1975). Influence of formula concentration on caloric intake and growth of normal infants. *Acta Paediatrica Scandanavia*, *64*, 172—181.

Formon, J., Halford, J. C. G., Summe, H., MacDougall, M., & Keller, K. L.(2009). Food branding influences ad libitum intake differently in children depending on weight status. *Appetite*, *53*, 76—83.

Forestell, C. A., & Mennella, J. A.(2007). Early determinants of fruit and vegetable acceptance. *Pediatrics*, *120*, 1247.

Fox, M. K., Pac, S., Devaney, B., & Jankowski, L.(2004). Feeding infants and toddlers study: What foods are infants and toddlers eating? *Journal of the American Dietetic Association*, *104*(Supplement 1), S22—S30.

Garcia, S. E., Kaiser, L. L., & Dewey, K. G.(1990a). Self-regulation of food intake among rural Mexican preschool children. *European Journal of Clinical Nutrition*, *44*(5), 371—380.

Garcia, S. E., Kaiser, L. L., & Dewey, K. G.(1990b). The relationship of eating frequency and caloric density to energy intake among rural Mexican preschool children. *European Journal of Clinical Nutrition*,

44(5), 381—387.

Gartner, L. M., Morton, J., Lawrence, R. A., Naylor, A. J., O'Hare, D., Schanler, R. J., & Eidelman, A. I.(2005). Breastfeeding and the use of human milk. *Pediatrics*, *115*(2), 496—506.

Gillman, M. W., Rifas-Shiman, S. L., Camargo Jr., C. A., Berkey, C. S., Frazier, A. L., Rockett, H. R., ... & Colditz, G. A.(2001). Risk of overweight among adolescents who were breastfed as infants. *Journal of the American Medical Association*, *285*(19), 2461—2467.

Halford, J. C., Gillespie, J., Brown, V., Pontin, E. E., & Dovey, T. M.(2004). Effect of television advertisements for food on food consumption in children. *Appetite*, *42*(2), 221—225.

Harder, T., Bergmann, R., Kallischnigg, G., & Plagemann, A. (2005). Duration of breastfeeding and risk of overweight: A meta-analysis. *American Journal of Epidemiology*, *162*(5), 397—403.

Hausner, H., Nicklaus, S., Issanchou, S., Mølgaard, C., & Møller, P.(2009). Breastfeeding facilitates acceptance of a novel dietary flavour compound. *Clinical Nutrition*, *29*(1), 141—148.

Herring, S. J., Rose, M. Z., Skouteris, H., & Oken, E.(2012). Optimizing weight gain in pregnancy to prevent obesity in women and children. *Diabetes*, *Obesity*, *& Metabolism*, *14*(3), 195—203. doi: 10.1111/j.1463-1326.2011.01489

Johnson, S. L., & Birch, L. L.(1994). Parents' and children's adiposity and eating style. *Pediatrics*, *95*(5), 653—661.

Kramer, M. S., & Kakuma, R.(2012). Optimal duration of exclusive breastfeeding. *Cochrane Database of Systematic Reviews*, Issue 8. Art. No.: CD003517. doi: 10.1002/14651858.CD003517.pub2

Lechtig, A., Habicht, J., Delgado, H., Klein, R. E., Yarbrough, C., & Martorell, R.(1975). Effect of food supplementation during pregnancy on birthweight. *Pediatrics*, *56*(4), 508.

Levin, B. E.(2006). Metabolic imprinting: Critical impact of the perinatal environment on the regulation of energy homeostasis. *Philosophical Transactions of the Royal Society B: Biological Sciences*, *361*(1471), 1107—1121.

Lumeng, J. C., & Cardinal, T. M.(2007). Providing information about a flavor to preschoolers: Effects on liking and memory for having tasting it. *Chemical Senses*, *32*, 505—513.

Matheny, R. J., Birch, L. L., & Picciano, M. F.(1990). Control of intake by human-milk-fed infants: Relationships between feeding size and interval. *Developmental Psychobiology*, *23*(6), 511—518.

Mattson, S. N., & Riley, E. P.(2006). A review of the neurobehavioral deficits in children with fetal alcohol syndrome or prenatal exposure to alcohol. *Alcoholism: Clinical and Experimental Research*, *22*(2), 279—294.

Mayer, E. A.(2011). Gut feelings: The emerging biology of gut-brain communication. *Nature Reviews Neuroscience*, *12*(8), 453—466.

Mennella, J.(2001). Regulation of milk intake after exposure to alcohol in mothers' milk. *Alcoholism: Clinical and Experimented Research*, *25*(4), 590—593.

Mennella, J. A., Jagnow, C. P., & Beauchamp, G. K.(2001). Prenatal and postnatal flavor learning by human infants. *Pediatrics*, *107*, 88—94.

Menella, J. A., Johnson, A., & Beauchamp, G. K.(1995). Garlic ingestion by pregnant women alters the odor of amniotic fluid. *Chemical Senses*, *20*(2), 207—209.

Miralles, O., Sanchez, J., Palou, A., & Pico, C.(2006). A physiological role of breast milk leptin in body weight control in developing infants. *Obesity*, *14*, 1371—1377.

Mistretta, C. M., & Bradley, R. M.(1975). Taste and swallowing in utero: A discussion of fetal sensory function. *British Medical Bulletin*, *31*(1), 80—84.

Owen, C. G., Martin, R. M., Whincup, P. H., Davey Smith, G., Gillman, M. W., & Cook, D. G.(2005). The effect of breast-feeding on mean body mass index throughout life: A quantitative review of published and unpublished observational evidence. *American Journal of Clinical Nutrition*, *82*, 1298—1307.

Patrick, H., Nicklas, T. A., Hughes, S. O., & Morales, M. (2005). The benefits of authoritative feeding style: Caregiver feeding styles and childrens' food consumption patterns. *Appetite*, *44*, 243—249.

Plagemann, A., & Harder, T.(2005). Breast feeding and the risk of obesity and related metabolic diseases in the child. *Metabolic Syndrome and Related Disorders*, *3*(3), 222—232.

Radnitz, C., Byrne, S., Goldman, R., Sparks, M., Gantshar, M., & Tung, K.(2009). Food cues in children's television programs. *Appetite*, *52*, 230—233.

Roberto, C. A., Baik, J., Harris, J. L., & Brownell, K. D.(2010). Influence of licensed characters on children's taste and snack preferences. *Pediatrics*, *126*, 88—93.

Robinson, T. N., Borzekowski, D. L., Matheson, D. M., & Kraemer, H. C.(2007). Effects of fast food branding on young children's taste preferences. *Archives of Pediatric Adolescent Medicine*, *161*(8), 792—797.

Roseboom, T., Rooij, S., & Painter, R.(2006). The Dutch famine and its long-term consequences for adult health. *Early Human Development*, *82*, 485—491.

Savage, J. S., Fisher, J. O., & Birch, L. L.(2007). Parental influence on eating behavior. *Journal of Law and Medical Ethics*, *35*, 22—34.

Singhal, A. A., & Lanigan, J. J. (2007). Breastfeeding, early growth and later obesity. *Obesity Reviews*, *8*, 51—54.

Story, M., & French, S.(2004). Food advertising and marketing directed at children and adolescents in the US. *International Journal of Behavioral Nutrition and Physical Activity*, *1* (3). doi: 10.1186/1479-5868-1-3

Sullivan, S. A., & Birch, L. L., (1994). Infant dietary experience and acceptance of solid food. *Pediatrics*, *93*, 271—277.

Tatzer, E., Schubert, M. T., Timischl, W., & Simbruner, G. (1985). Discrimination of taste and preference for sweet in premature babies. *Early Human Development*, *12*(1), 23—30.

第七章

Bailey, D. G., Dresser, G., & Arnold, J. M. O. (2012). Grapefruit-medication interactions: Forbidden fruit or avoidable consequences? *Canadian Medical Association Journal*. DOI: 10. 1503/cmaj. 120951

Caterina, M. J., Schumacher, M. A., Tominaga, M., Rosen, T.

A., Levine, J. D., & Julius, D.(1997). The capsaicin receptor: A heat-activated ion channel in the pain pathway. *Nature*, *389*(6653), 816—824.

De Castro, J. M.(1990). Social facilitation of duration and size but not rate of the spontaneous meal intake of humans. *Physiology & Behavior*, *47*, 1129—1135.

DeFoliart, G. R.(1999). Insects as food: Why the Western attitude is important. *Annual Review of Entomology*, *44*(1), 21—50.

Drewnowski, A., Henderson, S. A., Shore, A. B., Fischler, C., Preziosi, P., & Hercberg, S.(1996). Diet quality and dietary diversity in France: Implications for the French paradox. *Journal of the American Dietetic Association*, *96*(7), 663—668.

Fischler, C.(1980). Food habits, social change, and the nature/culture dilemma. *Social Science Information*, *19*(6), 937—953.

Fischler, C.(1988). Food, self, and identity. *Social Science Information*, *27*(2), 275—292.

Fischler, C. (2011). Commensality, society and culture. *Social Science Information*, *50*, 528—548.

Galef, B. G., Jr., Attenborough, K. S., & Whiskin, E. E.(1990). Responses of observer rats(Rattus norvegicus) to complex, diet-related signals emitted by demonstrator rats. *Journal of Comparative Psychology*, *104*(1), 11—19.

Galef, B. G., Jr., Kennett, D. J., & Stein, M.(1985). Demonstrator influence on observer diet preference: Effects of simple exposure and presence of a demonstrator. *Animal Learning & Behavior*, *13*, 25—30.

Galef, B. G., Jr., & Wright, T. J.(1995). Groups of naive rats learn to select nutritionally adequate foods faster than do isolated naive rats. *Animal Behaviour*, *49*(2), 403—409.

Harris, M., Bose, N. K., Klass, M., Mencher, J. P., Oberg, K., Opler, M. K., ... Vayda, A. P.(1966). The cultural ecology of India's sacred cattle. *Current Anthropology*, (7), 51—66.

Harris, M., & Ross, E. B.(1987). *Food and evolution: Toward a theory of human food habits*. Philadelphia: Temple University Press.

Herman, C. P., Koenig-Nobert, S., Peterson, J. B., & Polivy, J. (2005). Matching effects on eating: Do individual differences make a difference? *Appetite*, *45*, 108—109.

Herman, C. P., Roth, D. A., & Polivy, J.(2003). Effects of the presence of others on eating: A normative interpretation. *Psychological Bulletin*, *129*, 873—886.

McClure, S. M., Li, J., Tomlin, D., Cypert, K. S., Montague, L. M., & Montague, P. R.(2004). Neural correlates of behavioral preference for culturally familiar drinks. *Neuron*, *44*, 379—387.

Nestle, M., Wing, R., Birch, L., DiSogra, L., Drewnowski, A., Middleton, S., ... Economos, C. (1998). Behavioral and social influences on food choice. *Nutrition Reviews*, *56*(5), S50—S74.

Renaud, S., & de Lorgeril, M.(1992). Wine, alcohol, platelets, and the French paradox for coronary heart disease. *The Lancet*, *339*(8808), 1523—1526.

Roberto, C. A., Baik, J., Harris, J. L., & Brownell, K. D.(2010). Influence of licensed characters on children's taste and snack preferences. *Pediatrics*, *126*, 88—93.

Robinson, T. N., Borzekowski, D. L., Matheson, D. M., & Kraemer, H. C.(2007). Effects of fast food branding on young children's taste preferences. *Archives of Pediatric Adolescent Medicine*, *161*(8), 792—797.

Rozin, P. (1996a). Social influences on food preferences and feeding. In E. D. Capaldi(Ed.), *Why we eat what we eat: The psychology of eating* (pp. 233—263). Washington, DC: American Psychological Association.

Rozin, P.(1996b). Towards a psychology of food and eating: From motivation to module to model to marker, morality, meaning, and metaphor. *Current Directions in Psychological Science*(*Wiley-Blackwell*), *5*(1), 18—24.

Rozin, P.(2005). The meaning of food in our lives: A cross-cultural perspective on eating and well-being. *Journal of Nutrition Education and Behavior*, *37*, S107—S112.

Rozin, P., & Fallon, A. E.(1987). A perspective on disgust. *Psychological Review*, *94*(1), 23—41.

Rozin, P., Fischler, C., Imada, S., Sarubin, A., & Wrzesniewski, A.(1999). Attitudes to food and the role of food in life in the U.S.A., Japan, Flemish Belgium and France: Possible implications for the diet-health debate. *Appetite*, *33*, 163—180.

Rozin, P., Kabnick, K., Pete, E., Fischler, C., & Shields, C. (2003). The ecology of eating smaller portion sizes in France than in the United States help explain the French paradox. *Psychological Science*, *14*(5), 450—454.

Rozin, P., Millman, L., & Nemeroff, C.(1986). Operation of the laws of sympathetic magic in disgust and other domains. *Journal of Per-*

sonality and Social Psychology, *50*(4), 703—712.

Schlenker, W., & Villas-Boas, S. B.(2009). Consumer and market responses to mad cow disease. *American Journal of Agricultural Economics*, *91*(4), 1140—1152.

Simoons, F. J.(1961). *Eat not this flesh*: *Food avoidances in the Old World*. Madison: University of Wisconsin Press.

Stice, E., Telch, C. F., & Rizvi, S. L.(2000). Development and validation of the Eating Disorder Diagnostic Scale: A brief self-report measure of anorexia, bulimia, and binge-eating disorder. *Psychological Assessment*, *12*(2), 123—131.

Vartanian, L. R., Herman, C., & Wansink, B.(2008). Are we aware of the external factors that influence our food intake? *Health Psychology*, *27*(5), 533—538.

Veugelers, P. J., & Fitzgerald, A. L.(2005). Prevalence of and risk factors for childhood overweight and obesity. *Canadian Medical Association Journal*, *173*(6), 607—613.

Wansink, B.(2006). *Mindless eating*: *Why we eat more than we think*. New York: Bantam Books Dell.

Wansink, B., & Sobal, J.(2007). Mindless eating: The 200 daily food decisions we overlook. *Environment and Behavior*, *39*(1), 106—123.

第八章

Abel, E. L.(1975). Cannabis: Effects on hunger and thirst. *Behavioral Biology*, *15*, 255—281.

Avena, N. M., Rada, P., & Hoebel, B. G.(2008). Evidence for

sugar addiction: Behavioral and neurochemical effects of intermittent, excessive sugar intake. *Neuroscience & Biobehavioral Reviews*, *32*, 20—39.

Bruinsma, K., & Taren, D. L.(1999). Chocolate: Food or drug? *Journal of the American Dietetic Association*, *99*(10), 1249—1256.

Bulik, C. M., Sullivan, P. F., Fear, J. L., & Pickering, A.(2000). Outcome of anorexia nervosa: Eating attitudes, personality, and parental bonding. *International Journal of Eating Disorders*, *28*(2), 139—147.

Cantor, M. B., Smith, S. E., & Bryan, B. R.(1982). Induced bad habits: Adjunctive ingestion and grooming in human subjects. *Appetite*, *3*, 1—12.

Corsica, J. A., & Spring, B. J.(2008). Carbohydrate craving: A double-blind, placebo-controlled test of the self-medication hypothesis. *Eating Behaviors*, *9*(4), 447—454.

Choi, D. L., Davis, J. F., Fitzgerald, M. E., & Benoit, S. C. (2010). The role of orexin-a in food motivation, reward-based feeding behavior and food-induced neuronal activation in rats. *Neuroscience*, *167*, 11—20.

Dallman, M. F.(2010). Stress-induced obesity and the emotional nervous system. *Trends in Endocrinology and Metabolism*, *21*(3), 159—165.

Dallman, M. F., Pecoraro, N. C., & la Fleur, S. E.(2005). Chronic stress and comfort foods: Self-medication and abdominal obesity. *Brain*, *Behavior*, & *Immunity*, *19*(4), 275—280.

Drewnowski, A., Krahn, D. D., Demitrack, M. A., Nairn, K., & Gosnell, B. A.(1995). Naloxone, an opiate blocker, reduces the consumption of sweet high-fat foods in obese and lean female binge eaters.

American Journal of Clinical Nutrition, *61*(6), 1206—1212.

Foltin, R. W., Fischman, M. W., & Byrne, M. F.(1988). Effects of smoked marijuana on food intake and body weight of humans living in a residential laboratory. *Appetite*, *11*, 1—14.

Foster, M. T., Warne, J. P., Ginsberg, A. B., Horneman, H. F., Pecoraro, N. C., Akana, S. F., & Dallman, M. F.(2009). Palatable foods, stress, and energy stores sculpt corticotropin-releasing factor, adrenocorti-cotropin, and corticosterone concentrations after restraint. *Endocrinology*, *150*(5), 2325—2333.

Gibson, E. L.(2006). Emotional influences on food choice: Sensory, physiological and psychological pathways. *Physiology and Behavior*, *89*, 53—61.

Grimm, J. W., Manaois, M., Osincup, D., Wells, B., & Buse, C.(2007). Naloxone attenuates incubated sucrose craving in rats. *Psychopharmacology*, *194*(4), 537—544.

Izzo, A. A., & Sharkey, K. A.(2010). Cannabinoids and the gut: New developments and emerging concepts. *Pharmacology & Therapeutics*, *126*, 21—38.

Johnson, P. M., & Kenny, P. J.(2010). Dopamine D2 in addiction-like reward dysfunction and compulsive eating in obese rats. *Nature Neuroscience*, *13*, 635—641.

Kirkham, T. C.(2009). Cannabinoids and appetite: Food craving and food pleasure. *International Review of Psychiatry*, *21*, 163—171.

Kenny, P.(2011). Common cellular and molecular mechanisms in obesity and drug addiction. *Nature Reviews Neuroscience*, *12*, 6538—6651.

Lawson, O. J., Williamson, D. A., Champagne, C. M., DeLany, J. P., Brooks, E. R., Howat, P. M., ... & Ryan, D. H.(1995). The association of body weight, dietary intake, and energy expenditure with dietary restraint and disinhibition. *Obesity Research*, *3*(2), 153—161.

Lenoir, M., Serre, F., Cantin, L., & Ahmed, S. H.(2007). Intense sweetness surpasses cocaine reward. *PLoS ONE 2*(8), 1—10. doi: 10.1371/journal.pone.0000698

Lieberman, H., Wurtman, J., & Chew, B.(1986). Changes in mood after carbohydrate consumption among obese individuals. *American Journal of Clinical Nutrition*, *45*, 772—778.

Mark, G. P., Blander, D. S., & Hoebel, B. G.(1991). A conditioned stimulus decreases extracellular dopamine in the nucleus accumbens after the development of a learned taste aversion. *Brain Research*, *551*(1), 308—310.

Michener, W., & Rozin, P.(1994). Pharmacological versus sensory factors in the satiation of chocolate craving. *Physiology & Behavior*, *56*(3), 419—422.

Ng, J., Stice, E., Yokum, S., & Bohon, C.(2011). An fMRI study of obesity, food reward, and perceived caloric density. Does a low-fat label make food less appealing? *Appetite*, *57*(1), 65—72. doi: 10.1016/j.appet.2011.03.017

Olds, J., & Milner, P.(1954). Positive reinforcement produced by electrical stimulation of septal area and other regions of rat brain. *Journal of Comparative Physiological Psychology*, *47*(6), 419—427.

Oliver, G., & Wardle, J.(1999). Perceived effects of stress on food choice. *Physiology & Behavior*, *66*(3), 511—515.

Parsey, R. V., Oquendo, M. A., Ogden, R. T., Olvet, D. M., Simpson, N., Huang, Y. Y., ... & Mann, J. J. (2006). Altered serotonin 1A binding in major depression: A [carbonyl-C-11] WAY100635 positron emission tomography study. *Biological Psychiatry*, *59*(2), 106—113.

Pelchat, M. L.(1997). Food cravings in young and elderly adults. *Appetite*, *28*(2), 103—113.

Pelchat, M. L., Johnson, A., Chan, R., Valdez, J., & Ragland, J. D.(2004). Images of desire: Food-craving activation during fMRI. *NeuroImage*, *23*, 1486—1493.

Pelchat, M. L., & Schaefer, S.(2000). Dietary monotony and food cravings in young and elderly adults. *Physiology & Behavior*, *68* (3), 353—359.

Rolls, E. T., & McCabe, C.(2007). Enhanced affective brain representations of chocolate in cravers vs. non-cravers. *European Journal of Neuroscience*, *26*(4), 1067—1076.

Small, D. M., Jones-Gotman, M., & Dagher, A.(2003). Feeding-induced dopamine release in dorsal striatum correlates with meal pleasantness ratings in healthy human volunteers. *Neuroimage*, *19*, 1709—1715.

Stice, E., Spoor, S., Bohon, C., Veldhuizen, M., & Small, D. (2008). Relation of reward from food intake and anticipated food intake to obesity: A functional magnetic resonance imaging study. *Journal of Abnormal Psychology*, *117*, 924—935. doi: 10.1037/ a0013600

Stice, E., Yokum, S., Blum, K., & Bohon, C.(2010). Weight gain is associated with reduced striatal response to palatable food. *The Journal of Neuroscience*, *30*(39), 13105—13109.

Van Strien, T., & Van de Laar, F. A.(2008). Intake of energy is best predicted by overeating tendency and consumption of fat is best predicted by dietary restraint: A 4-year follow-up of patients with newly diagnosed Type 2 diabetes. *Appetite*, *50*(2), 544—547.

Volkow, N. D., Wang, G. J., Maynard, L., Jayne, M., Fowler, J. S., Zhu, W., ... Pappas, N.(2003). Brain dopamine is associated with eating behavior in humans. *International Journal of Eating Disorders*, *33*, 136—142.

Wansink, B., Cheney, M. M., & Chan, N.(2003). Exploring comfort food preferences across age and gender. *Physiology & Behavior*, *79*(4), 739—747.

Weingarten, H. P., & Elston, D.(1991). Food cravings in a college population. *Appetite*, *17*(3), 167—175.

Wurtman, R., & Wurtman, J.(1995). Brain serotonin, carbohydrate craving, obesity, and depression. *Obesity Research*, *3*(4), 477S—480S.

Zellner, D. A., Garriga-Trillo, A., Rohm, E., Centeno, S., & Parker, S.(1999). Food liking and craving: A cross-cultural approach. *Appetite*, 33, 61—70. doi: 10.1006/appe.1999.0234

Zellner, D. A., Loaiza, S., Gonzalez, Z., Pita, J., Morales, J., Pecora, D., & Wolf, A.(2006). Food selection changes under stress. *Physiology & Behavior*, *87*(4), 789—793.

Zellner, D. A., Saito, S., & Gonzalez, J.(2007). The effect of stress on men's food selection. *Appetite*, *49*, 696—699.

Zhang, M., & Kelley, A. E.(1997). Opiate agonists microinjected into the nucleus accumbens enhance sucrose drinking in rats. *Psychopharmacology*, *132*(4), 350—360.

Zhang, M., & Kelley, A. E.(2002). Intake of saccharin, salt, and ethanol solutions is increased by infusion of a mu opioid agonist into the nucleus accumbens. *Psychopharmacology*, *159*(4), 415—423.

第九章

Aponte, Y., Atasoy, D., & Sternson, S. M.(2011). AGRP neurons are sufficient to orchestrate feeding behavior rapidly and without training. *Nature Neuroscience*, *14*, 351—355.

Augoulea, A., Mastorakos, G., Lambrinoudaki, I., Christodoulakos, G., & Creatsas, G. (2005). Role of postmenopausal hormone replacement therapy on body fat gain and leptin levels. *Gynecological Endocrinology*, *20*, 227—235.

Bassareo, V., & Di Chara, G. (1999). Modulation of feeding-induced activation of mesolimbic dopamine transmission by appetitive stimuli and its relation to motivational state. *European Journal of Neuroscience*, *11*, 4389—4397.

Belgardt, B. F., Okamura, T., & Bruning, J. C.(2009). Hormone and glucose signaling in POMC and AgRP neurons. *Journal of Physiology*, *587*, 5305—5314.

Blouet, C., Liu, S. M., Jo, Y. H., Chua, S., & Schwartz, G. J. (2012). TXNIP in AgRP neurons regulates adiposity, energy expenditure, and central leptin sensitivity. *Journal of Neuroscience*, *32*, 9870—9877.

Blundell, J. E.(1991). Pharmacological approaches to appetite sup pression. *Trends in Pharmacological Sciences*, *12*, 147—157.

Bouret, S. G., Bates, S. H., Chen, S., Myers, M. G., & Simerly,

R. B. (2012). Distinct roles for specific leptin receptor signals in the development of hypothalamic feeding circuits. *Journal of Neuroscience*, *32*, 1244—1252.

Brown, L. M., & Clegg, D. J. (2010). Central effects of estradiol in the regulation of food intake, body weight, and adiposity. *Journal of Steroid Biochemistry and Molecular Biology*, *122*, 65—73.

Cannon, W. B. (1929). Organization for physiological homeostasis. *Physiological Reviews*, *9*, 399—431.

Cannon, W. B., & Washburn, A. L. (1912). An explanation of hunger. *American Journal of Physiology*, *29*, 441—454.

Day, D. E., & Bartness, T. J. (2004). Agouti-related protein increases food hoarding more than food intake in Siberian hamsters. *American Journal of Physiology: Regulatory Integrative Comparative Physiology*, *286*, R38—R47.

Dietrich, M. O., Antunes, C., Geliang, G., Liu, Z.-W., Borok, E., Nie, Y., ... Horvath, T. L. (2010). AgRP neurons mediate Sirt1's action on the melanocortin system and energy balance: Roles for Sirt 1 in neuronal firing and synaptic plasticity. *Journal of Neuroscience*, *30*, 11815—11825.

Dossat, A. M., Lilly, N., Kay, K., & Williams, D. L. (2011). Glucagon-like peptide 1 receptors in nucleus accumbens affect food intake. *Journal of Neuroscience*, *31*, 14453—14457.

Halaas, J. L., Gajiwala, K. S., Maffei, M., Cohen, S. L., Chait, B. T., Rabinowitz, T., ... Friedman, J. M. (1995). Weight-reducing effects of the plasma protein encoded by the obese gene. *Science*, *269*, 543—546.

Hayes, M. R., De Jonghe, B. C., & Kanoski, S. E.(2010). Role of the glucagon-like-peptide-1 receptor in the control of energy balance. *Physiology and Behavior*, *100*, 503—510.

Herman, C. P., & Polivy, J.(2008). External cues in the control of food intake in humans: The sensory-normative distinction. *Physiology and Behavior*, *94*, 722—728.

Keenan, K. P., Hoe, C. M., Mixson, L., McCoy, C. L., Coleman, J. B., Mattson, B. A., ... Soper, K. A.(2005). Diabesity: A polygenic model of dietary-induced obesity from ad libitum overfeeding of Sprague-Dawley rats and its modulation by moderate and marked dietary restriction. *Toxicologic Pathology*, *33*, 600—608.

Kennedy, G. C.(1953). The role of depot fat in the hypothalamic control of food intake in rats. *Proceedings of the Royal Society*, *Series B*, *140*, 578—592.

Koch, C., Augustine, R. A., Steger, J., Ganjam, G. K., Benzler, J., Pracht, C., ... Tups, A.(2010). Leptin rapidly improves glucose homeostasis in obese mice by increasing hypothalamic insulin sensitivity. *Journal of Neuroscience*, *30*, 16180—16187.

LeMagnen, J.(1985). *Hunger*. New York: Cambridge University Press.

Levin, B. E.(2006). Metabolic sensing neurons and the control of energy homeostasis. *Physiology and Behavior*, *89*, 486—489.

Mayer, J.(1953). Glucostatic mechanism of regulation of food intake. *New England Journal of Medicine*, *249*, 13—16.

Molon-Noblot, S., Hubert, M.-F., Hoe, C.-M., Keenan, K. & Laroque, P.(2005). The effects of ad libitum feeding, and marked dietary restriction on spontaneous skeletal muscle pathology in Sprague-Dawley rats. *Toxicological Pathology*, *33*, 600—608.

Nicolaidis, S., & Rowland, N. (1976). Metering of intravenous versus oral nutrients and regulation of energy balance. *American Journal of Physiology*, *231*, 661—668.

Odegaard, J. I., & Chawla, A. (2103). Pleiotropic actions of insulin resistance and inflammation in metabolic homeostasis. *Science*, *339*, 172—177.

Olds, J., & Milner, P. (1954). Positive reinforcement produced by electrical stimulation of septal area and other regions of rat brain. *Journal of Comparative and Physiological Psychology*, *47*, 419—427.

Parise, E. M., Lilly, N., Kay, K., Dossat, A. M., Seth, R., Overton, J. M., & Williams, D. L. (2011). Evidence for the role of hindbrain orexin-1 receptors in the control of meal size. *American Journal of Physiology: Regulatory Integrative Comparative Physiology*, *301*, R1692—1699.

Plassmann, H., O'Doherty, J. P., & Rangel, A. (2010). Appetitive and aversive goal values are encoded in the medial, orbitofrontal cortex at the time of decision making. *Journal of Neuroscience*, *30*, 10799—10808.

Roitman, M. F., Stuber, G. D., Phillips, P. E. M., Wrightman, R. M., & Carelli, R. M. (2004). Dopamine acts as a subsecond modulator of food seeking. *Journal of Neuroscience*, *24*, 1265—1271.

Salamone, J. D., Correa, M., Farrar, A., & Mingote, S. M. (2007). Effort-related functions of nucleus accumbens dopamine and associated forebrain circuits. *Psychopharmacology*, *191*, 461—482.

Schachter, S. (1968). Obesity and eating. *Science*, *161*, 751—756.

Schulkin, J. (2003). *Rethinking homeostasis: Allostatic regulation in physiology and pathophysiology*. Cambridge, MA: The MIT Press.

Smith, G. P. (1996). The direct and indirect controls of meal size. *Neuroscience and Biobehavioral Review*, *20*, 41—46.

Sohn, J.-W., & Williams, K.W. (2012). Functional heterogeneity of arcuate nucleus pro-opio-melanocortin neurons: Implications for diverging melanocortin pathways. *Molecular Neurobiology*, *45*, 225—233.

Stellar, E. (1954). The physiology of motivation. *Psychological Review*, *61*, 5—22. [Reprinted in 1994, *Psychological Review*, *101*, 301—311.]

Sterling, P. (2012). Allostasis: A model of predictive regulation. *Physiology & Behavior*, *106*, 5—15.

Thaler, J. P., Yi, C. X., Schur, E. A., Guyenet, S. J., Hwang, B. H., Dietrich, M. O., ... Schwartz, M. W. (2012). Obesity is associated with hypothalamic injury in rodents and humans. *Journal of Clinical Investigation*, *122*, 153—162.

Tolkamp, B. J., Allcroft, D. J., Barrio, J. P., Bley, T. A. G., Howie, J. A., Jacobsen, T. B., ... Kyriazakis, I. (2011). The temporal structure of feeding behavior. *American Journal of Physiology: Regulatory Integrative and Comparative Physiology*, *301*, R378—R393.

Wansink, B., Payne, C. R., & Shimizu, M. (2010). "Is this a meal or a snack?" Situational cues that drive perceptions. *Appetite*, *54*, 214—216.

Williams, K.W., Margatho, L. O., Lee, C. E., Choi, M., Lee, S., Scott, M. M., ... Elmquist, J. K. (2010). Segregation of acute leptin and insulin effects in distinct populations of arcuate proopiomelanocortin neurons. *Journal of Neuroscience*, *30*, 2472—2479.

Wirtshafter, D., & Davis, J. D.(1977). Set points, settling points, and the control of body weight. *Physiology and Behavior*, *19*, 75—78.

Woods, S. C., Schwartz, M. W., Baskin, D. G., & Seeley, R. J. (2000). Food intake and the regulation of body weight. *Annual Review of Psychology*, *51*, 255—277.

Yang, Y., Atasoy, D., Su, H. H., & Sternson, S. M.(2011). Hunger states switch a flip-flop memory circuit via a synaptic AMPK-dependent positive feedback loop. *Cell*, *146*, 992—1003.

Zorilla, E. P., Inoue, K., Fekete, E. M., Tabarin, A., Valdez, G. R., & Koob, G. F.(2005). Measuring meals: Structure of prandial food and water intake of rats. *American Journal of Physiology: Regulatory Integrative Comparative Physiology*, *288*, R1450—1467.

第十章

American Psychiatric Association.(2000). *Diagnostic and statistical manual of mental disorders* (4th ed., text revision). Washington, DC: Author.

American Psychiatric Association.(2013). *Diagnostic and statistical manual of mental disorders*(5th ed.). Washington, DC: Author.

Atalayer, D., & Rowland, N. E.(2012). Effects of meal frequency and snacking on food demand in mice. *Appetite*, *58*, 117—123.

Baker, C. W., Whisman, M. A., & Brownell, K. D.(2000). Studying intergenerational transmission of eating attitudes and behaviors: Methodological and conceptual questions. *Health Psychology*, *19*,

376—381.

Becker, A. E., Burwell, R. A., Gilman, S. E., Herzog, D. B., & Hamburg, P. (2002). Eating behaviours and attitudes following prolonged television exposure among ethnic Fijian adolescent girls. *British Journal of Psychiatry*, *180*, 509—514.

Birmingham, C. L., Su, J., Hlynsky, J. A., Goldner, E. M., & Gao, M.(2005). The mortality rate from anorexia nervosa. *International Journal of Eating Disorders*, *38*(2), 143—146.

Birch, L. L., & Fisher, J. O. (2000). Mothers' child-feeding practices influence daughters' eating and weight. *American Journal of Youth and Adolescence*, *27*, 43—57.

Brown, J. M., Mehler, P. S., & Harris, R. H.(2000). Topics in review: Medical complications occurring in adolescents with anorexia nervosa. *Western Journal of Medicine*, *172*(3), 189—193.

Bruch, H.(1973). *Eating disorders: Obesity, anorexia nervosa and the person within*. New York: Basic Books.

Bulik, C. M., Berkman, N. D., Brownley, K. A., Sedway, J. A., & Lohr, K. N.(2007). Anorexia nervosa treatment: A systematic review of randomized controlled trials. *International Journal of Eating Disorders*, *40*(4), 310—320.

Bulick, C., Sullivan, P. F., Tozzi, F., Furberg, H., Lichtenstein, P., & Pedersen, N. L.(2006). Prevalence, heritability, and prospective risk factors for anorexia nervosa. *Archives of General Psychiatry*, *63*(3), 305—312.

Corwin, R. L.(2004). Binge-type eating induced by limited access in rats does not require energy restriction on the previous day. *Appetite*,

42, 139—142.

DeBate, R. D., Tedesco, L. A., & Kerschbaum, W. E.(2005). Knowledge of oral and physical manifestations of anorexia and bulimia nervosa among dentists and dental hygienists. *Journal of Dental Education*, *69*(3), 346—354.

Diaz-Marsá, M., Luis, J., & Sáiz, J.(2000). A study of temperament and personality in anorexia and bulimia nervosa. *Journal of Personality Disorders*, *14*(4), 352—359.

Division of Nutrition, Physical Activity, and Obesity, National Center for Chronic Disease.(2011). Prevention and health promotion healthy weight—it's not a diet, it's a lifestyle. Retrieved from http://www. cdc. gov/healthyweight/assessing/bmi/adult _ bmi/english _ bmi _calculator

Drewnowski, A., Krahn, D. D., Demitrack, M. A., Nairn, K., & Gosnell, B. A.(1995). Naloxone, an opiate blocker, reduces the consumption of sweet high-fat foods in obese and lean female binge eaters. *American Journal of Clinical Nutrition*, *61*(6), 1206—1212.

Epling, W. F., Pierce, W. D., & Stefan, L.(1983). A theory of activity-based anorexia. *International Journal of Eating Disorders*, *3*(1), 27—46.

Fairburn, C. G.(1995). *Overcoming binge eating*. New York: Guilford Press.

Farrell, C., Lee, M., & Shafran, R.(2005). Assessment of body size estimation: A review. *European Eating Disorders Review*, *13*, 75—88.

Farrell, C., Shafran, R., & Lee, M.(2006). Empirically evaluated treatments for body image disturbance: A review. *European Eating Disorders Review*, *14*(5), 289—300.

Ferguson, C. P., La Via, M. C., Crossan, P. J., & Kaye, W. H. (1999). Are serotonin selective reuptake inhibitors effective in underweight anorexia nervosa? *International Journal of Eating Disorders*, *25*(1), 11—17.

Francis, L. A., & Birch, L. L. (2005). Maternal influences on daughters' restrained eating behavior. *Health Psychology*, *24*, 548—554.

Gentile, K., Raghavan, C., Rajah, V., & Gates, K. (2007). It doesn't happen here: Eating disorders in an ethnically diverse sample of economically disadvantaged, urban college students. *Eating disorders*, *15*(5), 405—425.

Haleem, D. J.(2012). Serotonin neurotransmission in anorexia nervosa. *Behavioural Pharmacology*, *23*(5, 6), 478—495.

Halmi, K. A., Argas, W. S., Crow, S., Mitchell, J., Wilson, G. T., Bryson, S. W., & Kraemer, H. C.(2005). Predictors of treatment acceptance and completion in anorexia nervosa: Implications for future study designs. *Archives of General Psychiatry*, *62*(7), 776—781.

Hayaki, J., Friedman, M. A., & Brownell, K. D.(2002). Shame and severity of bulimic symptoms. *Eating Behaviors*, 3(1), 73—83.

Herzog, D. B., Greenwood, D. N., Dorer, D. J., Flores, A. T., Ekeblad, E. R., Richards, A., ... Keller, M. B.(2000). Mortality in eating disorders: A descriptive study. *International Journal of Eating Disorders*, *28*(1), 20—26.

Hoek, H. W., & Van Hoeken, D.(2003). Review of the prevalence and incidence of eating disorders. *International Journal of Eating Disorders*,

34(4), 383—396.

Hudson, J. I., Hiripi, E., Pope, H. G., & Kessler, R. C.(2007). The prevalence and correlates of eating disorders in the National Comorbidity Survey Replication. *Biological Psychiatry*, *61*(3), 348—358.

Johnson, S. L., & Birch, L. L.(1994). Parents' and children's adiposity and eating style. *Pediatrics*, *94*(5), 653—661.

Iverson, S. L., & Turner, B. N.(1974). Winter weight dynamics in *microtus pennsylvanicus*. *Ecology*, *55*, 1030—1041.

Katzman, D. K.(2005). Medical complications in adolescents with anorexia nervosa: A review of the literature. *International Journal of Eating Disorders*, *37*(S1), S52—S59.

Kaye, W.(2008). Neurobiology of anorexia and bulimia nervosa Purdue ingestive behavior research center symposium influences on eating and body weight over the lifespan: Children and adolescents. *Physiology and Behavior*, *94*, 121—135.

Kaye, W. H., Klump, K. L., Frank, G. K. W., & Strober, M. (2000). Anorexia and bulimia nervosa. *Annual Review of Medicine*, *51*(1), 299—313.

Kaye, W. H., Frank, G. K., & McConaha, C.(1999). Altered dopamine activity after recovery from restricting-type anorexia nervosa. *Neuropsychopharmacology*, *21*, 503—506.

Kaye, W. H., Fudge, J. L., & Paulus, M.(2009). New insights into symptoms and neurocircuit function of anorexia nervosa. *Nature Reviews Neuroscience*, *10*, 573—584.

Kaye, W. H., Weltzin, T. E., McKee, M., McConaha, C., Hansen, D., & Hsu, L. K.(1992). Laboratory assessment of feeding behavior in bulimia nervosa and healthy women: Methods for developing a human-feeding laboratory. *American Journal of Clinical Nutrition*, *55*(2), 372—380.

Kendler, K. S., MacLean, C., Neale, M., Kesler, R., Heath, A., & Eaves, L.(1991). The genetic epidemiology of bulimia nervosa. *American Journal of Psychiatry*, *148*(12), 1627—1637.

Kendler, K. S., Walters, E. E., Neale, M. C., Kessler, R., Heath, A., & Eaves, L.(1995). The structure of genetic and environmental risk factors for six major psychiatric disorders in women. *Archives of General Psychiatry*, *52*, 374—383.

Klibanski, A., Biller, B. M., Schoenfeld, D. A., Herzog, D. B., & Saxe, V. C. (1995). The effects of estrogen administration on trabecular bone loss in young women with anorexia nervosa. *Journal of Clinical Endocrinology & Metabolism*, *80*(3), 898—904.

Klump, K. L., Miller, K. B., Keel, P. K., McGue, M., & Iacono, W. G.(2001). Genetic and environmental influences on anorexia nervosa syndromes in a population-based sample of twins. *Psychological Medicine*, *31*(4), 737—740.

Klump, K. L., Suisman, J. L., Burt, S., McGue, M., & Iacono, W. G. (2009). Genetic and environmental influences on disordered eating: An adoption study. *Journal of Abnormal Psychology*, *118* (4), 797—805. doi: 10.1037/a0017204.

Latner, J. D., & Wilson, G. T. (2000). Cognitive-behavioral therapy and nutritional counseling in the treatment of bulimia nervosa and binge eating. *Eating Behaviors*, *1*(1), 3—21.

Lucas, A. R., Beard, M. C., O'Fallon, M. W., & Kurland, L. T.

(1991). 50-year trends in the incidence of anorexia nervosa in Rochester, Minn.: A population-based study. *The American Journal of Psychiatry*, *148*(7), 917—922.

Mathes, W. F., Brownley, K. A., Mo, X., & Bulik, C. M. (2009). The biology of binge eating. *Appetite*, *52*(3), 545—553.

Miller, M. N., & Pumariega, A. J.(2001). Culture and eating disorders: A historical and cross-cultural review. *Psychiatry*, *64* (2), 93—110.

Mrosovsky, N.(1990). *Rheostasis: The physiology of change*. New York: Oxford University Press.

Noordenbos, G., Oldenhave, A., Muschter, J., & Terpstra, N. (2002). Characteristics and treatment of patients with chronic eating disorders. *Eating Disorders*, *10*(1), 15—29.

Patrick, H., Nicklas, T. A., Hughes, S. O., & Morales, M. (2005). The benefits of authoritative feeding style: Caregiver feeding styles and children's food consumption patterns. *Appetite*, *44*, 243—249.

Pike, K. M., & Borovoy, A.(2004). The rise of eating disorders in Japan: Issues of culture and limitations of the model of "westernization". *Culture, Medicine and Psychiatry*, *28*, 493—531.

Prouty, A. M., Protinsky, H. O., & Canady, D.(2002). College women: Eating behaviors and help-seeking preferences. *Adolescence*, *37*, 353—363.

Root, T. L., Pinheiro, A. P., Thornton, L., Strober, M., Fernandez-Aranda, F., Brandt, H., ... Bulik, C. M.(2010). Substance use disorders in women with anorexia nervosa. *International Journal of Eating Disorders*, *43*(1), 14—21.

Shapiro, J. R., Berkman, N. D., Brownley, K. A., Sedway, J. A., Lohr, K. N., & Bulik, C. M.(2007). Bulimia nervosa treatment: A systematic review of randomized controlled trials. *International Journal of Eating Disorders*, *40*(4), 321—336.

Silberg, J. L., & Bulik, C. M. (2005). The developmental association between eating disorders symptoms and symptoms of depression and anxiety in juvenile twin girls. *Journal of Child Psychology and Psychiatry*, *46*(12), 1317—1326.

Shafran, R., & Fairburn, C. G.(2002). A new ecologically valid method to assess body size estimation and body size dissatisfaction. *International Journal of Eating Disorders*, *32*(4), 458—465.

Smeltzer, D., Smeltzer, A., & Costin, C.(2006). *Andrea's voice—silenced by bulimia: Her story and her mother's journey through grief toward understanding*. Carlsbad, CA: Gürze Books.

Stice, E., Burton, E., & Shaw, H.(2004). Prospective relations between bulimic pathology, depression, and substance abuse: Unpacking comorbidity in adolescent girls. *Journal of Consulting and Clinical Psychology*, *72*(1), 62.

Stice, E., Schupak-Neuberg, E., Shaw, H. E., & Stein, R. I. (1994). Relation of media exposure to eating disorder symptomatology: An examination of mediating mechanisms. *Journal of Abnormal Psychology*, *103*(4), 836—840.

Sundgot-Borgen, J., & Torstveit, M. K.(2004). Prevalence of eating disorders in elite athletes is higher than in the general population. *Clinical Journal of Sport Medicine*, *14*(1), 25—32.

Telch, C. F., Argas, W. S., & Linehan, M. M.(2001). Dialectical behavior therapy for binge eating disorder. *Journal of Consulting and Clinical Psychology*, *69*, 1061—1065.

Thompson, J. K., & Stice, E.(2001). Thin-ideal internalization: Mounting evidence for a new risk factor for body-image disturbance and eating pathology. *Current Directions in Psychological Science*, *10* (5), 181—183.

Turner, H., Bryant-Waugh, R., & Peveler, R.(2010). The clinical features of EDNOS: Relationship to mood, health status and general functioning. *Eating Behaviors*, *11*(2), 127—130.

Tyrka, A. R., Waldron, I., Graber, J. A., & Brooks-Gunn, J. (2002). Prospective predictors of the onset of anorexic and bulimic syndromes. *International Journal of Eating Disorders*, *32*(3), 282—290.

Walsh, J. M. E., Wheat, M. E., & Freund, K.(2000). Detection, evaluation, and treatment of eating disorders: The role of the primary care physician. *Journal of General Internal Medicine*, *15*, 577—590.

Wilson, G. T., Grilo, C. M., & Vitousek, K. M.(2007). Psychological treatment of eating disorders. *American Psychologist*, *62* (3), 199—216.

Yager, J., & Powers, P. S.(Eds.).(2007). *Clinical manual of eating disorders*. Washington, DC: American Psychiatric Publishing.

Yoccoz, N. G., Mysterud, A., Langvatn, R., & Stenseth, N. C. (2002). Age- and density-dependent reproductive effort in male red deer. *Proceedings of the Royal Society—Biological Sciences*, *269*, 1523—1528.

Zerbe, K. J.(2008). *Integrated treatment of eating disorders beyond the body betrayed*. New York: W. W. Norton.

Zucker, N. L., Womble, L. G., Williamson, D. A., & Perrin,

L. A.(1999). Protective factors for eating disorders in female college athletes. *Eating Disorders*, 7, 207—218.

第十一章

Butler, A. A., & Cone, R. D.(2001). Knockout models resulting in the development of obesity. *Trends in Genetics*, *17*, S50—S54.

Chen, A.S., Marsh, D. J., Trumbauer, M.E., Frazier, E. G., Guan, X. M., Yu, H., ... Van der Ploeg, L. H.(2000). Inactivation of the mouse melanocortin-3 receptor results in increased fat mass and reduced lean body mass. *Nature Genetics*, *26*, 97—102.

Chen, H., Simar, D., & Morris, M. J.(2009). Hypothalamic neuroendocrine circuitry is programmed by maternal obesity: Interaction with postnatal nutritional environment. *PLoS ONE*, *4*, e6529.

Church, C., Moir, L., McMurray, F., Girard, C., Banks, G. T., Teboul, L., ... Cox, R. D.(2010). Overexpression of *Fto* leads to increased food intake and results in obesity. *Nature Genetics*, *42*, 1086—1092.

Coleman, D. L., & Hummel, K. P.(1969). Effects of parabiosis of normal with genetically diabetic mice. *American Journal of Physiology*, *217*, 1298—1304.

Eckel, R. H.(2008). Obesity research in the next decade. *International Journal of Obesity*, *32*, S143—S151.

Haskell-Luevano, C., Schaub, J. W., Andreasen, A., Haskell, K. R., Moore, M. C., Koerper, L. M., ... Xiang, Z.(2009). Voluntary exercise prevents the obese and diabetic metabolic syndrome of the melanocortin-4 receptor knockout mouse. *FASEB Journal*, *23*, 642—655.

Klimentisis, Y. C., Beasley, T. M., Lin, H. Y., Murati, G., Glass, G. E., Guyton, M., ... Allison, D. B.(2010). Canaries in the coal mine: A cross-species analysis of the plurality of obesity epidemics. *Proceeding of the Royal Society series B*, *278*, 1626—1632.

Koza, R. A., Nikonova, L., Hogan, J., Rim, J.-S., Mendoza, T., Faulk, C., ... Kozak, L. P.(2006). Changes in gene expression foreshadow diet-induced obesity in genetically identical mice. *PLoS Genetics*, *2*, e81.

Levin, B. E., Dunn-Meynell, A. A., Balkan, B., & Keesey, R. E. (1997). Selective breeding for diet-induced obesity and resistance in Sprague-Dawley rats. *American Journal of Physiology: Regulatory, Integrative and Comparative Physiology*, *273*, R725—R730.

Loos, R. J., Lindgren, C. M., Li, S., Wheeler, E., Zhao, J. H., Prokopenko, I., ... Mohlke, K. L. (2008). Common variants near MC4R are associated with fat mass, weight, and risk of obesity. *Nature Genetics*, *40*, 768—775.

Montague, C. T., Farooqi, I. S., Whitehead, J. P., Soos, M. A., Rau, H., Wareham, N. J., ... O'Rahilly, S.(1997). Congenital leptin deficiency is associated with severe early onset obesity in humans. *Nature*, *387*, 903—908.

Qureshi, I. A., & Mehler, M. R.(2012). Emerging roles of non-coding RNAs in brain evolution, development, plasticity, and disease. *Nature Reviews Neuroscience*, *13*, 528—541.

Ramachandrappa, S., & Farooqi, I. S.(2011). Genetic approaches to understanding human obesity. *Journal of Clinical Investigation*, *121*, 2080—2086.

Rankinen, T., Zuberi, A., Chagnon, Y. C., Weisnagel, S. J., Argyropoulos, G., Walts, B., ... Bouchard, C.(2006). The human obesity gene map: The 2005 update. *Obesity*, *14*, 529—644.

Remmers, F., & Delemarre-van de Waal(2011). Developmental programming of energy balance and its hypothalamic regulation. *Endocrine Reviews*, *32*, 272—311.

Saunders, C. L., Chiodini, B. D., Sham, P., Lewis, C. M., Abkevich, V., Adeyemo, A. A., ... Colliet, D. A.(2007). Meta-analysis of genome-wide linkage studies in BMI and obesity, *Obesity*, *15*, 2263—2275.

Walley, A. J., Asher, J. E., & Froguel, P.(2009). The genetic contribution to non-syndromic human obesity. *Nature Reviews Genetics*, *10*, 431—442.

West, D. B., Boozer, C. N., Moody, D. L., & Atkinson, R. L. (1992). Dietary obesity in nine inbred mouse strains. *American Journal of Physiology: Regulatory, Integrative and Comparative Physiology*, *262*, R1025—R1032.

Zhang, Y., Proenca, R., Maffei, M., Barone, M., Leopold, L., & Friedman, J. M.(1994). Positional cloning of the mouse obese gene and its human homologue. *Nature*, *372*, 425—432.

第十二章

Blom, W. A., Abrahamse, S. L., Bradford, R., Duchateau, G. S., Theis, W., Orsi, A., ... Mela, D. J.(2011). Effects of 15-d repeated consumption of Hoodia gordonii purified extract on safety, ad libitum energy intake, and body weight in healthy, overweight women:

A randomized controlled trial. *The American Journal of Clinical Nutrition*, *94*(5), 1171—1181.

Buchwald, H., Estok, R., Fahrbach, K., Banel, D., & Sledge, I. (2007). Trends in mortality in bariatric surgery: A systematic review and meta-analysis. *Surgery*, *142*(4), 621—635.

Campfield, L., Smith, F. J., & Burn, P.(1998). Strategies and potential molecular targets for obesity treatment, *Science*, *280*(5368), 1383—1387.

Capella, J. F., & Capella, R. F.(2003). Bariatric surgery in adolescence. Is this the best age to operate? *Obesity Surgery*, *13*, 826—832.

Colman, E.(2005). Anorectics on trial: A half century of federal regulation of prescription appetite suppressants. *Annals of Internal Medicine*, *143*(5), 380—385.

Cooke, D., & Bloom, S.(2006). The obesity pipeline: Current strategies in the development of antiobesity drugs. *Nature Reviews Drug Discovery*, *5*, 919—931.

Cummings, D. E., Overduin, J., & Foster-Schubert, K. E.(2004). Gastric bypass for obesity: Mechanisms of weight loss and diabetes resolution. *The Journal of Clinical Endocrinology & Metabolism*, *89* (6), 2608—2615.

Cummings, D. E., Weigle, D. S., Frayo, R. S., Breen, P. A., Ma, M. K., Dellinger, E. P., & Purnell, J. Q.(2002). Plasma ghrelin levels after diet-induced weight loss or gastric bypass surgery. *The New England Journal of Medicine*, *346*(21), 1623—1630.

Dymek, M. P., le Grange, D., Neven, K., & Alverdy, J.(2002). Quality of life after gastric bypass surgery: A cross-sectional study. *Obe-*

sity Research, *10*(11), 1135—1142.

Finkelstein, E. A., Trogden, J. G., Cohen, J. W., & Dietz, W. (2009). Annual medical spending attributable to obesity: Payer- and service-specific estimates. *Health Affairs*, *28*, w822—w831.

Higa, K. D., Boone, K. B., & Ho, T.(2000). Complications of the laparoscopic Roux-en-Y gastric bypass: 1,040 patients—What have we learned? *Obesity Surgery*, *10*, 509—513.

Kirkham, T. C.(2009). Cannabinoids and appetite: Food craving and food pleasure. *International Review of Psychiatry*, *21*, 163—171.

Le Foll, B., Gorelick, D. A., & Goldberg, S. R.(2009). The future of endocannabinoid-oriented clinical research after CB1 antagonists. *Psychopharmacology*, *205*, 171—174.

Leonetti, F., Silecchia, G., Iacobellis, G., Ribaudo, M. C., Zapaterreno, A., Tiberti, C., ... Di Mario, U.(2003). Different plasma ghrelin levels after laparoscopic gastric bypass and adjustable gastric banding in morbid obese subjects. *The Journal of Clinical Endocrinology & Metabolism*, *88*(9), 4227—4231.

Livingston, E. H., & Ko, C. Y.(2004). Socioeconomic characteristics of the population eligible for obesity surgery. *Surgery*, *135*, 288—296.

Magro, D. O., Geloneze, B., Delfini, R., Pareja, B. C., Callejas, F., & Pareja, J. C.(2008). Long-term weight regain after gastric bypass: A 5-year prospective study. *Obesity Surgery*, *18*(6), 648—651.

Nguyen, N. T., Slone, J. A., Nguyen, X. M., Hartman, J. S., & Hoyt, D. B. (2009). A prospective randomized trial of laparoscopic gastric bypass versus laparoscopic adjustable gastric banding for the treatment of morbid obesity: Outcomes, quality of life, and costs. *Annals of Surgery*, *250*(4), 631—641.

Perri, M. G., Nezu, A. M., McKelvey, W. F., Shermer, R. L., Renjilian, D. A., & Viegener, B. J.(2001). Relapse prevention training and problem-solving therapy in the long-term management of obesity. *Journal of Consulting and Clinical Psychology*, *69*(4), 722—726.

Quinlan, M. E., & Jenner, M. F.(2006). Analysis and stability of the sweetener sucralose in beverages. *Journal of Food Science*, *55*(1), 244—246.

Rolls, B. J., Pirraglia, P. A., Jones, M. B., & Peters, J. C.(1992). Effects of olestra, a noncaloric fat substitute on daily energy and fat intakes in lean men. *American Journal of Clinical Nutrition*, *56*, 84—92.

Salem, L., Devlin, A., Sullivan, S. D., & Flum, D. R.(2008). Cost-effectiveness analysis of laparoscopic gastric bypass, adjustable gastric banding, and nonoperative weight loss interventions. *Surgery for Obesity and Related Diseases*, *4*(1), 26—32.

Slavin, J.(2012). Beverages and body weight: Challenges in the evidence-based review process of the Carbohydrate Subcommittee from the 2010 Dietary Guidelines Advisory Committee. *Nutrition Reviews*, *70*(s2), S111—S120.

Sogg, S., & Mori, D. L.(2004). The Boston interview for gastric bypass: Determining the psychological suitability of surgical candidates. *Obesity Surgery*, *14*(3), 370—380.

Sugerman, H. J., Wolfe, L. G., Sica, D. A., & Clore, J. N. (2003). Diabetes and hypertension in severe obesity and effects of gastric bypass-induced weight loss. *Annals of Surgery*, *237*(6), 751—758.

Swinburn, B. B., Gill, T. T., & Kumanyika, S. S.(2005). Obesity prevention: A proposed framework for translating evidence into action. *Obesity Reviews*, *6*(1), 23—33.

Swithers, S. E., & Davidson, T. L.(2008). A role for sweet taste: Caloric predictive relations in energy regulation by rats. *Behavioral Neuroscience*, *122*(1), 161—173.

Taylor, R. W., McAuley, K. A., Barbezat, W., Strong, A., Williams, S. M., & Mann, J. I.(2007). APPLE Project: 2-y findings of a community-based obesity prevention program in primary school-age children. *American Journal of Clinical Nutrition*, *86*, 735—742.

Tsai, A., & Wadden, T. A.(2005). Systematic review: An evaluation of major commercial weight loss programs in the United States. *Annals of Internal Medicine*, *142*(1), 56—66.

Wang, L. Y., Yang, Q., Lowry, R., & Wechsler, H.(2003). Economic analysis of a school-based obesity prevention program. *Obesity Research*, *11*, 1313—1324.

Wing, R. R., & Phelan, S.(2005). Long-term weight loss maintenance. *American Journal of Clinical Nutrition*, *8*, 2222S—2225S.

Xie, S. S., Furjanic, M. A., Ferrara, J. J., McAndrew, N. R., Ardino, E. L., Ngondara, A. A., ... Raffa, R. B.(2007). The endocannabinoid system and rimonabant: A new drug with a novel mechanism of action involving cannabinoid CB1 receptor antagonism—or inverse agonism—as potential obesity treatment and other therapeutic use. *Journal of Clinical Pharmacy & Therapeutics*, *32*(3), 209—231.

第十三章

Best, J. R., Theim, K. R., Gredsya, D. M., Stein, R. I., Welch, R. R., Saelens, B. E., ... Wilfley, D. E.(2012). Behavioral economic predictors of overweight children's weight loss. *Journal of Consulting and Clinical Psychology*, *80*, 1086—1096.

Chandon, R, & Wansink, B.(2012). Does food marketing need to make us fat? A review and solutions. *Nutrition Reviews*, *70*, 571—593.

Clinic, M.(2013, March 7). *Money talks when it comes to losing weight, Mayo Clinic study finds*. Retrieved from http://www.mayoclinic.org/news2013-rst/7357.html

Economic Research Service.(2011). *Food CPI and expenditures*. Unites States Department of Agriculture. Retrieved from http://www.ers.usda.gov/data-products/food-expenditures.aspx(table 10)

Ellison, B., Lusk, J. L., & Davis, D.(2013). Looking at the label and beyond: The effects of calorie labels, health consciousness, and demographics on caloric intake in restaurants. *International Journal of behavioral Nutrition and Physical Activity*, *10*, 21.

Epstein, L. H., Fletcher, K. D., O'Neill, J., Roemmich, J. N., Raynor, H., & Bouton, M. E.(2013). Food characteristics, long-term habituation and energy intake: Laboratory and field studies. *Appetite*, *60*, 40—50.

Ford, C. N., Slining, M. M., & Popkin, B. M.(2013). Trends in dietary intake among U. S. 2- to 6-year old children, 1989—2008. *Journal of the Academy of Nutrition and Dietetics*, *113*, 35—42.

Garber, A. M., & Skinner, J.(2008). Is American health care uniquely inefficient? *Journal of Economic Perspectives*, *22*, 27—50.

Sacks, G., Veerman, J. L., Moodie, M., & Swinburn, B.(2011). "Traffic light" nutrition labelling and "junk-food" tax: A modelled comparison of cost-effectiveness for obesity prevention. *International Journal of Obesity*, *35*, 1001—1009.

Schag, K., Schonleber, J., Teufel, M., Zipfel, S., & Giel, K. E. (2013). Food-related impulsivity in obesity and Binge Eating Disorder—a systematic review. *Obesity Reviews*(in press: doi 10.1111/ obr.12017).

Steeves, J. A., Thompson, D. L., & Bassett, D. R., Jr.(2012). Energy cost of stepping in place-while watching television commercials. *Medicine and Science in Sports and Exercise*, *44*, 330—335.

Wakefield, M. A., Loken, B., & Hornik, R. C.(2010). Use of mass media campaigns to change health behaviour. *Lancet*, *376*, 1261—1271.

Wansink, B., Shimizu, M., & Brumberg, A.(2013). Association of nutrient-dense snack combinations with calories and vegetable intake. *Pediatrics*, *131*, 22—29.

World Health Organization.(2008). *World Health report 2008—Primary health care*. New York: Author.

图书在版编目（CIP）数据

从舌尖到大脑：饮食中的心理学 / (英) 尼尔 · E.罗兰 (Neil E. Rowland)，(美) 埃米莉 · C.斯普莱恩(Emily C. Splane) 著；吴梦阳译. — 上海：上海教育出版社，2021.5
ISBN 978-7-5720-0910-5

Ⅰ. ①从… Ⅱ. ①尼… ②埃… ③吴… Ⅲ. ①饮食 – 应用心理学 – 高等学校 – 教材
Ⅳ. ①TS972.1

中国版本图书馆CIP数据核字(2021)第099018号

责任编辑　金亚静　钟紫菱
整体设计　闻人印画

Cong Shejian dao Danao：Yinshi zhong de Xinlixue
从舌尖到大脑：饮食中的心理学
[英] 尼尔 · E.罗兰 (Neil E. Rowland)
[美] 埃米莉 · C.斯普莱恩(Emily C. Splane)　著
吴梦阳　译

出版发行　上海教育出版社有限公司
官　　网　www.seph.com.cn
地　　址　上海市永福路123号
邮　　编　200031
印　　刷　上海展强印刷有限公司
开　　本　700 × 1000　1/16　印张 22
字　　数　265 千字
版　　次　2021年6月第1版
印　　次　2021年6月第1次印刷
书　　号　ISBN 978-7-5720-0910-5/B · 0023
定　　价　58.00 元

如发现质量问题，读者可向本社调换　电话：021-64377165